"十四五"职业教育国家规划教材

无机及分析化学

李田霞　燕来敏　主编
潘祖亭　主审

第三版

化学工业出版社
·北京·

内容简介

《无机及分析化学》（第三版）全面贯彻党的教育方针，落实立德树人根本任务，在教材中有机融入党的二十大精神。本书将无机化学、分析化学及其实训有机整合，通俗易懂，简明精练。全书共10章，主要内容包括溶液与胶体、化学实验基础知识、定量分析基础、无机及分析化学实验的基本操作技术、酸碱滴定技术、氧化还原滴定技术、配位滴定技术、沉淀滴定技术、常用的化学分离方法、仪器分析简介。

本书在每章的二维码中提供了拓展材料、电子课件、实训操作视频及微课、习题及参考答案等数字化资源，可供师生扫码获取。

本书可作为高等职业教育制药类、食品类、生物类、化工类、环境类、医学类、农林类、材料类等应用型专业“无机及分析化学”课程的教材，同时对分析检测工作者有较强的指导性和可操作性，也可作为职业培训教材使用。

图书在版编目（CIP）数据

无机及分析化学 / 李田霞，燕来敏主编. -- 3版. 北京 ：化学工业出版社，2025. 5. --（“十四五”职业教育国家规划教材）. -- ISBN 978-7-122-47986-0

Ⅰ. O61；O65

中国国家版本馆CIP数据核字第2025QA7163号

责任编辑：刘心怡　旷英姿　　装帧设计：关　飞
责任校对：刘曦阳

出版发行：化学工业出版社
（北京市东城区青年湖南街13号　邮政编码100011）
印　　装：北京云浩印刷有限责任公司
787mm×1092mm　1/16　印张14¼　彩插1　字数322千字
2025年5月北京第3版第1次印刷

购书咨询：010-64518888　　售后服务：010-64518899
网　　址：http://www.cip.com.cn
凡购买本书，如有缺损质量问题，本社销售中心负责调换。

定　　价：39.80元

前言

《无机及分析化学》自 2017 年出版以来，受到全国众多高等职业院校的普遍欢迎，2020 年被评为“十三五”职业教育国家规划教材，2021 年出版《无机及分析化学》（第二版），于 2023 年被评为“十四五”职业教育国家规划教材。此次修订在保持第二版的基本结构和编写特色的基础上，广泛征集兄弟院校的意见及建议，结合编者的教学体会，对部分内容进行了补充和更新。

具体修订工作包括如下几个方面：

1. 虽然各高职院校对仪器分析单独设课，但考虑到分析化学课程体系的完整性，新增第 10 章，对“仪器分析”作简单介绍。

2. 发挥课程教学的德育功能，将思政元素具体化，通过实际案例，将思政教育与学生的生活实际和社会热点紧密结合，弘扬爱国精神，树立民族自信，培养工匠精神，落实立德树人根本任务。

3. 理论进一步联系实际，增加了与生产实际密切相关的内容，突出分析化学在医药、食品、环境等方面的应用。

4. 增加了大量的数字化资源，如“小而精”的微课、清晰流畅的视频，让知识传递更加直观和有趣。

5. 更新的拓展材料吸收了行业发展的新技术、新标准、新规范，体现了教材的前沿性以及分析化学与其他学科的交叉性。

本书由武汉职业技术大学、武汉软件工程职业学院、河南农业职业学院、湖北工业职业技术学院共同修订。修订人员有：李田霞（第 6、第 7、第 9 章）、吴蔚（第 3、第 5 章）、贾新彦（第 4、第 10 章）、赵峥嵘（第 2 章）、余莹（第 1、第 8 章）。武汉爱民制药有限公司杨继辉参与了工作案例的编写。数字化资源由化学工业出版社和武汉职业技术大学共同完成。全书由李田霞统稿，武汉大学潘祖亭教授对全书进行了审定。

本书在修订过程中得到了许多院校教师的关心和支持，在此一并表示诚挚的谢意！

由于编者水平有限，修订后的教材难免会存在不足之处，恳请读者批评指正。

编者

2024 年 8 月

第一版前言

高职高专院校的许多学科和专业（食品、环保、质检、园艺、生物技术、生物制药、动物医学等）与化学紧密相连，为了适应这类专业人才的培养要求，结合高等职业技术教育的特点和当前学生的实际情况，我们在多年教学实践的基础上，参考大量相关资料，编写了这本《无机及分析化学》教材。

本书以培养应用型人才作为编写的指导思想，紧扣“实用为主，必需、够用和管用为度”的原则，充分考虑了高职高专类专业特点。编写时，将原无机化学和分析化学两门独立课程的教学内容精心遴选后进行有机整合，删除了较深奥的理论分析和阐述，精简复杂公式和烦琐计算的推导，力求做到既言简意赅、通俗易懂，又具有较完整的基础化学知识体系。在组织教材内容时，考虑到多个学校专业的特点，将分析化学基础知识和基本操作技能作为一个很重要的部分编写，以定量化学分析作为主干，以四大滴定技术为主线，使本教材既满足本门课程的需要，又为与相关平行课程和后续课程的衔接建立了一个很好的起点，同时也为将来从事有关化学及其检测工作、考取相关的职业资格证书奠定了扎实的基础。

本书的主要内容包括无机化学和分析化学的基础知识、基本原理和基本操作知识。将理论和实训有机结合，淡化理论的同时着重培养学生的实践技能，将实验实训类内容与主干教材贯穿在一起进行编写。为了培养学生的创新意识，在实训内容的选取和安排上，不仅注意实训的典型性、系统性，还注意与生物、食品、制药等学科相结合，强调知识的实用性、先进性、综合性和趣味性。为了达到较好的教学和学习效果，本书同时提供了演示文稿、教学视频及拓展材料等数字化课程，读者通过扫码即可看到，极大地丰富了知识的呈现形式，拓展了教材内容。目标检测配套有参考答案，供师生参考。

本书由武汉职业技术学院、长江职业学院、河南农业职业学院、湖北工业职业技术学院共同编写。编写人员有：李田霞（第 6 章）、燕来敏（第 7、第 9 章）、吴蔚（第 3、第 5 章）、贾新彦（第 4 章）、赵峥嵘（第 2 章）、余莹（第 1、第 8 章）。视频的制作由武汉职业技术学院李田霞、吴蔚完成。全书由李田霞统稿，武汉大学潘祖亭教授对全书进行了审定。

限于我们的学识和水平，本书虽经多次讨论修改，缺点和错误仍在所难免，恳请同行和读者批评指正，以俟再版时订正。

编者

2017 年

第二版前言

《无机及分析化学》自 2017 年出版以来，受到了广大师生和同行的好评，收到了良好的教学效果。 2020 年被评为“十三五”职业教育国家规划教材。在 3 年的教学实践中，编写人员积累了宝贵的经验，为教材的修订再版提供了有力的依据。

本书仍遵循初版的编写原则，既考虑化学学科的系统性和规律性，又兼顾高等职业教育的特点和当前学生的实际情况。以“实用为主，必需够用”为原则，强调化学为农业、医药、化工等专业学生学习服务，突出教材的科学性、职业性和趣味性。在保留原书主体内容和框架的基础上，对以下方面进行了修改和完善：

1. 在每章开始增加了“章节导入”和“思政元素”环节。“章节导入”加强了该学科与现实生产生活的联系；“思政元素”让学生在学习专业知识的同时，明白该学科的意义以及自己身上的责任感和使命感，达到立德树人的目的。

2. 立足职业岗位，更新了部分实训项目，以生产企业的实际样品为分析对象，将最新的知识和最新的应用充实到教材中，使教材行业特点更加鲜明。

3. 与《中华人民共和国药典》（2020 年版）、国家标准（GB）等有关内容及要求有机融合，推进书证融通、课证融通，为区域经济发展培养合格的分析检测技术人员。

4. 完善了数字化资源配套，为教师使用现代化的教学手段提供更多的数字化资源。

5. 更新的拓展材料反映了社会热点及新技术、新方法，突出了教材的时代性和应用性。另外，本书还增加了习题库。

6. 本教材充分落实党的二十大报告中关于“推进健康中国建设”“着力推动高质量发展”要求，把握“实施科教兴国战略”精神，在知识体系中融入以人为本、安全发展、工匠精神等理念，将新安全生产法等内容融入教材，对新法规、新标准、新知识、新技术进行了更新和补充。在“拓展材料”中介绍行业的杰出人物、先进事迹等，通过榜样的力量，弘扬爱国情怀，树立民族自信，培养学生的职业精神和职业素养，落实立德树人根本任务。

本书由武汉职业技术学院、长江职业学院、河南农业职业学院、湖北工业职业技术学院共同修订。修订人员有：李田霞（第 6 章）、燕来敏（第 7、第 9 章）、吴蔚（第 3、第 5 章）、贾新彦（第 4 章）、赵峥嵘（第 2 章）、余莹（第 1、第 8 章）。武汉爱民制药有限公司杨继辉参与了工作案例的编写。数字化资源由武汉职业技术学院李田霞、吴蔚、周如意完成。全书由李田霞统稿，武汉大学潘祖亭教授对全书进行了审定。

本书在修订过程中得到了许多院校教师的关心和支持，对此我们表示深深的谢意！

限于编者水平，书中不妥之处恳请同行批评和指正。

编者

2021 年

目录

第1章 溶液与胶体

章节导入

胶体和溶液在生活中处处可见，并与工农业生产及人类生命活动过程有着密切的联系。广大的江河湖海就是最大的水溶液，生物体和土壤中的液态部分大都为溶液或胶体。溶液和胶体是物质在不同条件下所形成的两种不同状态。将氯化钠溶于水就成为溶液，把它溶于酒精则成为胶体。

在寒冷的冬天，以前人们为了防止汽车水箱冻裂，常在水箱的水中加入甘油或乙二醇降低其凝固点。临床上，为了病人的输液正常，护士需要调节人体静脉输液所用的营养液（葡萄糖液、盐水等）的点滴速度，使之与血液具有相同的渗透压（约780kPa）。这些现象与本章稀溶液的依数性有关。

素质目标

通过学习溶液与胶体在生活中的应用案例，培养热爱生活、认真观察、勤于思考的品质。

1.1 溶液

1.1.1 分散系

物质除了以气态、液态和固态的形式单独存在以外，大多数是以一种（或几种）物质分散在另一种物质中构成混合体系的形式存在的。例如，氯化钠分散在蒸馏水中制成生理盐水，黏土微粒分散在水中形成泥浆，奶油、蛋白质和乳糖等分散在水中形成牛奶，水滴分散在空气中就形成了雾。这些混合体系称为分散系。在分散系中，被分散了的物质称为分散质，它是不连续的；容纳分散质的物质称为分散剂，它是连续的。如生理盐水中，氯化钠是分散质，水是分散剂。在分散系内，分散质和分散剂可以是气体、液体和固体三种聚集状态中的任何一种，这样就可以组成多种不同的分散系。按分散质和分散剂的聚集状态不同，分散系可分为以下几类，见表1-1。

表1-1 分散系按聚集状态的分类

分散质	分散剂	举例
气	气	空气、煤气
气	液	汽水、泡沫
气	固	木炭、海绵、泡沫塑料
液	气	云、雾
液	液	石油、豆浆、牛奶、白酒、一些农药乳浊液
液	固	硅胶、冻肉、珍珠
固	气	烟、灰尘
固	液	泥浆、糖水、溶胶、涂料
固	固	有色玻璃、合金、矿石

按分散质粒子直径的大小，常把液态分散系分为三类：低分子或离子分散系、胶体分散系和粗分散系，见表1-2。

表1-2 分散系按分散质粒子直径大小的分类

分散系类型	低分子或离子分散系（溶液）	胶体分散系（溶胶、高分子溶液）	粗分散系（乳浊液、悬浊液）
分散质粒子直径/nm	<1	1～100	>100
分散质	小分子或离子	大分子、分子的小聚集体	分子的大聚集体
主要性质	透明、均匀、较稳定；能透过滤纸与半透膜，扩散速度快；不管是普通显微镜还是超显微镜都看不见	透明、不均匀，稳定；能透过滤纸但不能透过半透膜，扩散速度慢；普通显微镜看不见，超显微镜下可分辨	不透明，不稳定；不能透过滤纸，扩散很慢；普通显微镜下可能看见
实例	生理盐水	氢氧化铁、碘化银溶胶	泥浆、牛奶、农药乳剂

根据分散相粒子的大小，将分散相体系分成低分子或离子分散系（粒子直径<1nm）；胶体分散体系（粒子直径为1～100nm）；粗分散体系（分散质粒子直径>100nm）。

（1）低分子或离子分散系

在低分子或离子分散系中，分散质粒子的直径<1nm，它们是一般的分子或离子，与分散剂的亲和力极强，因而组成了均匀、无界面、高度分散、高度稳定的单相系统。

（2）胶体分散系

在胶体分散系中，分散质的粒子直径为1～100nm，它包括溶胶和高分子溶液两种类型。

① 溶胶　其分散质粒子是由一般的分子组成的小聚集体，这类难溶于分散剂的固体分散质高度分散在液体分散剂中，所形成的分散系称为溶胶（或称为胶体）。例如，氯化银溶胶、氢氧化铁溶胶、硫化砷溶胶等。在溶胶中，分散质和分散剂的亲和力不强，因而溶胶是高度分散的、不均匀、不稳定的多相系统。

② 高分子溶液 如淀粉溶液、纤维素溶液、蛋白质溶液等，分散质粒子是单个的大分子，与分散剂的亲和力强，故高分子溶液是高度分散、稳定的单相系统。

(3) 粗分散系

在粗分散系中，分散质粒子直径＞100nm，是一个极不稳定的多相系统。按分散质的聚集状态不同，粗分散系可以分为乳浊液和悬浊液。液体分散质分散在液体分散剂中，称为乳浊液，如牛奶；固体分散质分散在液体分散剂中，称为悬浊液，如泥浆。由于分散质的粒子大，容易聚沉，分散质也容易从分散剂中分离出来。

虽然这三类分散系的性质有明显差异，但是划分它们的界线是相对的。因此，分散系之间性质和状态的差异也是逐步过渡的。

1.1.2 溶液

由两种或两种以上不同物质所组成的均匀、稳定的液相体系，称为溶液。通常所说的溶液是指液态溶液，由溶剂和溶质组成。水是最常用的溶剂，习惯上用A代表溶剂，用B代表溶质。溶液的浓度是指一定量溶液或溶剂中所含溶质的量，其表示方法有多种。

(1) 物质的量浓度

物质的量浓度（简称为浓度）是指单位体积溶液中含有溶质B的物质的量，常用 c_B 表示。

$$c_B = n_B/V \tag{1-1}$$

式中，n_B 为溶质B的物质的量，mol；V 为溶液体积，L或 dm^3；c_B 为物质B的浓度，$mol \cdot L^{-1}$ 或 $mol \cdot dm^{-3}$；B是溶质的基本单元。

【例 1-1】 浓盐酸的密度为 $1.19g \cdot mL^{-1}$，HCl含量为37%，求浓盐酸的浓度。若配制浓度为 $2.0mol \cdot L^{-1}$ 盐酸溶液500mL，应取浓盐酸多少毫升？

解

$$\begin{aligned} c_{HCl} &= \frac{n_{HCl}}{V_{HCl}} \\ &= \frac{m_{HCl}}{V_{HCl} M_{HCl}} \\ &= \frac{1000 \times 1.19 \times 37\%}{1 \times 36.46} \\ &\approx 12\ (mol \cdot L^{-1}) \end{aligned}$$

$$c_{HCl} V_{HCl} = c'_{HCl} V'_{HCl}$$

因此：$V_{HCl} = \frac{c'_{HCl} V'_{HCl}}{c_{HCl}} = \frac{2.0 \times 500}{12} = 83(mL)$

【例 1-2】 欲配制 $0.2000mol \cdot L^{-1}$ Na_2CO_3 溶液1.000L，求应称取基准物质 Na_2CO_3 的量。

解

$$\frac{m_{Na_2CO_3}}{M_{Na_2CO_3}} = c_{Na_2CO_3} V_{Na_2CO_3}$$

$$\begin{aligned} m_{Na_2CO_3} &= c_{Na_2CO_3} V_{Na_2CO_3} M_{Na_2CO_3} \\ &= 0.2000 \times 1.000 \times 106.0 \end{aligned}$$

$=21.20(\mathrm{g})$

应称取基准物质 Na_2CO_3 21.20g。

在使用物质的量浓度时必须确定溶质的基本单元。同种溶质的基本单元不同，物质的量浓度也不相同。物质的基本单元可以是分子、离子、原子、电子及其他粒子或这些粒子的特定组合，如 H^+、H_2SO_4、H_3PO_4 等都可以作为溶质的基本单元。因此，在使用物质的量浓度时，必须注明物质的基本单元，否则容易引起混乱。

由于溶液的体积随温度而变，所以物质的量浓度也随温度变化而改变。为了避免温度对数据的影响，常使用不受温度影响的浓度表示方法，如质量摩尔浓度、摩尔分数、质量分数等。

(2) 质量摩尔浓度

质量摩尔浓度是指每千克溶剂中所含溶质的物质的量，用 b_B 表示。

$$b_B=\frac{n_B}{m_A} \tag{1-2}$$

式中，n_B 为溶质 B 的物质的量，mol；m_A 为溶剂的质量，kg。所以，质量摩尔浓度的单位为 $\mathrm{mol\cdot kg^{-1}}$。由于物质的质量不受温度的影响，所以质量摩尔浓度是一个与温度无关的物理量。

【例 1-3】 100.0g 溶剂水中溶有 2.00g 甲醇，求该溶液的质量摩尔浓度。

解 甲醇 (CH_3OH) 的摩尔质量为 $32.0\mathrm{g\cdot mol^{-1}}$。

$$b_{CH_3OH}=\frac{n_{CH_3OH}}{m_{H_2O}}$$
$$=\frac{2.00\times1000}{32.0\times100.0}$$
$$=0.625(\mathrm{mol\cdot kg^{-1}})$$

该溶液的质量摩尔浓度为 $0.625\mathrm{mol\cdot kg^{-1}}$。

(3) 摩尔分数

溶液某组分的摩尔分数是该组分的物质的量占溶液中所有物质总的物质的量的分数，也叫物质的量分数，用 x 表示，其量纲为 1。

对于多组分系统溶液来说，某组分 A 的摩尔分数为：$x_A=n_A/\Sigma n$，n_A 为系统中物质 A 的物质的量。

对于双组分系统的溶液来说，若溶质的物质的量为 n_B，溶剂的物质的量为 n_A，则其摩尔分数分别为：

$$x_A=\frac{n_A}{n_A+n_B} \tag{1-3a}$$

$$x_B=\frac{n_B}{n_A+n_B} \tag{1-3b}$$

则 $x_A+x_B=1$，对于多组分系统来说有 $\Sigma x_i=1$。

(4) 质量分数

混合系统中，某组分 B 的质量与混合物总质量之比，称为组分 B 的质量分数，用 w_B 表示，其量纲为1。质量分数是不随温度变化而变化的。

$$w_B=\frac{m_B}{m} \tag{1-4}$$

质量分数，以前常称质量百分浓度。

【例1-4】 在常温下取 NaCl 饱和溶液 10.00mL，测得其质量为 12.00g，将溶液蒸干，得 NaCl 固体 3.173g，求：①NaCl 饱和溶液的物质的量浓度；②NaCl 饱和溶液的质量摩尔浓度；③饱和溶液中 NaCl 和 H_2O 的摩尔分数；④NaCl 饱和溶液的质量分数。

解 ①NaCl 饱和溶液的物质的量浓度为：

$$c_{NaCl}=\frac{n_{NaCl}}{V}=\frac{3.173}{58.44\times10.00\times10^{-3}}=5.430(mol\cdot L^{-1})$$

② NaCl 饱和溶液的质量摩尔浓度为：

$$b_{NaCl}=\frac{n_{NaCl}}{m_{H_2O}}=\frac{3.173}{58.44\times(12.00-3.173)\times10^{-3}}\doteq6.151(mol\cdot kg^{-1})$$

③ 饱和溶液中 NaCl 和 H_2O 的摩尔分数为：

$$n_{NaCl}=3.173/58.44=0.05430(mol)$$

$$n_{H_2O}=(12.00-3.173)/18.00=0.4904(mol)$$

$$x_{NaCl}=\frac{n_{NaCl}}{n_{NaCl}+n_{H_2O}}=\frac{0.05430}{0.05430+0.4904}=0.10$$

$$x_{H_2O}=1-x_{NaCl}=1-0.10=0.90$$

④ NaCl 饱和溶液的质量分数为：

$$w_{NaCl}=\frac{m_{NaCl}}{m_{NaCl}+m_{H_2O}}=\frac{3.173}{12.00}=0.2644=26.44\%$$

消毒用的医用酒精（乙醇）的浓度为75%，是指100mL这种酒精溶液中含纯酒精75mL，实为体积分数。

在水质分析或环境保护方面，过去常用ppm和ppb表示浓度。ppm是指每千克溶液中含溶质的质量（单位：mg）。ppb是指每千克溶液中含溶质的质量（单位：μg）。

1.1.3 电解质溶液

酸、碱和盐都是电解质。大多数盐和强碱是离子型化合物，它们溶于水时，与极性的水分子结合成水合离子，这个过程可简单表示为：

$$NaCl=\!=\!=Na^++Cl^-$$

$$Ba(OH)_2=\!=\!=Ba^{2+}+2OH^-$$

大多数强酸的分子具有很强的极性，溶于水时也可形成水合离子，简写为：

$$HCl=\!=\!=H^++Cl^-$$

强酸、强碱和各种盐在水溶液中全部以离子形式存在，故称它们为强电解质，在水溶液中完全解离。

弱酸和弱碱在水溶液中，大部分以分子形式存在，只有少部分发生解离。

1.2 稀溶液的通性

溶液的性质既不同于纯溶剂，也不同于纯溶质。溶液的性质可分两类：第一类性质与溶质的本性及溶质和溶剂的相互作用有关，如溶液的颜色、密度、气味、导电性等。第二类性质与溶质的本性无关，只取决于溶液中溶质的粒子数目，如稀溶液的蒸气压下降、沸点升高、凝固点降低和渗透压等。这些与溶质的性质无关，只与溶液的浓度（即溶液中溶质的粒子数）有关的性质称为稀溶液的依数性。在非电解质的稀溶液中，溶质粒子之间及溶质粒子与溶剂粒子之间的作用很微弱，因此稀溶液的依数性呈现明显的规律性变化，溶液浓度越稀，这种依数性越强。在浓溶液中，由于粒子之间的作用较明显，溶液的性质受到溶质的影响，因此情况比较复杂。本节主要讨论难挥发的非电解质的稀溶液的依数性。

1.2.1 溶液的蒸气压下降

将液体置于密闭的容器中，液体中的部分分子会克服其他分子对它的吸引而逸出，成为蒸气分子，这个过程叫作蒸发。同时，液面附近的蒸气分子又可能被液体分子吸引重新回到液体中，这个过程叫凝聚。在一定温度下，将纯液体置于真空容器中，当蒸发速率与凝聚速率相等时，液体上方的蒸气所具有的压力称为该温度下液体的饱和蒸气压（简称蒸气压）。

任何纯液体在一定温度下都有确定的蒸气压，且随温度的升高而增大。当纯溶剂溶解一定量的难挥发溶质时，在同一温度下，溶液的蒸气压总是低于纯溶剂的蒸气压，这种现象称为溶液的蒸气压下降。越是容易挥发的液体，蒸气压就越大。在一定温度下，每种液体的蒸气压是固定的。例如，20℃时，水的蒸气压为 2.33kPa，酒精的蒸气压为 5.85kPa。因为蒸发时要吸热，所以温度升高时，将使液体和它的蒸气之间的平衡向生成蒸气的方向移动，使单位时间内变成蒸气的分子数增多，因而液体蒸气压随温度的升高而增大，见表 1-3。

表 1-3 不同温度时水的蒸气压

温度/℃	0	20	40	60	80	100	120
蒸气压/kPa	0.61	2.33	7.37	19.92	47.34	101.33	202.65

实验证明，液体中溶解有难挥发的溶质时，液体的蒸气压便下降，因此，在同一温度下，溶液的蒸气压总是低于纯溶剂的蒸气压。因为难挥发的溶质的蒸气压一般都很小，所以在这里所指的溶液的蒸气压，实际上是指溶液中溶剂的蒸气压。纯溶剂蒸气压与溶液蒸气压之差，称为溶液的蒸气压下降（Δp）。

蒸气压下降的原因是溶剂中溶入溶质后，溶液的一部分表面被溶质分子占据，使单位面积上的溶剂分子数减少，同时溶质分子和溶剂分子的相互作用，也能阻碍溶剂的蒸发。因此，在单位时间内从溶液中蒸发出来的溶剂分子要比纯溶剂少。故在蒸发和凝聚达到平衡时，溶液的蒸气压必然比纯溶剂的蒸气压小。

在一定温度下，难挥发非电解质稀溶液的蒸气压等于纯溶剂的蒸气压乘以溶剂在溶液中的摩尔分数，这种定量关系称为拉乌尔定律，其数学表达式为：

$$p=p^0 x_A \tag{1-5}$$

式中，p^0 为纯溶剂的饱和蒸气压；p 为溶液的蒸气压；x_A 为溶剂的摩尔分数。

因为 $x_A+x_B=1$（x_B 为溶质的摩尔分数），则：

$$p=p^0(1-x_B)=p^0-p^0x_B \tag{1-6}$$

$$\Delta p=p^0-p=p^0x_B \tag{1-7}$$

即在一定温度下，稀溶液的蒸气压和溶质的摩尔分数成正比。

在稀溶液中，n_A 为溶剂的物质的量，n_B 为溶质的物质的量。因此：

由 $$x_B=\frac{n_B}{n_A+n_B}\text{，知 } x_B\approx\frac{n_B}{n_A}\text{，所以 } \Delta p\approx p^0\ \frac{n_B}{n_A} \tag{1-8}$$

在一定温度下，对于一种溶剂来说，p^0 为定值。若溶剂为 1000g，溶剂的摩尔质量为 M_A，令 $p^0M_A=k$，则：

$$\Delta p\approx p^0\ \frac{n_B}{n_A}=p^0\ \frac{M_An_B}{1000}=kb_B \tag{1-9}$$

k 是一个常数，所以拉乌尔定律也可以表示为：在一定温度下，难挥发非电解质稀溶液的蒸气压和溶液的质量摩尔浓度 b_B 成正比。

蒸气压下降的原理在制造业中发挥着重要作用，如：低温制冷技术、真空技术等。在制冷装置中，通过降低蒸气压，使制冷剂从高温处吸收热量，然后经过增压和冷凝过程，将热量释放到低温环境中，蒸气压下降的原理可应用于冰箱、冷藏车等制冷设备中。降低蒸气压，使设备中的气体分子变稀薄，可实现真空环境，这一技术称为真空技术，可应用于真空泵、真空管、真空保温杯等设备和产品中。

1.2.2 溶液的沸点升高

当液体的蒸气压等于外界大气压时，液体沸腾，此时的温度就是该液体的沸点。例如，在 373.15K（100℃）时，水的蒸气压与外大气压（101.3kPa）相等，所以水的沸点是 373.15K（100℃）。

如果在水中溶有难挥发的溶质，溶液的蒸气压会下降。要使溶液的蒸气压和外界大气压相等，就必须升高溶液的温度，所以溶液的沸点总是高于纯溶剂沸点，其升高值为 Δt_b，见图 1-1。如在常压下海水的沸点高于 373.15K 就是这个道理。

若用t_b^*、t_b 分别表示纯溶剂的沸点和溶液的沸点，则沸点升高值 $\Delta t_b=t_b^*-t_b$，与溶液的蒸气压下降一样，也可导出：

$$\Delta t_b=K_bb_B \tag{1-10}$$

式中，K_b 为溶剂摩尔沸点升高常数，单位为 $K\cdot kg\cdot mol^{-1}$；b_B 只取决于溶剂本身的性质，而与溶质无关，不同溶剂的 b_B 值不同。

在实际生活中也会遇到这种现象，如高原地区由于空气稀薄，气压较低，故水的沸点低

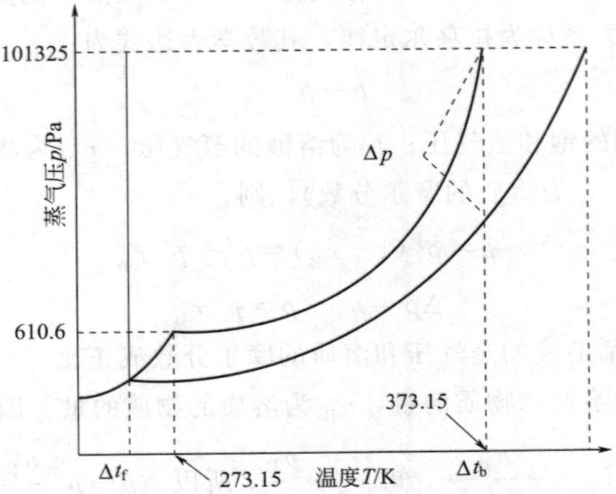

图 1-1 水、冰和溶液的蒸气压曲线图

于 100℃；对于含有植物油量大的汤，喝时会感到格外烫，可以解释为汤是含有盐的水溶液，其沸点要高于 100℃，而表面的油层又起了保温作用，因此喝时感到格外的烫。另外在生产和实践中，对那些在较高温度时易分解的有机溶剂，常采用减压（或抽真空）操作进行蒸发，不仅可以降低沸点，也可以避免一些产品因高温分解而影响质量和产量。

1.2.3 溶液的凝固点降低

固体也或多或少地蒸发，因而也具有一定的蒸气压。在一般情况下，固体的蒸气压都很小。和液体一样，在一定温度下，固体的饱和蒸气压也为一个定值。固体的蒸发也要吸热，所以固体的蒸气压随温度的升高而增大。冰在不同温度下的蒸气压见表 1-4。

表 1-4 冰在不同温度下的蒸气压

温度/℃	−20	−15	−10	−5	0
蒸气压/kPa	0.11	0.16	0.25	0.40	0.61

0℃时，水和冰共存，这时水和冰的蒸气压都是 0.61kPa。物质的液态和固态的蒸气压相等时的温度（或物质的液相和固相共存时的温度）称为该物质的凝固点。

当在 0℃的冰水两相平衡共存系统中，加入难挥发的非电解质后，会引起液相水的蒸气压下降，而固相冰的蒸气压则不会改变，所以冰的蒸气压高于水的蒸气压，于是冰就要通过融化成水来增加液相水的蒸气压，从而使系统重新达到平衡。在固相融化的过程中，要吸收系统的热量，因此，新平衡点的温度就要比原平衡点的温度低，溶液的凝固点总是低于纯溶剂的凝固点，其降低值为 Δt_f，见图 1-1。

与此溶液的沸点升高一样，溶液凝固点下降也与溶质的含量有关，即：

$$\Delta t_f = K_f b_B \tag{1-11}$$

式中，K_f 为摩尔凝固点下降常数，$K \cdot kg \cdot mol^{-1}$。可以把它看作在 1000g 某溶剂中加入 1mol 的难挥发的非电解质溶质时，溶液凝固点下降的热力学温度值。表 1-5 中列出了几种常见溶剂的沸点、凝固点和 K_f 值。

表 1-5 常用溶剂的沸点、凝固点和 K_f 值

溶剂	沸点/K	K_b/K·kg·mol^{-1}	凝固点/K	K_f/K·kg·mol^{-1}
水	373.15	0.512	273.15	1.86
苯	353.30	2.53	278.65	5.12
樟脑	481.40	5.95	451.55	37.7
二硫化碳	319.28	2.34		
四氯化碳	349.65	5.03		
乙酸	391.65	3.07	289.75	3.90
萘	491.15	5.65	353.35	6.9

【例 1-5】 将 65.0g 乙二醇（$C_2H_6O_2$）溶于 200g 水中作为一种常用的抗冻剂，试求该溶液沸点升高和凝固点下降值。已知水的 $K_b = 0.512K·kg·mol^{-1}$，$K_f = 1.86K·kg·mol^{-1}$。

解 乙二醇的摩尔质量为 $62.12g·mol^{-1}$。

$$b_{C_2H_6O_2} = \frac{n_{C_2H_6O_2}}{m_{H_2O}} = \frac{m_{C_2H_6O_2}}{M_{C_2H_6O_2} m_{H_2O}}$$

$$= \frac{65.0}{62.12 \times 200.0 \times 10^{-3}}$$

$$= 5.25\ (mol·kg^{-1})$$

$$\Delta t_b = K_b b_B = 0.512 \times 5.25 = 2.69(K)$$

$$\Delta t_f = K_f b_B = 1.86 \times 5.25 = 9.76(K)$$

该抗冻剂的沸点升高 2.69K，凝固点下降 9.76K。

【例 1-6】 将 0.115g 奎宁溶于 1.36g 樟脑中，所得的溶液其凝固点为 169.6℃，求奎宁的摩尔质量。

解 查表 1-5 可知，樟脑的凝固点为 451.55K，溶解奎宁后凝固点为 169.6K+273.15K = 442.75K，$K_f = 37.7K·kg·mol^{-1}$，溶液的凝固点下降值 $\Delta t_f = 451.55K - 442.75K = 8.80K$。

代入式（1-11），则

$$b_B = \frac{8.80}{37.7} = 0.223(mol·kg^{-1})$$

设奎宁摩尔质量为 M_B，则 $b_B = \frac{n_B}{m_A} = \frac{m_B}{M_B m_A}$

$$M_B = \frac{m_B}{b_B m_A} = \frac{0.115}{0.223 \times 1.36 \times 10^{-3}} = 379(g·mol^{-1})$$

由于容易测定，测量的准确度较高，故常用测定凝固点降低法求难挥发的非电解质的摩尔质量。

溶液凝固点降低的理论在实际中有很重要的应用。冬天为防止汽车水箱冻裂，常在水箱中加入少量甘油或乙二醇，以降低水的凝固点。食盐和冰的混合物是常用的制冷剂。在冰的表面撒上食盐，盐就溶解在冰表面上少量的水中，形成溶液，此时溶液的蒸气压下降，凝固点降

低，冰融化，吸收大量的热，故盐、冰混合物的温度降低，温度可降至 251K（−22℃）。若用 $CaCl_2\cdot 2H_2O$ 和冰的混合物，温度可降至 218K（−55℃）。因此，冰、盐混合而成的冷冻剂，广泛地应用于水产品和食品的保存和运输中。在冬季，建筑工人经常在泥浆中加入食盐或氯化钙，也是同样的道理。

溶液的凝固点降低也可解释植物的抗旱性和抗寒性。生物化学研究结果表明，当外界温度降低时，植物细胞中会产生大量的可溶性糖类化合物，使细胞液浓度增大。细胞液浓度越大，其凝固点下降越大，因而细胞液在 0℃不结冰，表现出一定的抗寒性。

1.2.4 溶液的渗透压

如果把一杯浓蔗糖溶液和一杯水混合，片刻后就得到均匀的稀蔗糖溶液，这种现象被称为扩散。但如果在浓蔗糖溶液和水之间用半透膜（如动物的膀胱膜、肠衣、植物的表皮层、人造羊皮纸、火胶棉等）分开，这种半透膜仅允许水分子通过，而蔗糖分子却不能通过。如果刚开始使两边液面高度相等，经过一段时间后，我们将发现，蔗糖溶液的液面会逐渐升高，而水的液面将逐渐下降，直到液面高度差为 h 时为止，见图 1-2。

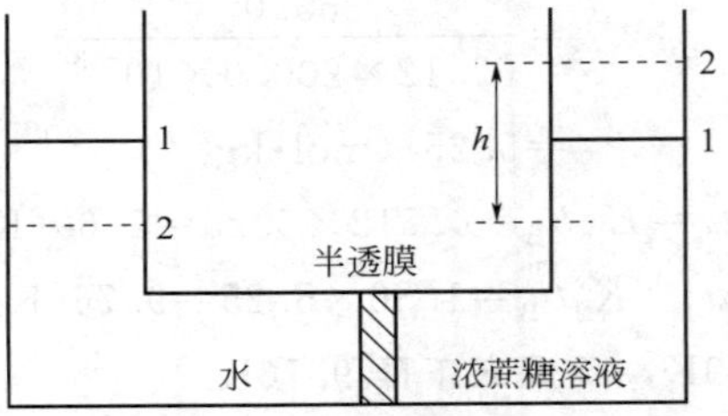

图 1-2 渗透压示意图

这是因为水分子既可以从纯水中向溶液中扩散，也可以从溶液向纯水中扩散，扩散速度与浓度有关，在单位体积内，纯水中水分子的数目比蔗糖溶液中的多一些，所以在单位时间内，进入蔗糖溶液中的水分子数目要比由蔗糖溶液进入纯水中的多，结果使蔗糖溶液的液面升高。如果用半透膜把两种浓度不同的溶液隔开，水会从稀溶液渗入到浓溶液中。这种溶剂分子由一个液相通过半透膜向另一个液相扩散的过程叫渗透。随着渗透作用的进行，两边液面高度差逐渐增大，蔗糖溶液的静水压不仅使水分子从溶液进入纯水的速度加快，也使纯水中的水进入溶液的速度减慢。当蔗糖溶液的液面上升到一定程度时，水分子向两个方向的扩散速度相等，系统建立起一个动态平衡，称为渗透平衡。这时蔗糖溶液液面比纯水液面高出 h，这段液面高度差所产生的压力称为该溶液的渗透压。如果要维持两边液体液面的高度不发生变化，即要阻止渗透作用的发生，就要在蔗糖溶液液面上施加相当于 h 高水柱静压力大小的额外压力，这种为阻止渗透作用的发生而施加于液面上的最小压力即为该溶液的渗透压。

非电解质稀溶液的渗透压与溶液的物质的量浓度及温度成正比，而与溶质的本性无关。

$$\Pi = c_B RT \tag{1-12}$$

式中，Π 为溶液的渗透压；R 为气体常数，数值为 $8.314kPa\cdot L\cdot mol^{-1}\cdot K^{-1}$；$T$ 为热

力学温度，K。对于很稀的水溶液，$c_B \approx b_B$，因此 $\Pi = b_B RT$。

【例 1-7】 实验测得人体血液的凝固点降低值是 0.56K，求在体温 37℃时的渗透压。

解 已知：$\Delta K_f = 1.86 K \cdot kg \cdot mol^{-1}$，$\Delta t_f = 0.56K$，体温 $T = 37 + 273.15 = 310.15(K)$

$$\Delta t_f = K_f b_B$$

$$b_B = \frac{\Delta t_f}{K_f} = \frac{0.56}{1.86} = 0.30(mol \cdot kg^{-1})$$

当溶液很稀时，有 $c_B \approx b_B$

则 $$\Pi = c_B RT = 0.30 \times 8.314 \times 310.15 = 773(kPa)$$

体温 37℃时人体血液的渗透压为 773kPa。

测定渗透压的主要用途是计算大分子（如血红素、蛋白质、高聚物等）的摩尔质量。

凡是溶液都有渗透压，不同浓度的溶液具有不同的渗透压，当存在半透膜时，溶液浓度越高，溶液的渗透压就越大。如果半透膜两边是浓度不同的两种溶液，其中浓度大的溶液称为高渗溶液；浓度较低的溶液称为低渗溶液。如果半透膜两边溶液的浓度相同，则它们的渗透压相等，这种溶液称为等渗溶液。

渗透现象在动植物的生理过程中起着重要作用。细胞膜是一种半透膜，水进入细胞中产生相当大的压力，能将细胞稍微绷紧，这就是植物的茎、叶、花瓣等都具有一定弹性的原因。如果割断植物，则由于水的蒸发，细胞液的体积缩小，细胞膜便萎缩，植物因此枯萎，但只要将刚开始枯萎的植物放在水中，渗透作用立即开始，细胞膜重新绷紧，植物便基本恢复原状。植物的生长发育和土壤溶液的渗透压有关，只有土壤溶液的渗透压低于细胞液的渗透压时，植物才能不断从土壤中吸收水分和养分进行正常的生长发育，如果土壤溶液的渗透压高于植物细胞液的渗透压，植物细胞内的水分就会向外渗透导致植物枯萎。盐碱地不利于作物生长就是这个原因。给作物喷药或施肥时，溶液的浓度不能过大，否则会引起烧苗现象，这也是由于水从植物体内向外渗透的结果。现在广泛使用地膜覆盖保苗，也是为了保持土壤胶体的渗透压。临床实践中，对患者输液常用 0.9%生理盐水和 0.5%葡萄糖溶液，这是由于注射液与血液是等渗溶液，如为高渗溶液，则血液细胞中的水分就会通过细胞膜向外渗透，甚至能引起红细胞收缩并从悬浮状态中沉降下来，导致红细胞发生胞浆分离；如为低渗溶液，则水分将向红细胞中渗透，引起红细胞的胀破，产生溶血现象。当吃咸的食物时就有口渴的感觉，这是由于组织中渗透压升高，喝水后可以使渗透压降低。眼药水必须和眼球组织中的液体具有相同的渗透压，否则会引起疼痛。淡水鱼和海水鱼不能交换环境生活，这也是由于河水和海水的渗透压不同。

通过对上述有关稀溶液的一些性质的讨论，概括起来就是稀溶液依数性定律（或称拉乌尔-范特霍夫定律），即难挥发的非电解质稀溶液的某些性质（蒸气压、沸点、凝固点及渗透压）与一定量的溶剂中所含溶质的物质的量成正比，而与溶质的本性无关。

电解质类型不同，同浓度溶液的沸点高低或渗透压大小也不同，顺序为：$AB_2(BaCl_2)$ 或 $A_2B(Na_2SO_4)$ 型强电解质溶液＞AB(NaCl) 型强电解质溶液＞弱电解质溶液＞非电解质溶液。

而蒸气压或凝固点的顺序则相反，为：非电解质溶液＞弱电解质溶液＞AB(NaCl) 型强电解质溶液＞$AB_2(BaCl_2)$ 或 $A_2B(Na_2SO_4)$ 型强电解质溶液。

1.3 胶体溶液

1.3.1 胶体溶液的性质

（1）光学性质

如果将一束强光射入胶体溶液时，我们从与光束相垂直的方向上可以看到一条发亮的光柱，如图 1-3 所示。这种现象是英国科学家丁达尔在 1869 年发现的，故称为丁达尔现象。

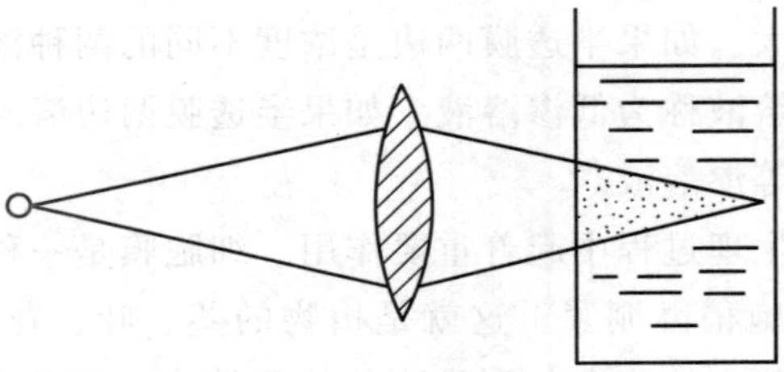

图 1-3 丁达尔现象

丁达尔现象的本质是光的散射。当光线射到分散质颗粒上时，可以发生两种情况：一种是入射光的波长小于颗粒时，便会发生光的反射；另一种是入射光的波长大于颗粒时，便会发生光的散射。可见光波长为 400～700nm，胶体颗粒为 1～100nm，因此，可见光通过胶体就会有明显的散射现象，每个微粒就成一个发光点，从侧面可看到一条光柱。当光通过以小分子或离子形式存在的溶液时，由于溶质的颗粒太小，不会发生散射，主要是透射。因此，可以根据丁达尔现象来区分胶体和溶液。

普通显微镜只能看到直径为 200nm 以上的粒子，是看不到胶体粒子的，而根据胶体对光的散射现象，设计和制造的超显微镜却可能观察到直径为 50～150nm 的粒子，超显微镜的光是从侧面照射胶体，因而在黑暗的背景进行观察，会看到由于散射作用胶体粒子成为一个个的发光点。应该注意的是，超显微镜下观察到的不是胶体中的颗粒本身，而是散射光的光点。

（2）动力学性质

在超显微镜下可以观察到胶体中分散质的颗粒在不断地做无规则运动，这是英国植物学家布朗（Brown）在 1827 年观察花粉悬浮液时首先看到的，故称这种运动为布朗运动，如图 1-4 所示。

布朗运动的产生是由于分散剂分子的热运动不断地从各个方向撞击这些胶粒，而在每一瞬间受到的撞击力在各个方向又是不同的，因而胶粒时刻以不同的速度、沿着不同方向做无规则的运动。另外，胶体粒子本身也有热运动。

由于胶体粒子的布朗运动，所以能自发地从浓度高的区域向浓度低的区域流动，即有扩散作用，但因粒子较大，所以扩散速度比溶液慢许多倍。同理，胶体也有渗透压，但由于胶

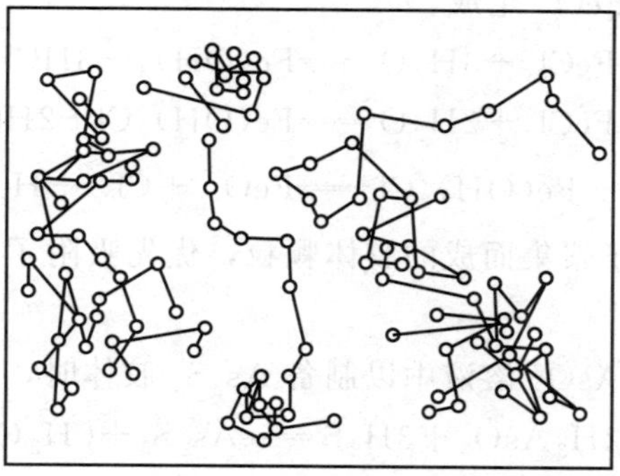

图 1-4　布朗运动

体的稳定性小，通常不易制得浓度很高的胶体，所以渗透压很小。

（3）电学性质

在外加电场的作用下，胶体的微粒在分散剂里向阴极（或阳极）作定向移动的现象，称为电泳。

在一个 U 形管中装入新鲜的红褐色 $Fe(OH)_3$ 胶体，上面小心地加入少量无色 NaCl 溶液，两液面间要有清楚的分界线，在 U 形管的两个管口各插入一个电极，通电一段时间后便可以观察到，在阴极红褐色的胶体的界面上升，而在阳极端界面下降。这表明，$Fe(OH)_3$ 胶体粒子是带电荷的，而且是带正电荷，在电场影响下向阴极移动，如图 1-5 所示。

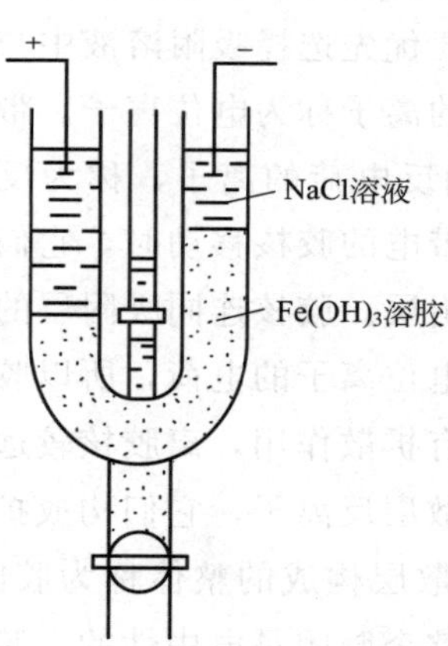

图 1-5　电泳

同样的实验方法，发现 As_2O_3 胶体粒子向阳极移动，表明 As_2O_3 胶体带负电。

胶体的电泳现象被广泛应用于医学、工业、日常生活中。在医学行业，利用电泳检出被分离物在生化和临床诊断方面发挥着重要作用。在血清纸上用电泳分离各种氨基酸和蛋白质，是分析蛋白质成分的重要手段。血液透析是利用电泳现象进行血液净化，去除体内的有害物质。胶态磁流体治癌术则是利用磁性胶体粒子作为药物载体，在磁场作用下将药物送到病灶，提高治疗效果。在食品加工中，常利用电泳现象进行物质的分离和纯化，如制豆腐、豆浆等。

如果让胶体通过多孔性物质（如素烧瓷片、玻璃纤维等），胶粒被吸附而固定不动，在电场作用下，液相将通过多孔性固体物质向一个电极方向移动。而且液相的移动方向总是和胶体粒子的电泳方向相反。这种在外电场作用下胶体溶液中的液相的定向移动现象称为电渗。

电泳和电渗现象统称为电动现象。电动现象说明胶体粒子是带电荷的，而胶体粒子带电的原因主要有以下两种。

① 吸附作用　胶体粒子具有较大的比表面积和较强的吸附作用，在液相中存在电解质时，胶体粒子会选择性吸附某些离子，从而使胶体粒子带上与被选择吸附的离子相同符号的电荷。例如用 $FeCl_3$ 水解来制备 $Fe(OH)_3$ 胶体溶液时，Fe^{3+} 水解反应是分步进行的，除了

生成 $Fe(OH)_3$ 以外，还有 FeO^+ 生成。

$$FeCl_3 + 3H_2O \xlongequal{} Fe(OH)_3 + 3HCl$$

$$FeCl_3 + 2H_2O \xlongequal{} Fe(OH)_2Cl + 2HCl$$

$$Fe(OH)_2Cl \xlongequal{} FeO^+ + Cl^- + H_2O$$

由大量的 $Fe(OH)_3$ 分子聚集而成的胶体颗粒，优先吸附了与它组成有关的 FeO^+ 而带正电荷。

又如通 H_2S 气体到 H_3AsO_3 溶液中以制备 As_2S_3 胶体时，则：

$$2H_3AsO_3 + 3H_2S \xlongequal{} As_2S_3 + 6H_2O$$

由于溶液中过量的 H_2S 又会解离出 H^+ 和 HS^-，As_2S_3 优先吸附 HS^- 而使胶体带负电。

② 解离作用　有部分胶体粒子带电是由于自身表面解离所造成的。

1.3.2 胶体结构

胶体的性质与其内部结构有关。胶体微粒的中心是由许多分子聚集而成的直径大小约为1～100nm 的颗粒，该颗粒称为胶核。胶核是不带电的。由于胶核颗粒很小，分散度高，因此具有较高的表面能，如果此时系统中存在过剩的离子，胶核就要优先选择吸附溶液中与其组成有关的某种离子，因而使胶核表面带电。这种决定胶体带电的离子称为电位离子。带有电位离子的胶核，由于静电引力的作用，还能吸引溶液中带有相反电荷的离子，称为反离子。在这些反离子中，有些反离子离胶核较近，联系较紧密，当带电的胶核移动时，它们也随着一同移动，称为吸附层反离子，它和电位离子一起构成了吸附层。胶核连同吸附层的所有离子称为胶粒。在胶粒中，由于吸附层的反离子不能完全中和电位离子的电荷，所以胶粒是带电的，其电荷符号取决于电位离子的符号。由于反离子本身有扩散作用，离胶核较远的反离子受异电引力较弱，而有较大的自由，这部分反离子称为扩散层反离子，它们构成扩散层。吸附层和扩散层的整体称为扩散双电层。胶核、吸附层和扩散层构成的整体称为胶团。在胶团中，电位离子的电荷总数与反离子的电荷总数相等，因此整个胶团是电中性的。胶团的结构，以 AgI 胶体为例，可表示如下：

$$AgNO_3 + KI(过量) \xlongequal{} AgI(胶体) + KNO_3$$

双电层

内层（吸附层）外层（扩散层）

$$\{(AgI)_m \cdot nI^- \cdot (n-x)K^+\}^{x-} \cdot xK^+$$

胶核　电位离子　反离子　反离子

吸附层　扩散层（带电荷）

胶粒（带电荷）

胶团（电中性）

1.3.3　溶胶的稳定性和聚沉作用

（1）溶胶的稳定性

溶胶是相当稳定的，如碘化银胶体可以存放数年而不沉淀。是什么原因阻止了胶体微粒相互碰撞聚集变大呢？研究表明，溶胶的稳定性因素有两方面：一种是动力稳定因素；另外一种是聚集稳定因素。

① 动力稳定因素　从动力学角度看，胶体粒子质量较小，其受重力的作用也较小，而且由于胶体粒子不断地在做无规则的布朗运动，克服了重力的作用从而阻止了胶粒的下沉。

② 聚集稳定因素　由于胶核选择性地吸附了溶液中的离子，导致同一胶体的胶粒带有相同电荷，当带同种电荷的胶体粒子由于不停运动而相互接近时，彼此间就会产生斥力，这种斥力将使胶体微粒很难聚集成较大的粒子而沉降，有利于胶体的稳定。此外，电位离子与反离子在水中能吸引水分子形成水合离子，所以胶核外面就形成了一层水化层，当胶粒相互接近时，将使水化层受到挤压而变形，并有力图恢复原来形状的趋向，即水化层表现出弹性，称为胶粒接近的机械阻力。

（2）溶胶的聚沉

如果我们设法减弱或消除胶体稳定的因素，就能使胶粒聚集成较大的颗粒而沉降。这种使胶粒聚集成较大颗粒而沉降的过程叫作溶胶的聚沉。

胶体聚沉的方法一般有以下三种。

① 加电解质　例如，在红褐色的 $Fe(OH)_3$ 胶体中，滴入 KCl 溶液，胶体就会变成浑浊状态，这说明胶体微粒发生了聚沉。由于电解质的加入，增加了系统内离子的总浓度，给带电的胶粒创造了吸引带相反电荷离子的有利条件，从而减少或中和了原来胶粒所带的电荷。这时，由于粒子间斥力大大减小，以至胶粒互碰后引起聚集、变大而迅速聚沉。

电解质对溶胶的聚沉能力不同。通常用聚沉值来比较各种电解质对溶胶的聚沉能力的大小。使一定量的溶胶在一定时间内完全聚沉所需的电解质的最低浓度（$mmol\cdot L^{-1}$）称为聚沉值。聚沉值越小，聚沉能力越大。反之，聚沉值越大，聚沉能力越小。电解质对溶胶的聚沉作用，主要是异电荷的作用。负离子对带正电荷的溶胶起主要聚沉作用，而正离子对带负电荷的溶胶起主要聚沉作用。聚沉能力随着离子电荷的增加而显著增大，此规律称为叔采-哈迪（Schuize-Hardy）规则。如 NaCl、$MgCl_2$、$AlCl_3$ 三种电解质对负溶胶 As_2S_3 的聚沉值分别为 51、0.75、0.093，可见 $AlCl_3$ 的聚沉能力最强。

生活中有许多溶胶聚沉的实例，如江河入海处常形成有大量淤泥沉积的三角洲，其主要原因之一就是海水含有大量盐类，当河水与海水相混合时，河水中所携带的胶体物质（淤泥）的电荷部分或全部被中和而引起了凝结，淤泥、泥砂粒子就很快沉降下来。

② 加入相反电荷的胶体　将两种带相反电荷的胶体溶液以适当的数量混合，由于异性相吸，互相中和电性，也能发生凝结。例如，净化天然水时，常在水中加入适量的明矾[$KAl(SO_4)_2\cdot 12H_2O$]，因为天然水中悬浮的胶粒多带负电荷，而明矾水解产生的

$Al(OH)_3$ 胶体的胶粒却是带正电荷的，它们的粒子互相中和凝结而沉淀，因而使水净化。

③ 加热 加热可以使胶体粒子的运动加剧，增加胶粒相互接近或碰撞的机会，同时降低了胶核对离子的吸附作用和水合程度，促使胶体凝结。例如，将 $Fe(OH)_3$ 胶体适当加热后，可使红褐色 $Fe(OH)_3$ 沉淀析出。

胶体的聚沉在环境污染治理、食品加工和药物传递等方面应用广泛。在水处理中，通过调节胶体颗粒的电荷和能量，可以实现悬浮物质的聚集和沉降，这种技术被广泛应用于净化自来水、处理污水以及重金属废水等。食品加工行业中，胶体聚沉扮演着重要角色。例如，在酿酒过程中，通过胶体聚沉调节酒液中的胶体颗粒，使酒液中的浑浊物质聚集形成较大的团块再除去，从而实现酒液澄清，提高酒水质量。此外，在果汁和牛奶等食品加工过程中，胶体聚沉常用于去除悬浮物和浑浊物质，提高产品的透明度和稳定性。胶体聚沉在药物传递中也有着广泛的应用。为了使药物能够准确地到达目标组织或细胞，常需要通过载体进行传递。传递药物时可以将药物包裹在胶体颗粒中，通过调节其表面电荷和组成，实现药物的稳定和释放。

1.4 高分子溶液

高分子化合物是指分子量在 1000 以上的有机大分子化合物。许多天然有机物如蛋白质、纤维素、淀粉、橡胶以及人工合成的各种塑料等都是高分子化合物。它们的分子中主要含有千百个碳原子彼此以共价键相结合的物质，由一种或多种小的结构单位联结而成。例如，淀粉或纤维素是由许多葡萄糖分子缩合而成，蛋白质分子中最小的单位是各种氨基酸。

大多数高分子化合物的分子结构呈线状或线状带支链，分子的长度有的可达几百纳米，但分子的截面积却只有普通分子的大小。当高分子化合物溶解在适当的溶剂中，就形成高分子化合物溶液，简称高分子溶液。

高分子溶液由于其溶质的颗粒大小与溶胶粒子相近，属于胶体分散系，表现出某些溶胶的性质。例如，不能透过半透膜、扩散速率慢等。然而，它的分散质粒子为单个大分子，是一个分子分散的单相均匀体系，因此又表现出溶液的某些性质，与溶胶的性质有许多不同之处。

高分子化合物像一般溶质一样，在适当溶剂中其分子能强烈自发溶剂化而逐步溶胀，形成很厚的溶剂化膜，使它能稳定地分散于溶液中而不凝结，最后溶解成溶液，具有一定溶解度。例如，蛋白质、淀粉溶于水，天然橡胶溶于苯都能形成高分子溶液。除去溶剂后，重新加入溶剂时仍可溶解。高分子溶液其溶质与溶剂之间没有明显的界面，因而对光的散射作用很弱，丁达尔效应不像溶胶那样明显。另外高分子化合物还具有很大的黏度，这与它的链状结构和高度溶剂化的性质有关。

高分子溶液具有一定的抗电解质聚沉能力，加入少量的电解质，它的稳定性并不受影响。这是因为在高分子溶液中，本身带有较多的可解离或已解离的亲水基团，例如，

—OH、—COOH、—NH_2 等。这些基团具有很强的水化能力，它们能使高分子化合物表面形成一个较厚的水化膜，能稳定地存在于溶液之中，不易聚沉。要使高分子化合物从溶液中聚沉出来，除中和高分子化合物所带的电荷外，更重要的是破坏其水化膜。因此，必须加入大量的电解质。电解质的离子要实现其自身的水化，就要大量夺取高分子化合物水化膜上的溶剂化水，从而破坏水化膜，使高分子溶液失去稳定性，发生聚沉。像这种通过加入大量电解质使高分子化合物聚沉的作用称为盐析。加入乙醇、丙酮等溶剂，也能将高分子溶质沉淀出来。因为这些溶剂也像电解质的离子一样有强的亲水性，会破坏高分子化合物的水化膜。

在溶胶中加入适量的高分子化合物，就会提高溶胶对电解质的稳定性，这就是高分子化合物对溶胶的保护作用。在溶胶中加入高分子，高分子化合物附着在胶粒表面，一来可以使原先憎液胶粒变成亲液胶粒，从而提高胶粒的溶解度；二来可以在胶粒表面形成一个高分子保护膜，以增强溶胶的抗电解质的能力。所以高分子化合物经常被用来作胶体的保护剂。保护作用在生理过程中具有重要的意义。例如，在健康人的血液中所含的碳酸镁、磷酸钙等难溶盐，都是以溶胶状态存在，并被血清蛋白等保护着。当生病时，保护物质在血液中的含量减少了，这样就有可能使溶胶发生聚沉而堆积在身体的各个部位，使新陈代谢作用发生故障，形成肾脏、肝脏等结石。

如果溶胶中加入的高分子化合物较少，就会出现一个高分子化合物同时附着几个胶粒的现象。此时非但不能保护胶粒，反而使得胶粒互相粘连形成大颗粒，从而聚沉。这种由于高分子溶液的加入，使得溶胶稳定性减弱的作用称为絮凝作用。生产中常利用高分子对溶胶的絮凝作用进行污水处理和净化、回收矿泥中的有效成分以及产品的沉淀分离。

拓展资料扫一扫

海水淡化技术

电子课件扫一扫

溶液与胶体

目标检测

一、选择题

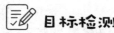

1. 等压下加热5%的下列水溶液，最先沸腾的是（　　）。

A. 蔗糖（$C_{12}H_{22}O_{11}$）溶液　　B. 葡萄糖（$C_6H_{12}O_6$）溶液

C. 丙三醇（$C_3H_8O_3$）溶液　　D. 尿素［$(NH_2)_2CO$］溶液

2. 0.1mol·kg^{-1} 下列水溶液中凝固点最低的是（　　）。

A. NaCl 溶液　B. $C_{12}H_{22}O_{11}$ 溶液　C. HAc 溶液　D. H_2SO_4 溶液

3. 胶体溶液中，决定溶胶电性的物质是（　　）。

A. 胶团　B. 电位离子　C. 反离子　D. 胶粒

4. 溶胶具有聚结不稳定性，但经纯化后的 $Fe(OH)_3$ 溶胶可以存放数年而不聚沉，其原因是（ ）。

A. 胶体的布朗运动　　B. 胶体的丁达尔效应

C. 胶团有溶剂化膜　　D. 胶粒带电和胶团有溶剂化膜

5. 有浓度同为 $0.01mol \cdot L^{-1}$ 的电解质①$NaNO_3$、②Na_2SO_4、③Na_3PO_4、④$MgCl_2$，它们对 $Fe(OH)_3$ 溶胶的聚沉能力大小顺序为（ ）。

A. ①②③④　　B. ②④③①　　C. ③②①④　　D. ③②④①

二、简答题

1. 为何江河入海处常会形成三角洲？

2. 加明矾为什么能够净水？

3. 不慎发生重金属离子中毒，为什么服用大量牛奶可以减轻症状？

4. 肉食品加工厂排出的含血浆蛋白的污水，为什么加入高分子絮凝剂可起净化作用？

三、计算题

1. 10.00mL 饱和 NaCl 溶液质量为 12.003g，将其蒸干后得到 NaCl 3.173g。求：(1) NaCl 的质量分数；(2) NaCl 的质量摩尔浓度；(3) NaCl 的物质的量浓度；(4) 各组分的摩尔分数。

2. 今有两种溶液，其一为 1.50g 尿素 $(NH_2)_2CO$ 溶于 200g 水中；另一为 42.8g 未知物溶于 1000g 水中，这两种溶液在同一温度开始沸腾，计算这种未知物的摩尔质量。

3. 将 1.00g 硫溶于 20.0g 萘中，使萘的凝固点降低 1.30℃，萘的 K_f 为 $6.8K \cdot kg \cdot mol^{-1}$，求硫的摩尔质量和分子式。

习题及参考答案

4. 从某种植物中分离出一种未知结构的有特殊功能的生物碱，为了测定其分子量，将 19g 该物质溶于 100g 水中，测得溶液的沸点升高了 0.060K，凝固点降低了 0.220K。计算该生物碱的分子量。

技能训练一

溶液标签的书写内容及格式

一、标准溶液

标准溶液的配制、标定、校验及稀释等都要有详细的记录，应该与检测原始记录一样要求，标签书写内容要求齐全，字迹清晰，符号要准确。

标准溶液标签的书写内容包括标准溶液名称、浓度类型、浓度值、介质、配制日期、配制温度、瓶号、校核周期和配制人、注意事项及其他须注明的事项等。例如，下面两种溶液标签的表示，标签上都有溶液名称、溶液浓度、配制人、配制时的温度、核对周期和配制时间等信息。不同的是标签 1 的溶液介质为蒸馏水，标签 2 的溶液介质为 2% H_2SO_4。

重铬酸钾标准溶液 $c_{\frac{1}{6}K_2Cr_2O_7}=0.06011mol \cdot L^{-1}$ 李×× 18℃ 核对周期：6个月 2009-12-01	莫尔盐标准溶液 $c_{Fe^{2+}}=0.02134mol \cdot L^{-1}$ $2\% H_2SO_4$ 张×× 15℃ 核对周期：7天 2009-12-01
标签1	标签2

二、一般溶液

此类溶液的浓度要求不太严格，不需要用标定或其他比对方法求得其准确浓度。在化验工作中，它们的浓度和用量不参与被测组分含量的计算，通常是用来作为“条件”溶液，如控制酸度、指示终点、消除干扰、显色、配位等。按用途又可分为显色剂溶液、掩蔽剂溶液、缓冲溶液、萃取溶液、吸收溶液、底液、指示剂溶液、沉淀剂溶液、空白溶液等。

一般溶液标签的书写内容应包括名称、浓度、纯度、介质、日期、配制人及其他说明。

标签填写格式举例如下，供参考。

HAc-NaAc缓冲溶液 分析纯，pH=6.1 DZG20-1 p.85 ××× 2009-12-01

第一行缓冲溶液名称；第二行试剂级别；pH大小；×××为配制人；2009-12-01为配制时间；DZG20-1 p.85代表按地矿部规程《岩石矿物分析》85页方法配制。

$\rho_{NaCl}=10\%$ 分析纯 ××× 2009-12-01

第一行溶液名称及浓度；分析纯为试剂级别；×××为配制人；2009-12-01为配制日期。

注意：1. 配制浓度低于$0.02mol \cdot L^{-1}$的标准溶液时，用前将稀释用的水煮沸并冷却后再使用。

2. 滴定（容量）分析标准溶液在常温（15～25℃）下保存时间一般不得超过两个月。

3. 标准溶液浓度值取四位有效数字。

技能训练二

$Fe(OH)_3$胶体的制备

一、实训目的

了解制备胶体的不同方法，学会制备$Fe(OH)_3$溶胶。

二、实训原理

溶胶的制备方法可分为分散法和凝聚法。分散法是用适当方法把较大的物质颗粒变为胶体大小的质点，如机械法、电弧法、超声波法、胶溶法等；凝聚法是先制成难溶物的分子（或离子）的过饱和溶液，再使之相互结合成胶体粒子而得到溶胶，如物质蒸汽凝结法、变换分散介质法、化学反应法等。$Fe(OH)_3$ 溶胶的制备就是采用化学反应法使生成物呈过饱和状态，然后粒子再结合成溶胶。

具体的反应方程式如下：

$$FeCl_3 + 3H_2O \xlongequal{} Fe(OH)_3\text{(胶体)} + 3HCl$$

将一定浓度的 $FeCl_3$ 溶液逐滴加入沸水中，不断搅拌，得到氢氧化铁的过饱和溶液，再使之相互结合便可形成溶胶。

三、仪器与试剂

仪器　电炉 1 台，100mL 量筒 1 个，500mL 烧杯 2 个，胶头滴管 1 支，10mL 刻度移液管 1 支。

试剂　$FeCl_3$ 饱和溶液，蒸馏水。

四、实训过程

量取 150mL 蒸馏水，置于 300mL 烧杯中，先煮沸 2min，用刻度移液管移取饱和 $FeCl_3$ 溶液 30mL，逐滴加入沸水中，并不断搅拌，继续煮沸 3min，得到棕红色 $Fe(OH)_3$ 溶胶。

其结构式可表示为 $\{m[Fe(OH)_3]\cdot nFeO^+\cdot(n-x)\ Cl^-\}^{x+}\cdot xCl^-$

五、数据记录及处理

将数据及其处理结果填入表 1-6。

表 1-6　$Fe(OH)_3$ 胶体的制备

项目 \ 次数	1	2	3
V_{H_2O}/mL			
$V_{饱和FeCl_3}$/mL			
$\overline{V}_{饱和FeCl_3}$/mL			
相对平均偏差/%			

六、注释

1. 实验操作中，必须选用氯化铁溶液（饱和）而不能用氯化铁稀溶液。原因是若氯化铁浓度过低，不利于氢氧化铁胶体的形成。

2. 向沸水中滴加 $FeCl_3$ 饱和溶液，而不是直接加热 $FeCl_3$ 饱和溶液，否则会因溶液浓度过大直接生成 $Fe(OH)_3$ 沉淀而无法得到氢氧化铁胶体。

3. 实验中必须用蒸馏水，而不能用自来水。因为自来水中含有杂质离子，易使制备的胶体沉淀。

4. 向沸水中逐滴滴入饱和 $FeCl_3$ 溶液后，可稍微加热煮沸，但若长时间加热，又会导致胶体聚沉。

5. 书写制备 $Fe(OH)_3$ 胶体的化学反应方程式时，一定要注明“胶体”，不能用“↓”“↑”符号。

技能训练三

胶体的性质

一、实训目的

1. 熟悉胶体的性质。
2. 了解胶体的稳定性。
3. 了解固体吸附剂在溶液中的吸附作用。

二、实训原理

胶体溶液是一种高度分散的多相热力学不稳定系统，具有很大的比表面和表面能。胶体的破坏常采用加入强电解质溶液、加入相反电荷的溶液以及加热的方法。大分子溶液很稳定，但加入大量的电解质，大分子物质会从溶液中析出——盐析。溶液的聚沉溶解过程是不可逆的，而蛋白质的聚沉是可逆的。

三、仪器与试剂

1. 仪器　试管，胶头滴管，烧杯，量筒，玻璃棒。

2. 试剂　$Fe(OH)_3$ 溶胶，$0.05mol\cdot L^{-1}Na_2SO_4$ 溶液，$5mol\cdot L^{-1}$ 的 NaCl 溶液，蛋白质溶液，饱和 $(NH_4)_2SO_4$ 溶液，0.01%品红溶液，活性炭，95%乙醇溶液。

四、实训步骤

1. 电解质对溶液的凝聚作用

取两支试管，各加入 $Fe(OH)_3$ 溶胶 2mL，第一支试管滴加 $0.05mol\cdot L^{-1}Na_2SO_4$ 至浑浊；第二支试管滴加 $5mol\cdot L^{-1}$ 的 NaCl 溶液至浑浊，观察现象。

2. 蛋白质的盐析

取一支试管，分别加入 2mL 蛋白质溶液和 2mL 的饱和 $(NH_4)_2SO_4$ 溶液，稍加振荡，观察现象。所得到的浑浊液 1mL，于另一支试管中，加入 1～3mL 的蒸馏水，观察现象。

3. 吸附现象

取一支试管，加 0.01%的品红溶液 2mL 和少许颗粒状活性炭，摇动 5min 以上，过滤至另一试管中，观察滤液颜色并与 0.01%品红比较，再向滤纸上的活性炭加入 95%的乙醇溶液 1mL，并收集此溶液，观察滤液的颜色，并与 95%的乙醇溶液比较。通过实验现象解释活性炭对品红的吸附与解吸作用。

五、数据记录及处理

写出实验现象，并解释原因。

六、思考题

电解质对胶体的稳定性有何影响？

第 2 章

化学实验基础知识

章节导入

无机及分析化学是一门以实验为基础的学科。实验是激发学生学习兴趣的源泉，更是培养和发展学生思维能力和创新能力的重要方法和手段。

实验离不开试剂和仪器。什么实验中用化学纯？什么实验中用分析纯？粗略量取试剂时用量筒，但准确移取试剂时又必须用移液管。这些看似微小的事情，往往对实验的准确度和精密度有着重大的影响。因此正确地掌握试剂的性能和仪器的使用技能，是保证实验取得成功的前提。不少化学试剂是危险性化学药品，有些仪器使用过程中存在安全隐患，指导学生规范操作，预防和清除不安全因素，掌握必要的安全知识和措施，是非常重要的。

素质目标

培养观察、描述、分析问题和解决问题的能力，建立安全意识和环境保护意识。

2.1 化学试剂

化学试剂又叫化学药品，简称试剂，是进行化学研究、成分分析的相对标准物质，是科技进步的重要条件，广泛用于物质的合成、分离、定性和定量分析。化学试剂已广泛应用于工业、农业、医疗卫生、生命科学、检验检疫、环境保护、能源开发、国防军工、科学研究和国民经济的各行各业。

化学试剂不仅有各种状态，而且不同的试剂其性能差异很大。有的常温非常稳定，有的通常就很活泼，有的受高温也不变质，有的却易燃易爆，有的香气浓烈，有的则有剧毒。只有对化学试剂的有关知识深入了解，才能安全、顺利进行各项实验。既可保证达到预期实验目的，又可消除对环境的污染。因此，首先要知道试剂的分类，然后掌握各类试剂的存放和使用条件。

2.1.1 化学试剂的规格

化学试剂的种类很多，世界各国对化学试剂的分类和分级的标准也不尽一致。目前，国外试剂厂生产的化学试剂的规格趋向于按用途划分，常见的如下：生化试剂（BC）、生物试剂（BR）、生物染色剂（BS）、配位滴定用（FCM）试剂。规格基本上按纯度（主要成分的含量和杂质含量的多少）划分，共有高纯试剂、光谱纯试剂、基准试剂、分光纯试剂、优级纯试剂、分析试剂和化学纯试剂 7 种。按我国和主管部门颁布的质量指标，主要把试剂分为四个等级和生化试剂。一般试剂的分类、标志、适用范围及标签颜色如表 2-1 所示。

表 2-1 一般试剂的分类、标志、适用范围及标签颜色

级别	中文名称	英文符号	适用范围	标签颜色
一级	优级纯(保证试剂)	GR	精密分析实验	绿色
二级	分析纯(分析试剂)	AR	一般分析实验	红色
三级	化学纯	CP	一般化学实验	蓝色
四级	实验试剂	LR	一般化学实验辅助试剂	棕色或其他颜色
生化试剂	生物染色剂	BC	生物化学及医用化学实验	咖啡色(玫瑰色)

2.1.2 化学试剂的选用

化学试剂的选用应以分析要求，包括分析任务、分析方法、对结果准确度的要求等为依据，来选用不同等级的试剂。

不同等级的试剂价格往往相差甚远，化学试剂纯度越高，包装单位越小，价格越贵。若试剂等级选择不当，将会造成资金浪费或影响化验结果。因此，应根据分析任务、分析方法和对分析结果准确度的要求，合理选用不同等级的试剂。配制一般溶液，可选用二、三级试剂；标定标准溶液时，应选用基准试剂或根据有关分析方法的要求选用试剂。例如，在配位滴定中，为了防止试剂中的杂质金属离子封闭指示剂，配制一般溶液时，应选用二级试剂；在分光光度分析中，要求使用较高纯度的试剂，以降低试剂的空白值。

2.1.3 化学试剂的贮存与保管

实验室中一般只贮存固体试剂和液体试剂，气体物质都是需用时临时制备。在取用和使用任何化学试剂时，首先要做到“三不”，即不用手拿、不直接闻气味、不尝味道。此外还应注意试剂瓶塞或瓶盖打开后要倒放桌上，取用试剂后立即还原塞紧，否则会污染试剂，使之变质而不能使用，甚至可能引起意外事故。

（1）固体试剂的取用

粉末状试剂或粒状试剂一般用药匙取用。粉状试剂容易散落，或沾在容器口和壁上。可将其倒在折成的槽形纸条上，再将容器平置，使纸槽沿器壁伸入底部，竖起容器并轻抖纸槽，试剂便落入器底。块状固体用镊子，送入容器时，务必先使容器倾斜，使之沿器壁慢慢滑入器底，如图 2-1 所示。

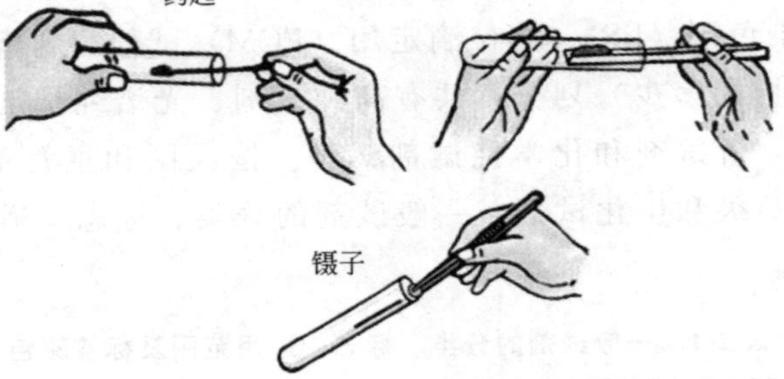

图 2-1 固体试剂的取用

若实验中无规定剂量，所取试剂量以刚能盖满试管底部为宜。取多了的试剂不能放回原瓶，也不能丢弃，应放在指定容器中供他人或下次使用。

取用试剂的镊子或药匙务必擦拭干净，更不能一匙多用。用后也应擦拭干净，不留残物。

（2）液体试剂的取用

用少量液体试剂时，常使用胶头滴管吸取。用量较多时则采用倾泻法。从细口瓶中将液体倾入容器时，把试剂瓶上贴有标签的一面握在手心，另一手将容器斜持，并使瓶口与容器口相接触，逐渐倾斜试剂瓶，倒出试剂。试剂应该沿着容器壁流入容器，或沿着洁净的玻璃棒将液体试剂引流入细口或平底容器内，如图 2-2 所示。

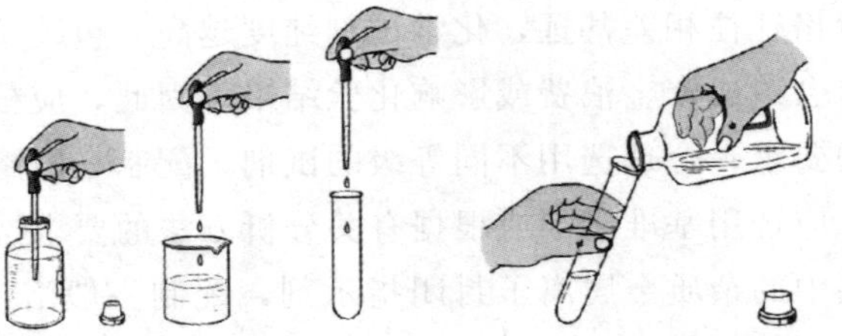

图 2-2 液体试剂的取用

若实验中无规定剂量，一般取用 1～2mL。定量使用时，则可根据相关要求选用量筒、滴定管或移液管。取多的试剂也不能倒回原瓶，更不能随意废弃，应倒入指定容器内供他人使用。

若取用有毒试剂时，必须严格遵照规则取用。

药品的取用

2.2 化学实验室常用器皿

实验仪器是进行化学实验的重要工具。实验工具的齐备与否，直接影响到实验的成败。根据不同的实验目的，应选择相应的实验方法，用不同的实验仪器进行实验。而实验仪器的构造和性能又决定了它特有的操作方法和不同的适用范围。所以必须对化学仪器的有关知识及功能有一个完整的了解，才能掌握它、正确地使用它，进而在熟练的基础上达到得心应手，完成好各种实验。

化学实验常用的仪器中，大部分为玻璃制品和一些瓷质仪器。

2.2.1 玻璃仪器

常用的玻璃仪器

(1) 计量仪器

① 量杯　量杯属量出式量器，如图 2-3 所示。它用于量度从量器中排出液体的体积。排出液体的体积为该液体在量器内时从刻度值读取的体积。量杯有两种形式。面对分度表时，量杯倾液嘴向右，便于左手操作，称为左执式量杯；倾液嘴向左，则称为右执式量杯。250mL 以内的量杯均为左执式，500mL 以上者，则属于右执式。

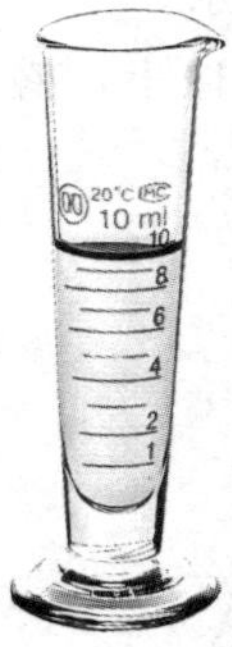

图 2-3　量杯

② 温度计　温度计是用于测量温度的仪器。其种类很多，有数码式温度计、热敏温度计等。而实验室中常用玻璃液体温度计。温度计可根据用途和测量精度分为标准温度计和实用温度计两类。

使用注意事项：应选择适合测量范围的温度计，严禁超量程使用温度计。测液体温度时，温度计的液泡应完全浸入液体中，但不得接触容器壁；测蒸气温度时液泡应在液面以上。在读取温度计上度数时，视线应与液柱弯月面最高点（水银温度计）或最低点（酒精温度计）水平。禁止用温度计代替玻璃棒进行搅拌；用完后应擦拭干净，装入纸套内，远离热源存放。

(2) 反应类仪器

① 试管　试管是用作少量试剂的反应容器，也可用于收集少量气体。试管根据其用途常分为平口试管、翻口试管和具支试管等。平口试管适宜于一般化学反应，翻口试管适宜加配橡胶塞，具支试管可作气体发生器，也可作洗气瓶或少量蒸馏用。试管的大小一般用管外径与管长的乘积来规定。

② 烧杯　烧杯通常用作反应物量较多时的反应容器。此外也用来配制溶液、加速物质溶解、促进溶剂蒸发等。烧杯的种类和规格较多，实验室一般常用低型烧杯，烧杯的规格以容积大小区分。

使用注意事项：烧杯所盛溶液不宜过多，约为容积的 1/2，但在加热时，所盛溶液不能超过容积的 1/3；烧杯不能干烧，在盛有液体时方能较长时间加热，但必须垫上石棉网；拿烧杯时，要拿外壁，手指勿接触内壁。拿加热时的烧杯，要用烧杯夹；需用玻璃棒搅拌烧杯内所盛溶液时，应沿杯壁均匀旋动玻璃棒，切勿撞击杯壁与杯底；烧杯不宜长期存放化学试剂，用后应立即洗净，倒置存放。

③ 烧瓶　烧瓶是用作反应物较多且需较长时间加热的、有液体参加反应的容器。其瓶颈口径较小，配上塞子及所需附件后，也常用来发生蒸气或作气体发生器。烧瓶的用途广泛，因此形式也有多种，常用的有圆底烧瓶和平底烧瓶，如图 2-4 所示。圆底烧瓶一般用作加热条件下的反应容器。平底烧瓶用于不加热条件下的气体发生器，也常用来装配洗瓶等。

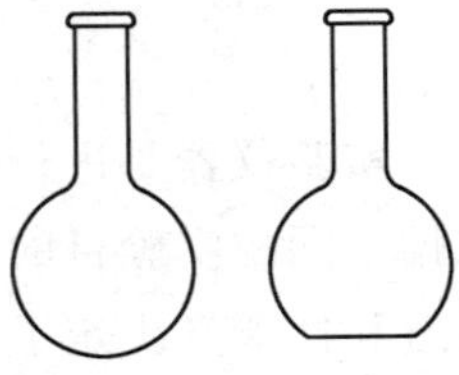

图 2-4　烧瓶

烧瓶使用注意事项：圆底烧瓶底部厚薄较均匀，又无棱出现，可用于长时间强热使用；加热时烧瓶应放置在石棉网上，不能用火焰直接加热；实验完毕后，应撤去热源，静置冷却后，再进行废液处理和洗涤。

④ 蒸馏烧瓶　蒸馏烧瓶属于烧瓶类，蒸馏烧瓶瓶颈部位有一略向下的支管，它专用作蒸馏液体的容器。蒸馏烧瓶有减压及常压两类。常压蒸馏烧瓶分为支管在瓶颈上部、中部和下部三种，蒸馏沸点较高的液体，选用支管在瓶颈下部的蒸馏烧瓶，蒸馏沸点较低的则用支管在上部的蒸馏烧瓶。而支管位于瓶颈中部者，常用来蒸馏一般沸点的液体。

使用注意事项：蒸馏烧瓶在配置附件（如温度计等）时，应选用合适的橡胶塞，特别要注意检查气密性是否良好；加热时应放在石棉网上，使之均匀受热，如图 2-5 所示。

⑤ 锥形瓶　锥形瓶又叫锥形烧瓶或称三角烧瓶。锥形瓶瓶体较长，底大而口小，盛入溶液后，重心靠下，便于手持振荡，所以常用于滴定分析中作滴定容器，见图 2-6。

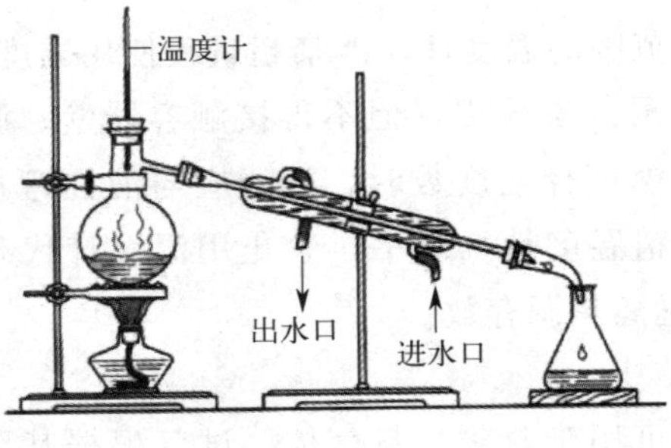

图 2-5　蒸馏装置示意图

图 2-6　锥形瓶

使用注意事项：锥形瓶在振荡时，用右手拇指、食指、中指握住瓶颈，无名指轻扶瓶颈下部，手腕放松，手掌带动手指用力，作圆周形振动；锥形瓶需振荡时，瓶内所盛溶液不超过容积的 1/2；若需加热锥形瓶中所盛液体时，必须垫上石棉网。

⑥ 曲颈瓶　曲颈瓶也叫曲颈烧瓶，它是一种历史较久、实用而简单的仪器，容器和曲颈相连，线条流畅。它常用作反应容器或蒸馏器。曲颈瓶的最大优点是结构简单，它可通过接收器与玻璃容器相连，或直接与斜置烧瓶相连，不需要橡胶塞或橡胶管连接，所以耐

腐蚀。

⑦ 启普发生器　启普发生器常称气体发生器，因由 1862 年荷兰化学家启普发明而得名，它用作不需加热、由块状固体与液体反应制取难溶性气体的发生装置。启普发生器由上部的球形漏斗、下部的容器和用单孔橡胶塞与容器相连的带活塞的导气管三部分组成。若加酸量较大时，为防止酸液从球形漏斗溢出，可在球形漏斗上口通过单孔塞连接一个安全漏斗（若加酸量不大时，可以不加配安全漏斗）。启普发生器使用非常方便，当打开导气管的活塞，球形漏斗中的液体落入容器与窄口上固体接触而产生气体；当关闭活塞，生成的气体将液体压入球形漏斗，使固、液体试剂脱离接触而反应暂行停止，可供较长时间反复使用。启普发生器的规格以球形漏斗的容积大小区别，常用为 250mL 或 500mL，如图 2-7 所示。

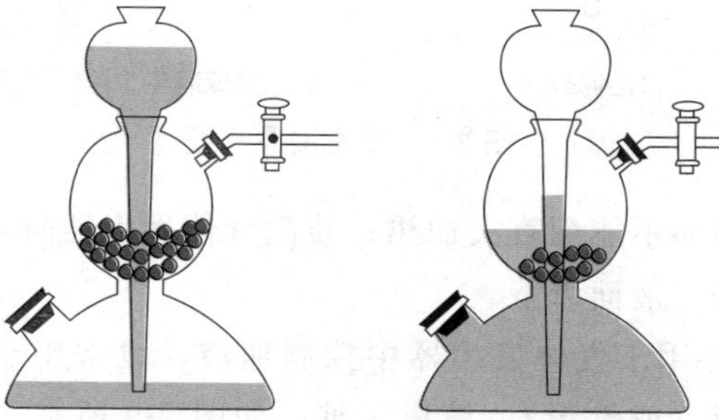

(a) 关闭活塞　(b) 打开活塞

图 2-7　启普发生器

使用注意事项：装配启普发生器时，要在球形漏斗与容器磨砂口间涂少量凡士林，以防止漏气，在容器中部窄口上面加一橡胶圈或垫适量玻璃棉，以防止固体落入容器下部，造成事故；使用前要检查气密性；加入试剂时，先加块状固体。选择大小合适的块状固体试剂从容器上部排气孔放入，均匀置于球形漏斗颈的周围，塞上带导气管的单孔塞后，打开活塞，再从球形漏斗口加入液体试剂，直至进入容器后又刚好浸没固体试剂，此时关闭导气管上的活塞待用；启普发生器禁止加热使用；若需更换液体试剂时，可将启普发生器放置在实验桌边，使容器下部塞子朝外伸出桌边缘，下面用一容积大于球形漏斗的容器接好，再小心打开塞子，务必使液体流进承接容器，待快流尽液体时，可倾斜仪器使液体全部倒出，塞紧塞子后，方可重新加液；启普发生器常用于制取氢气、二氧化碳、硫化氢气体，但不能用来制取乙炔和氮的氧化物等气体。

（3）分离类仪器

① 漏斗　漏斗又称三角漏斗，它是用于向小口径容器中加液或配上滤纸作过滤器而将固体和液体混合物进行分离的一种仪器。漏斗有短柄、长柄之分，但都是圆锥体，圆锥角一般在 57°～60°之间，投影图式为三角形，故称三角漏斗。

使用注意事项：过滤时，漏斗应放在漏斗架上，其漏斗柄下端要紧贴承接容器内壁，滤纸应紧贴漏斗内壁，滤纸边缘应低于漏斗边缘约 5mm，并先用蒸馏水润湿使其不残留气泡；倾入分离物时，要沿玻璃棒引流入漏斗，玻璃棒与滤纸三层处紧贴。分离物的液面要低于滤纸边缘；漏斗内的沉淀物不得超过滤纸高度，便于过滤后洗涤沉淀；漏斗不能直接加热。若需趁热过滤时，应将漏斗置于金属加热夹套中进行。若无金属夹套时，可事先把漏斗用热水浸泡预热方可使用。

② 安全漏斗　安全漏斗又叫长颈漏斗，它用于加液，也常用于装配气体发生器。安全漏斗有直型，还有环颈、环颈单球、环颈双球几种，如图 2-8 所示。安全漏斗因颈长，可容纳较多液体，不至溢出，避免事故发生，其次因为其颈部贮存液体，对发生器内的气体可起液封安全作用，故称安全漏斗。

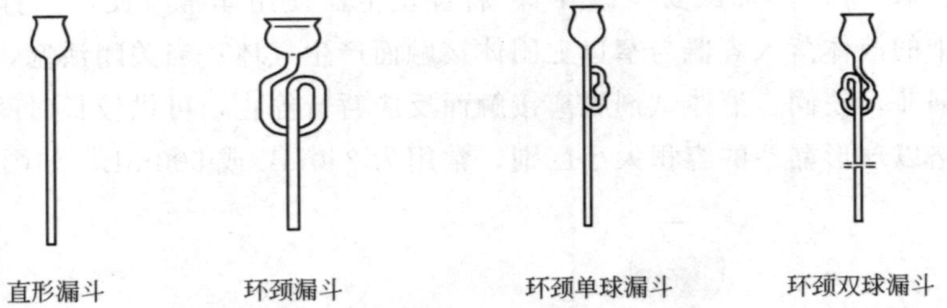

图 2-8　安全漏斗

使用注意事项：安全漏斗不能用直火加热；装配气体发生器时，应配上合适的塞子于颈部，长颈末端应始终保持浸入液面以下。

③ 分液漏斗　分液漏斗用于气体发生器中控制加液，也常用于互不相溶的几种液体分离。分液漏斗有球形、梨形（或锥形）、筒形三种，如图 2-9 所示。梨形及筒形分液漏斗多用于分液操作使用。球形分液漏斗既作加液使用，也常用于分液时使用。分液漏斗的规格以容积大小表示。

使用注意事项：使用前玻璃活塞应涂薄层凡士林，但不可太多，以免阻塞流液孔；使用时，左手虎口顶住漏斗球，用拇指、食指转动活塞控制加液，此时玻璃塞的小槽要与漏斗口侧面小孔对齐相通，以便加液顺利进行；作加液器时，漏斗下端不能浸入液面下；振荡时，塞子的小槽应与漏斗口侧面小孔错位封闭塞紧；分液时，下层液体从漏斗颈流出，上层液体要从漏斗口倾出；长期不用分液漏斗时，应在活塞面加夹一纸条防止粘连，并用一橡皮筋套住活塞，以免失落。

④ 布氏漏斗　布氏漏斗是用于减压过滤的一种瓷质仪器。布氏漏斗常与吸滤瓶配套，用于滤吸较多量固体时使用。布氏漏斗的规格以斗径和斗长表示。

使用注意事项：使用布氏漏斗进行减压过滤时，要在漏斗底上平放一张比漏斗内径略小的圆形滤纸，使底上细孔被全部盖住，事先用蒸馏水润湿，特别要注意滤纸边缘与底部紧贴；布氏漏斗要用一个大小相宜的单孔橡胶塞紧套在漏斗颈上与配套使用的吸滤瓶相连。

⑤ 过滤瓶　过滤瓶又叫抽滤瓶，它与布氏漏斗配套组成减压过滤装置时作承接滤液的容器。过滤瓶的瓶壁较厚，能承受一定压力。它与布氏漏斗配套后，一般用抽气机或水流抽气管（又称水流泵、射水泵）减压，如图 2-10 所示。在抽气管与过滤瓶之间也常再连接一个二口瓶作缓冲器，以防止倒流现象。过滤瓶的规格以容积表示。

使用注意事项：安装时，布氏漏斗颈的斜口要远离且面向过滤瓶的抽气嘴；抽滤时速度（用流水控制）要慢且均匀，滤液不能超过抽气嘴；抽滤过程中，若漏斗内沉淀物有裂纹，要用玻璃棒及时压紧消除，以保证过滤瓶的低压，便于吸滤。

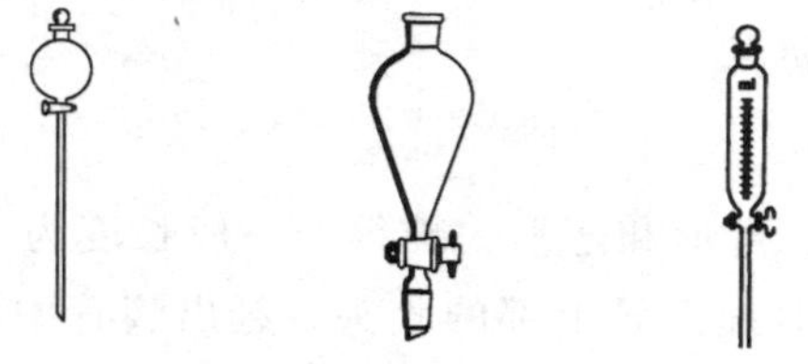

球形漏斗　梨形(或锥形)漏斗　筒形漏斗

图 2-9　分液漏斗

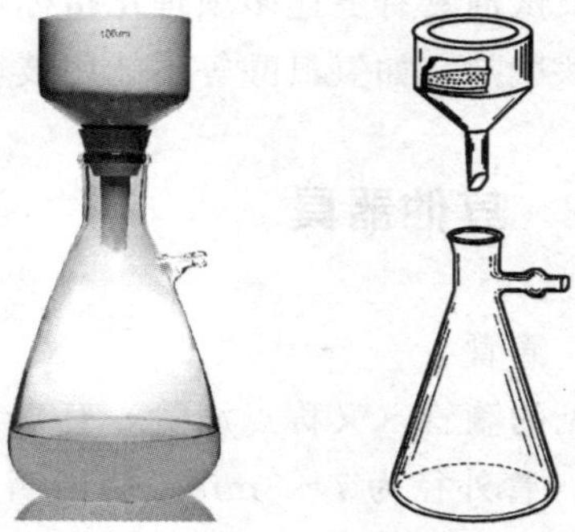

(a) 实物图　(b) 结构图

图 2-10　抽滤瓶和布氏漏斗

(4) 容器类仪器

① 滴瓶　滴瓶是盛装实验时需按滴数加入液体的容器，常用为带胶头的滴瓶。滴瓶是由带胶帽的磨砂滴管和内磨砂瓶颈的细口瓶组成，如图 2-11 所示。最适宜存放指示剂和各种非碱性液体试剂。

使用注意事项：棕色滴瓶用于盛装见光易变质的液体试剂；滴管不能互换使用；滴瓶不能长期盛放碱性液体，以免腐蚀、黏结；使用滴管加液时，滴管不能伸入容器内，以免污染试液及撞伤滴管尖；胶帽老化后不能吸液，要及时更换。

② 称量瓶　称量瓶是用于使用分析天平称量固体试剂的容器，常用的有高型和低型两种（图 2-12）。无论哪种称量瓶都成套配有磨砂盖，以保证被称量物不被散落或污染。

图 2-11　滴瓶

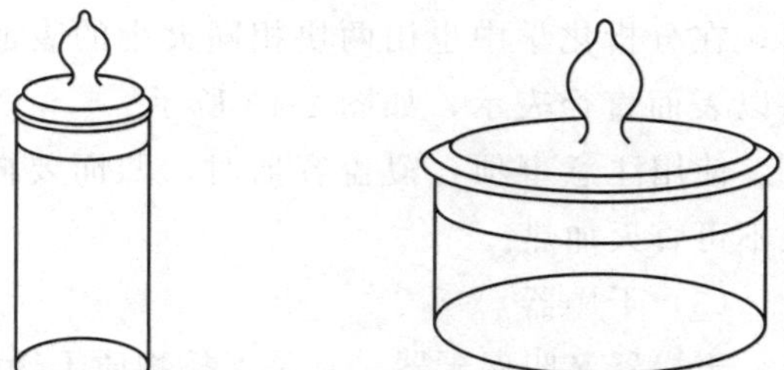

图 2-12　称量瓶

③ 试剂瓶　试剂瓶是实验室里专用来盛放各种液体、固体试剂的容器，形状主要有细口、广口之分。试剂瓶只用作常温存放试剂使用，一般都用钠钙普通玻璃制成。为了保证具有一定强度，所以瓶壁一般较厚。试剂瓶除分细口、广口外，还有无色、茶色（棕色）两种，有塞、无塞两类。

使用注意事项：有塞试剂瓶不使用时，要在瓶塞与瓶口磨砂面间夹上纸条，防止粘连；根据盛装试剂的理化性质选用所需试剂瓶的一般原则是：盛装固体试剂时，选用广口瓶；盛装液体试剂时，选用细口瓶；盛装见光易分解或变质的试剂，选用棕色瓶；盛装低沸点易挥发的试剂，选用有磨砂玻璃盖（塞）的试剂瓶；盛装碱性试剂，选用带橡胶塞的试剂瓶；等等。如果试剂具有上述多项理化指标时，则可根据以上原则综合考虑，选用适宜的试剂瓶；有些特殊试剂，如氢氟酸等不能用玻璃试剂瓶而选用塑料瓶盛装。

2.2.2 其他器具

（1）滴管

常见的滴管（又称点滴管）有直形、直形一球、弯形和弯形一球等。一般长度为90～100mm，管外径为7～8mm。使用滴管时应用手指紧捏滴管上部的胶头，赶出滴管中的空气，然后把滴管伸入试剂瓶里的试液中，放开手指，吸入试液，再提出滴管，将试液滴入试管、烧杯等容器中。滴管从试剂瓶中取出试液后，应保持胶头在上，不可平放或斜放，以防滴管中的试液流入胶头，腐蚀胶头，沾污试剂；用滴管将试剂滴入试管中时，必须将它悬空地放在靠近试管口的上方，绝对禁止将滴管尖端伸入试管中，以防管端碰到试管壁而沾附其他物质。

使用注意事项：握持方法是用中指和无名指夹住玻璃管部分以保持稳定，用拇指和食指挤压胶头以控制试剂的吸入或滴加量；胶头滴管加液时，不能伸入容器，更不能接触容器；不能倒置，也不能平放于桌面上。应插入干净的瓶中或试管内；用完之后，立即用水洗净。严禁未清洗就吸取另一试剂；胶帽与玻璃滴管要结合紧密不漏气，若胶帽老化，要及时更换。

（2）表面皿

表面皿常用于覆盖容器口以防止液体损失或固体溅出。表面皿也常用于热气流蒸发少量液体，在用天平称取固体试剂时作容器，在分析化学中也用两块相同大小的表面皿作气室使用。其规格以表面直径表示，如图2-13所示。

图2-13 表面皿

使用注意事项：覆盖容器时，凹面要向上，以免滑落；表面皿不可直火加热。

（3）干燥器

干燥器又叫保干器，它是保持物质干燥的一种仪器。干燥器有常压干燥器和真空干燥器两种。真空干燥器的盖顶具有抽气支管与抽气机相连。两种干燥器的器体均分为上下两层。下层（又叫座底）放干燥剂，中间放置有孔瓷板，上层（又叫座身）放置欲干燥的物质。实验室一般使用常压干燥器，其规格以座身上口直径表示。实验室常用变色硅胶作干燥剂，当变色硅胶变红时即失效，应干燥脱水或更换。

使用注意事项：干燥器的盖子和座身上口磨砂部分需涂少量凡士林，使盖子滑动数次以保证涂抹均匀，盖住后严密而不漏气；干燥器在开启、合盖时，左手按住器体，右手握住盖顶“玻球”，沿器体上沿轻推或拉动，切勿用力上提；盖子取下后要仰放桌上，使玻球在下，但要注意盖子滚动；要干燥的物质首先盛在容器中，再放置于有孔瓷板上面，盖好盖子；根据干燥物的性质和干燥剂的干燥效率选择适宜的干燥剂放在瓷板下面的容器中，所盛量约为容器容积的一半；搬动干燥器时，必须两手同时拿住盖子和器体，以免打翻器中物质和滑落器盖，如图2-14所示。

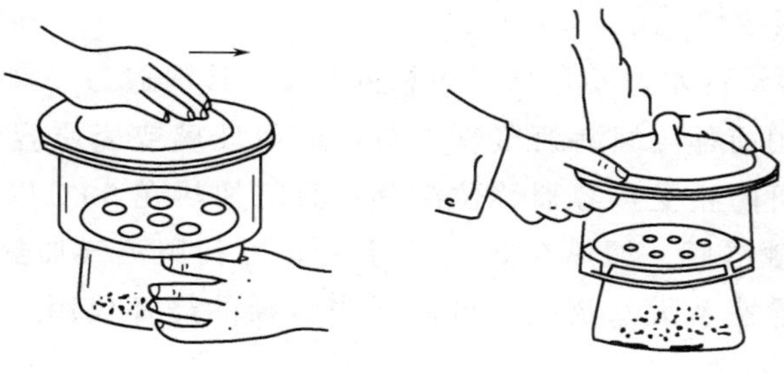

(a) 开启　　　　　(b) 搬动

图 2-14　干燥器的开启和搬动

（4）研钵

研钵是用来研磨硬度不大的固体的仪器。研钵有普通型（浅型）和高型（深型）两种。其质料也因用途和研磨固体的硬度不同有铁质、氧化铝、玛瑙、瓷质和玻璃等多种。各种研钵都附有配套的研杵，见图 2-15。

使用注意事项：研磨时，应使研杵在钵内缓慢而稍加压力地转动；不能用研杵上下或左右敲击；禁止用研钵研磨撞击易燃易爆的氧化剂。

（5）坩埚

坩埚属瓷质化学仪器，在分析实验中用来灼烧沉淀，还用来灼烧结晶水合物、熔化不腐蚀瓷器的盐类及燃烧某些有机物。瓷质坩埚用于定量分析实验时，常需称量，为方便起见常在坩埚上注明其质量。用于灼烧实验的定量分析前要做灼烧失重的空白试验，若失重超过实验允差时，该坩埚就不能使用。坩埚的规格以容积大小区别，见图 2-16。

图 2-15　研钵

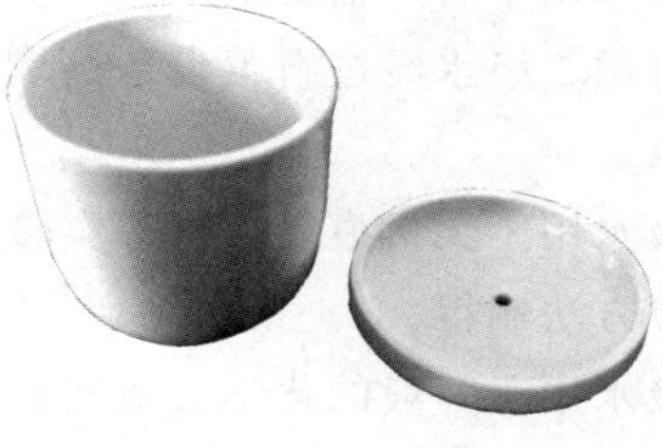

图 2-16　坩埚

使用注意事项：做定量实验时，称量过的坩埚和坩埚盖在使用过程中应配套使用；瓷坩埚可放在泥三角上用酒精灯直接加热，加热时要用坩埚钳均匀转动；热坩埚不要直接放在实验桌面上，要放在石棉网上，并盖好坩埚盖或连同坩埚盖移入干燥器中冷却。

（6）水浴锅

水浴锅用于均匀间接加热，也可用于控温实验。为避免直火加热发生过热或温度变化太大的现象，常使用水浴、水蒸气浴或油浴等加热方法。水浴或水蒸气浴都可加热到95℃左右。若浴内注入的液体是油类时，则称为油浴。

图 2-17　恒温水浴锅

水浴锅有铜质或铝质成品。其规格以口径表示，常用水浴锅为160mm，见图2-17。

使用注意事项：浴锅内水量不可低于容积的1/2；其锅盖为一套具有同心圆的环形盖子组，每个环圈在使用前都应缠满细布或纱布，避免玻璃或瓷质容器与金属盖直接接触而产生过热现象，还可防止受热容器移位滑落；只需加热在80℃以下者，容器受热部分可浸入水中，但不接触浴底。加热在80℃以上者，可利用蒸气加热。加热在100℃以上时，则改用油浴；实验室若无水浴锅，可用适当口径的烧杯代用，但加热时烧杯下应垫石棉网。

2.3 实验室用水

水是实验室常用的良好溶剂，溶解能力强，可以用作各种溶剂和用于洗涤仪器。随着分析仪器的发展和广泛应用，对水的质量的要求已成为关键性问题之一，尤其是在食品中药物残留和有害元素的检测以及降低实验空白值方面都直接与水的纯净度有密切关系。

2.3.1 实验室用水的级别

根据中华人民共和国国家标准GB/T 6682—2008《分析实验室用水规格和试验方法》的规定，分析化学实验室用水分为三个级别：一级水、二级水和三级水。

一级水用于有严格要求的分析实验，包括对颗粒有要求的实验，如高效液相色谱用水。一级水可用二级水经过石英设备蒸馏水或离子交换混合床处理后，再用0.2nm微孔滤膜过滤来制取。

二级水用于无机痕量分析等实验，如原子吸收光谱分析用水。二级水可用多次蒸馏或离子交换等方法制得。

三级水用于一般的化学分析实验。三级水可用蒸馏或离子交换的方法制得。

各级用水在贮存期间，其被污染的主要来源是容器可溶成分的溶解、空气中二氧化碳和其他杂质。因此，一级水不可贮存，使用前制备。二级水、三级水可适量制备，分别贮存在预先经同级水清洗过的相应容器中。各级用水在运输过程中应避免沾污。

2.3.2 实验室用水的制备方法

(1) 蒸馏法

蒸馏分单蒸馏和重蒸馏，在天然水或自来水没有污染的情况下，单蒸馏水就能接近纯水的纯度指标，但很难排除二氧化碳的溶入，水的电阻率很低，达不到兆欧级，不能满足许多新技术的需要。为了使单蒸馏水达到纯度指标，必须通过二次蒸馏，又称重蒸馏。一般情况下，经过二次蒸馏，能够除去单蒸馏水中的杂质，在一周时间内能够保持纯水的纯度指标不变。

（2）离子交换法

离子交换法能除去原水中绝大部分盐、碱和游离酸，但不能完全除去有机物和非电解质，因此最好利用市售的普通蒸馏水或电渗水替代原水，进行离子交换处理而制备去离子水。此法可以获得十几兆欧的去离子水，但因有机物无法去掉，TOC和COD值往往比原水还高。这是因为树脂不好，或是树脂的预处理不彻底，树脂中所含的低聚物、单体、添加剂等没有除尽，树脂不稳定，不断地释放出分解产物，这一切都将以TOC或COD指标的形式表现出来。另外，在生产200kg去离子水后，树脂一定要再生，否则，达不到纯水的纯度指标。

（3）电渗析法

将离子交换树脂做成膜，称电渗析。在电渗析过程中能除去水中电解质杂质，但对弱电解质去除效率低，它在外加直流电场作用下，利用阴阳离子交换膜分别选择性地允许阴阳离子透过，使一部分离子透过离子交换膜迁移到另一部分水中去，从而使一部分水纯化，另一部分水浓缩，再与离子交换法联用，可制得较好的化验用纯水。

实验室使用的蒸馏水，为保持纯净，蒸馏水瓶要随时加塞，专用虹吸管内外均应保持干净。蒸馏水瓶附近不要存放浓$NH_3 \cdot H_2O$、HCl等易挥发试剂，以防污染。通常用洗瓶取蒸馏水。用洗瓶取水时，不要取出其塞子和玻管，也不要把蒸馏水瓶上的虹吸管插入洗瓶内。

通常，普通蒸馏水保存在玻璃容器中，去离子水保存在聚乙烯塑料容器中。用于痕量分析的高纯水，如二次亚沸石英蒸馏水，则需要保存在石英或聚乙烯塑料容器中。

2.4 玻璃仪器的洗涤

在分析工作中，洗涤玻璃仪器不仅是一个实验前的准备工作，也是一个技术性的工作。仪器洗涤是否符合要求，对分析结果的准确度和精确度均有影响。不同分析工作（如工业分析、一般化学分析和微量分析等）有不同的仪器洗涤要求，这里以一般定量化学分析为基础介绍玻璃仪器的洗涤方法。

2.4.1 洗涤剂

（1）常用洗涤剂

最常用的洁净剂是肥皂、肥皂液（特制商品）、洗衣粉、去污粉、洗液、有机溶剂等。

肥皂、肥皂液、洗衣粉、去污粉等用于可以用刷子直接刷洗的玻璃仪器，如量杯、量筒、烧杯、三角烧瓶、试剂瓶等；洗液多用于不便于用刷子洗刷的玻璃仪器，如滴定管、移液管、容量瓶、蒸馏器等特殊形状的玻璃仪器，也用于洗涤长久不用的玻璃仪器和刷子刷不掉的污垢。用洗液洗涤玻璃仪器是利用洗液本身与污物起化学反应的作用，将污物去除，因此需要浸泡一定的时间使其充分作用；有机溶剂是针对污物属于某种类型的油腻性，而借助有机溶剂能溶解油脂的作用洗除的，或借助某些有机溶剂能与水混合而又挥发快的特殊性，冲洗一下带水的玻璃仪器将其洗去。如甲苯、二甲苯、汽油等可以洗油垢，乙醇、乙醚、丙酮可以冲洗刚洗净而带水的玻璃仪器。

（2）常用洗涤液的制备及使用

① 强酸氧化剂洗液　强酸氧化剂洗液是用重铬酸钾（$K_2Cr_2O_7$）和浓硫酸（H_2SO_4）配成的，又称为铬酸洗液。$K_2Cr_2O_7$ 在酸性溶液中，有很强的氧化能力，对玻璃仪器又很少有侵蚀作用。所以这种洗液在实验室内使用最广泛。

例如，配制 12%的洗液 500mL。取 60g 工业品 $K_2Cr_2O_7$ 置于 100mL 水中（加水量不是固定不变的，以能溶解为度），加热溶解，冷却，徐徐加入浓 H_2SO_4 340mL，边加边搅拌，冷却后装瓶备用。

这种洗液用到绿色时，表明其氧化能力降低，不能使用，在使用时要切实注意不能溅到身上，以防“烧”破衣服和损伤皮肤。从酸洗液中捞取仪器时，要戴耐酸碱乳胶手套，第一次用少量水冲洗刚浸洗过的玻璃仪器后，废水不要倒在水池里和下水道里，以免腐蚀水池和下水道，应倒在废液缸中，统一按规定处理，如果无废液缸，必须倒入水池时，要边倒边用大量的水冲洗。

② 碱性洗液　碱性洗液用于洗涤有油污物的仪器，用此洗液是采用长时间（24h 以上）浸泡法，或者浸煮法。从碱洗液中捞取仪器时，要戴耐酸碱乳胶手套，以免烧伤皮肤。

常用的碱洗液有：碳酸钠（Na_2CO_3，即纯碱）液、碳酸氢钠（$NaHCO_3$，小苏打）液、磷酸钠（Na_3PO_4，磷酸三钠）液、磷酸氢二钠（Na_2HPO_4）液等。

③ 碱性高锰酸钾洗液　用碱性高锰酸钾作洗液，作用缓慢，适用于洗涤有油污的器皿。配法：取高锰酸钾（$KMnO_4$）4g 加少量水溶解后，再加入 10%氢氧化钠（NaOH）溶液 100mL。

④ 纯酸纯碱洗液　根据器皿污垢的性质，直接用浓盐酸（HCl）、浓硫酸（H_2SO_4）或浓硝酸（HNO_3）浸泡或浸煮器皿（温度不宜太高，否则浓酸挥发刺激气味）。纯碱洗液多采用 10%以上的浓烧碱（NaOH）、氢氧化钾（KOH）或碳酸钠（Na_2CO_3）液浸泡或浸煮器皿（可以煮沸）。

⑤ 有机溶剂　带有脂肪性污物的器皿，可以用汽油、甲苯、二甲苯、丙酮、酒精、三氯甲烷、乙醚等有机溶剂擦洗或浸泡。但用有机溶剂作为洗液浪费较大，能用刷子洗刷的大件仪器尽量采用碱性洗液。只有无法使用刷子的小件或特殊形状的仪器才使用有机溶剂洗涤，如活塞内孔、移液管尖头、滴定管尖头、滴定管活塞孔、滴管、小瓶等。

⑥ 洗消液　洗涤检验致癌性化学物质的器皿，为了防止对人体的侵害，在洗刷之前应使用对这些致癌性物质有破坏分解作用的洗消液进行浸泡，然后再进行洗涤。

在食品检验中经常使用的洗消液有：1%或 5%次氯酸钠（NaClO）溶液、20% HNO_3 和 2%$KMnO_4$ 溶液。

2.4.2 洗涤方法

（1）常用的洗涤方法

① 用水刷洗　可以洗去可溶性物质，又可使附着在仪器上的尘土等洗脱下来。

② 用去污粉或合成洗涤剂刷洗 能除去仪器上的油污。

③ 用浓盐酸洗 可以洗去附着在器壁上的氧化剂，如二氧化锰。

④ 用铬酸洗液洗 有较强的氧化性，可以洗去大部分可溶于氧化性酸的污物和具有还原性的污物。

(2) 具体洗涤步骤

① 初用玻璃仪器的清洗 新购买的玻璃仪器表面常附着有游离的碱性物质，可先用0.5%的去污剂洗刷，再用自来水洗净，然后浸泡在1%～2%的盐酸溶液中过夜（不可少于4h)，再用自来水冲洗，最后用去离子水冲洗两次，在100～120℃的烘箱内烘干备用。

② 使用过的玻璃仪器的清洗 先用自来水洗刷至无污物，再用合适的毛刷沾去污剂（粉）洗刷，或浸泡在0.5%的清洗剂中超声清洗（比色皿绝不可超声)，然后用自来水彻底洗净去污剂，用无离子水洗两次，烘干备用（计量仪器不可烘干)。清洗后器皿内外不可挂有水珠，否则重洗，若重洗后仍挂有水珠，则需用洗液浸泡数小时后（或用去污粉擦洗)，重新清洗。

玻璃仪器的洗涤

③ 石英和玻璃比色皿的清洗 石英和玻璃比色皿的清洗决不可用强碱清洗，因为强碱会侵蚀抛光的比色皿。只能用洗液或1%～2%的去污剂浸泡，然后用自来水冲洗，这时使用一支绸布包裹的小棒或棉花球棒刷洗，效果会更好，清洗干净的比色皿也应内外壁不挂水珠。

2.4.3 仪器的干燥

实验经常要用到的玻璃仪器应在每次实验完毕后洗净干燥备用。不同实验对干燥有不同的要求，一般定量分析用的烧杯、锥形瓶等仪器洗净即可使用，而用于食品分析的仪器很多要求是干燥的，有的要求无水痕，有的要求无水。应根据不同要求对仪器进行干燥。

(1) 晾干

不急用的玻璃仪器，可在蒸馏水冲洗后在无尘处倒置控去水分，然后自然干燥。可用安有木钉的架子或带有透气孔的玻璃柜放置仪器。

(2) 烘干

洗净的玻璃仪器控去水分，放在烘箱内烘干，烘箱温度为105～110℃，烘1h左右。也可放在红外灯干燥箱中烘干。此法适用于一般仪器。称量瓶等在烘干后要放在干燥器中冷却和保存。带实心玻璃塞的及厚壁仪器烘干时要注意慢慢升温，并且温度不可过高，以免破裂。量器不可放于烘箱中烘干。

硬质试管可用酒精灯加热烘干，要从底部烤起，把管口向下，以免水珠倒流把试管炸裂，烘到无水珠后把试管口向上赶净水汽。

(3) 热（冷）风吹干

对于急于干燥的玻璃仪器或不适于放入烘箱的较大的玻璃仪器可用吹干的办法。通常用少量乙醇、丙酮（或最后再用乙醚）倒入已控去水分的仪器中摇洗，然后用电吹风机吹干。

2.5 分析试样的采集与制备

分析检测的基本步骤为：采样→制样→分解样品→消除干扰→方法的选择及测定→结果的计算和数据的评价。分析化学实验的结果能否为生产、科研提供可靠的分析数据，直接取决于试样有无代表性，要从大量的被测物质中采取能代表整批物质的小样，必须掌握适当的技术，遵守一定的规则，必须采用合理的采样及制备试样的方法。

2.5.1 试样的采集

在分析实践中，常需测定大量物料中某些组分的平均含量。取样的基本要求是所选取样品要有代表性。对比较均匀的物料，如气体、液体和固体试剂等，可直接取少量分析试样，不需再进行制备。通常遇到的分析对象，从形态来分，不外乎气体、液体和固体三类，对于不同的形态和不同的物料，应采取不同的取样方法。

（1）固体试样的采集

固体物料种类繁多，性质和均匀程度差别较大。

对不均匀试样，应按照一定方式选取不同点进行采样，以保证所采试样的代表性。取样份数越多越有代表性，但所耗人力、物力将大大增加。应以满足要求为原则。

（2）液体试样的采集

常见液体试样有水、饮料、体液、工业溶剂等。一般比较均匀，采样单元数可以较少。

对于体积较小的物料，可在搅拌下直接用瓶子或取样管取样；装在大容器里的物料，在贮槽的不同位置和深度取样后混合均匀即可作为分析试样；对于分装在小容器里的液体物料，应从每个容器里取样，然后混匀作为分析试样。

对于水样，应根据具体情况，采取不同的方法采样。采取水管中或有泵水井中的水样时，取样前需将水龙头或泵打开，先放水 10～15min，然后再用干净瓶子收集水样。采取池、江、河、湖中的水样时，首先根据分析目的及水系具体情况选择好采样地点。用采样器在不同深度各取一份水样，混合均匀后作为分析试样。

（3）气体试样的采集

常见气体试样有：汽车尾气、工业废气、大气、压缩气体以及气溶物等。也需要按具体情况，采用相应的方法。最简单的气体试样采集方法为用泵将气体充入取样容器中，一定时间后将其封好即可。但由于气体贮存困难，大多数气体试样采用装有固体吸附剂或过滤器的装置收集。大气样品的采取，通常选择距地面 50～180cm 的高度采样，使与人的呼吸空气相同。大气污染物的测定是使空气通过适当吸收剂，由吸收剂吸收浓缩之后再进行分析。对贮存在大容器内的气体，因不同部位的密度和均匀性不同，应在上、中、下等不同处采样混匀。气体试样的化学成分通常较稳定，不需采取特别措施保存。

2.5.2 试样的制备

试样制备是分析测定样品的准备过程，制备试样一般可分为破碎、过筛、混匀和缩分四个步骤：

（1）破碎

用机械或人工方法把样品逐步破碎。大致可分为粗碎、中碎和细碎等阶段。

① 粗碎　用颚式破碎机把大颗粒试样压碎至通过 4～6 网目筛。

② 中碎　用盘式破碎机把粗碎后的试样磨碎至通过 20 网目筛。

③ 细碎　用盘式破碎机，进一步磨碎，必要时再用研钵研磨，直至通过所要求的筛孔为止。

在矿石中，难破碎的粗粒与易破碎的细粒的成分常常不同，在任何一次过筛时，应将未通过筛孔的粗粒进一步破碎，直至全部过筛为止，不可将粗粒随便丢掉。

（2）过筛

筛子一般用细的铜合金丝制成，有一定孔径，用筛号（网目）表示（表 2-2），通常称为标准筛。

表 2-2　筛号和筛孔直径

筛号/目	3	6	10	20	40	60	80	100	120	140	200
筛孔直径/mm	6.72	3.36	2.00	0.83	0.42	0.25	0.177	0.149	0.125	0.105	0.074

（3）混匀

可采用人工或机械方法混匀。人工混匀是将原始试样或将破碎后的物料置于木质或金属材质、混凝土质的板上，以堆锥法进行混匀。机械混匀是将欲混匀的物料倒入机械搅拌器中，启动机器，经一段时间运作，即可将物料混匀。

（4）缩分

在样品每次破碎后，用机械（分样器）或人工取出一部分有代表性的试样，继续加以破碎。这样样品量就逐渐缩小，便于处理。这个过程称为“缩分”。

常用的手工缩分方法是“四分法”：先将易破碎的样品充分混匀，堆成圆锥形，将它压成圆饼状，通过中心按十字形切为 4 等份，弃去任意对角的 2 份。缩分的次数不是随意的，在每次缩分时，试样的粒度与保留的试样量之间，都应符合采样公式。否则应进一步破碎后，再缩分，如图 2-18 所示。

将制备好的试样贮存于具有磨口玻璃塞的广口瓶中，瓶外贴好标签，注明试样名称、来源、采样日期等。

2.5.3 试样的分解

在一般分析工作中，通常先要将试样分解，制成溶液。在分解试样时必须注意：试样分解必须完全，处理后的溶液中不得残留原试样的细屑或粉末；试样分解过程中待测组分不应挥发，也不应引入被测组分和干扰物质。具体可根据试样的组成和特性、待测组分性质和分析目的选择合适的分解方法。

(1) 溶解法

溶解法是采用适当的溶剂将试样溶解制成溶液，这种方法比较简单、快速。常用的溶剂有水、酸和碱等。溶于水的试样一般称为可溶性盐类，如硝酸盐、乙酸盐、铵盐、绝大部分的碱金属化合物和大部分的氯化物、硫酸盐等。对于不溶于水的试样，则采用酸或碱作溶剂的酸溶法或碱溶法进行溶解，以制备分析试液。

① 水溶法　可溶性的无机盐直接用水制成试液。

② 酸溶法　酸溶法是利用酸的酸性、氧化还原性和形成配合物的作用，使试样溶解。钢铁、合金、部分氧化物、硫化物、碳酸盐矿物和磷酸盐矿物等常采用此法溶解。

③ 碱溶法　碱溶法的溶剂主要为 NaOH 和 KOH，碱溶法常用来溶解两性金属铝、锌及其合金以及它们的氧化物、氢氧化物等。在测定铝合金中的硅时，用碱溶解使 Si 以 SiO_3^{2-} 形式转到溶液中。如果用酸溶解则 Si 可能以 SiH_4 的形式挥发损失，影响测定结果。

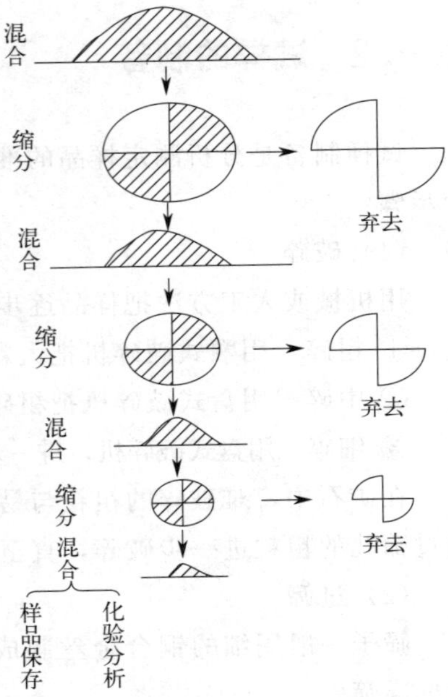

图 2-18 “四分法”采样

(2) 熔融法

① 酸熔法　碱性试样宜采用酸性熔剂。常用的酸性熔剂有 $K_2S_2O_7$（熔点 419℃）和 $KHSO_4$（熔点 219℃），后者经灼烧后亦生成 $K_2S_2O_7$，所以两者的作用是一样的。这类熔剂在 300℃以上可与碱或中性氧化物作用，生成可溶性的硫酸盐。如分解金红石的反应是：

$$TiO_2 + 2K_2S_2O_7 \longrightarrow Ti(SO_4)_2 + 2K_2SO_4$$

这种方法常用于分解 Al_2O_3、Cr_2O_3、Fe_3O_4、ZrO_2、钛铁矿、铬矿、中性耐火材料（如铝砂、高铝砖）及磁性耐火材料（如镁砂、镁砖）等。

② 碱熔法　酸性试样宜采用碱熔法，如酸性矿渣、酸性炉渣和酸不溶试样均可采用碱熔法，使它们转化为易溶于酸的氧化物或碳酸盐。

常用的碱性熔剂有 Na_2CO_3（熔点 853℃）、K_2CO_3（熔点 891℃）、NaOH（熔点 318℃）、Na_2O_2（熔点 460℃）和它们的混合熔剂等。这些熔剂除具碱性外，在高温下均可起氧化作用（本身的氧化性或空气氧化），可以把一些元素氧化成高价［Cr^{3+}、Mn^{2+} 可以氧化成 Cr（Ⅵ）、Mn（Ⅶ）］，从而增强了试样的分解作用。有时为了增强氧化作用还加入 KNO_3 或 $KClO_3$，使氧化作用更为完全。

(3) 半熔融法（烧结法）

半熔融法是将试样与熔剂混合，小心加热至熔块（半熔物收缩成整块），而不是全熔，故称为半熔融法又称烧结法。

此法广泛地用来分解铁矿及煤中的硫。其中 MgO、ZnO 的作用在于其熔点高，可以预防 Na_2CO_3 在灼烧时熔合，保持松散状态，使矿石氧化得以更快更完全反应，产生的气体容易逸出。此法不易损坏坩埚，因此可以在瓷坩埚中进行熔融，不需要贵重器皿。

(4) 干式灰化法

干式灰化法是利用高温除去样品中的有机质，剩余的灰分用酸溶解，作为样品待测溶液。该法适用于食品和植物样品等有机物含量多的样品测定，不适用于土壤和矿质样品的测定。大多数金属元素含量分析适用于干灰化，但在高温条件下，汞、铅、镉、锡、硒等易挥发损失，不适用。灰化法主要优点是：能处理较大样品量、操作简单、安全。

(5) 湿式消化法

湿式消化法主要用于消解有机试样，是用硝酸和硫酸的混合物与试样一起置于烧瓶内，在一定温度下进行煮解，其中硝酸能破坏大部分有机物。在煮解的过程中，硝酸逐渐挥发，最后剩余硫酸。继续加热使产生浓厚的 SO_3 白烟，并在烧瓶内回流，直到溶液变得透明为止。

① 样品开始消化时，应先用小火缓缓加热，以防泡沫溢出定氮瓶。样品开始加酸消化时，样品中的有机物和酸发生的反应很剧烈，若此时用大火加热，消化反应的速率将随着温度的升高急剧加快，反应产生的大量泡沫会溢出定氮瓶，影响检测结果，尤其是高蛋白、高糖样品，因此，开始消化时应先用小火缓缓加热。

② 消化时，应先加硝酸，再加浓硫酸，不能颠倒过来。这是因为若样品先加浓硫酸，那么浓硫酸使有机物局部脱水炭化，烧结成块，而炭块不易氧化，破坏处理困难，从而导致消化时间增长，消化酸增多。若样品先加硝酸，硝酸与有机物发生氧化还原反应，有机物中的碳被氧化，再加浓硫酸时就不会发生脱水炭化结块现象。

③ 驱除残余硝酸时，消化液加热至冒白烟时应呈无色透明，或微带黄色，说明残余的硝酸已驱除完全。

2.6 化学实验室安全防护

在化学实验室中，使用的化学药品与试剂种类繁多，并且许多化学药品易燃、易爆、有毒或具有腐蚀性。许多检验工作要在具有危险性的条件下进行（如高温、超低温、高压、真空或辐射等），需要使用特殊设备，故化学实验室存在一定的不安全性。实验室工作人员不但需要有非常强烈的安全意识，还必须熟练掌握实验室安全防护措施和急救知识。

2.6.1 实验室安全规则

① 实验前检查仪器是否完整无损，装置是否正确。了解实验室安全用具的放置位置，熟悉各种安全用具（灭火器、沙桶、急救箱）的使用方法。

② 实验进行时不得擅离岗位。水电、煤气、酒精灯等一经使用完毕立即关闭。

③ 绝不允许任意混合各种化学药品，以免发生意外。浓酸、浓碱等具有强腐蚀性的药品，切勿溅在皮肤或衣服上，尤其不能溅入眼睛中。

④ 极易挥发和易燃的有机溶剂（乙醚、乙醛、丙酮、苯等），使用时必须远离明火，用

后立即塞紧瓶塞，放在阴凉处。

⑤ 加热时，要严格遵从操作规程。制备或实验中有毒、刺激性、恶臭的气体时，必须在通风橱内进行。

⑥ 实验室任何药品不得进入口中或伤口，有毒药品更应注意。

⑦ 注意用电安全，不得用湿手接触电源插座。

⑧ 不能在实验室内饮食、吸烟、打闹，实验结束时必须洗净双手方可离开实验室。

2.6.2 意外事故的处置

(1) 常见化学药品中毒的应急处理方法

① 强酸（致命剂量 1mL） 吞服强酸后，应立即服 200mL 氧化镁悬浮液或氢氧化铝凝胶、牛奶及水等，迅速将毒物稀释，然后及时送医院。由于碳酸钠或碳酸氢钠会产生大量二氧化碳气体，故不要使用。

② 强碱（致命剂量 1g） 吞食强碱后，应立即用食道镜观察，直接用 1% 的乙酸水溶液将患处洗至中性。然后迅速服用 500mL 稀的食用醋（1 份食用醋，加 4 份水）或鲜橘子汁将其稀释。

③ 氨气 应立即将患者转移到室外空气新鲜的地方，然后输氧。当氨气进入眼睛时，让患者躺下，用水洗涤眼角膜 5～8min 后，再用稀乙酸或稀硼酸溶液洗涤。

④ 卤素气体 应立即将患者转移到室外空气新鲜的地方，保持安静。吸入氯气时，给患者嗅 1∶1 的乙醚与乙醇的混合蒸气。吸入溴蒸气时，则应给患者嗅稀氨水。

⑤ 二氧化硫、二氧化氮、硫化氢气体 应立即将患者转移到室外空气新鲜的地方，保持安静。药品进入眼睛时，应用大量水冲洗，并用水洗漱咽喉。

⑥ 汞（致命剂量 70mg $HgCl_2$） 吞服后，应立即洗胃，也可口服生蛋清、牛奶和活性炭作沉淀剂。导泻用 50% 的硫酸镁。常用的汞解毒剂有二巯基丙醇、二巯基丙磺酸钠。

(2) 化学药品灼伤的应急处理

化学药品灼伤时，要根据药品性质及灼伤程度采取相应措施。

① 若试剂进入眼中，切不可用手揉眼，应先用抹布擦去溅在眼外的试剂，再用水冲洗。若是碱性试剂，需再用饱和硼酸溶液或 1% 的乙酸溶液冲洗；若是酸性试剂，需先用碳酸氢钠稀溶液冲洗，再滴入少许蓖麻油。若一时找不到上述溶液而情况危急时，可用大量蒸馏水或自来水冲洗，再送医院治疗。

② 当皮肤被强酸灼伤时，首先应用大量水冲洗 10～15min，以防止灼伤面积进一步扩大，再用饱和碳酸氢钠溶液或肥皂液进行洗涤。但是，当皮肤被草酸灼伤时，不宜使用饱和碳酸氢钠溶液进行中和，这是因为碳酸氢钠碱性较强，会产生刺激。应当使用镁盐或钙盐进行中和。

③ 当皮肤被强碱灼伤时，尽快用水冲洗至皮肤不滑为止。再用稀乙酸或柠檬汁等进行中和。但是，当皮肤被生石灰灼伤时，则应先用油脂类的物质除去生石灰，再用水进行冲洗。

④ 当皮肤被液溴灼伤时，应立即用 2% 的硫代硫酸钠溶液冲洗至伤处呈白色，或先用酒精冲洗，再涂上甘油。眼睛受到溴蒸气刺激不能睁开时，可对着盛酒精的瓶内注视片刻。

⑤ 当皮肤被酚类化合物灼伤时，应先用酒精洗涤，再涂上甘油。

（3）烫伤的应急处理

烫伤时，如伤势较轻，涂上苦味酸或烫伤软膏即可；如伤势较重，不能涂烫伤软膏等油脂类药物，可撒上纯净的碳酸氢钠粉末，并立即送医院治疗。

拓展资料扫一扫

化学品的危险性分类与标识

电子课件扫一扫

化学实验基础知识

目标检测

一、选择题

1. 配制铬酸洗液时，加入浓硫酸时应（　　）。

A. 尽快地加　　B. 缓慢地加　　C. 无所谓　　D. 静止时加入

2. 洗液用到什么颜色时，就不能使用了？（　　）

A. 红色　　B. 蓝色　　C. 无色　　D. 绿色

3. 分析纯试剂瓶的标签颜色为（　　）。

A. 棕色　　B. 蓝色　　C. 红色　　D. 绿色

4. 实验室中常用的干燥剂变色硅胶失效后呈（　　）颜色。

A. 蓝色　　B. 黄色　　C. 红色　　D. 绿色

5. 在实验室中，离子交换树脂的作用是（　　）。

A. 鉴定阳离子　　B. 鉴定阴离子

C. 净化水以制备纯水　　D. 作为指示剂

二、简答题

1. 如果急需使用干燥的玻璃仪器，可采用什么方法？

2. 试剂的规格中的“AR”“CP”分别代表什么？

3. 用纯水清洗玻璃仪器时，使其既干净又节约用水的方法是什么？

4. 铬酸洗液是实验室中常用的玻璃仪器去污洗涤用品，如何配制？为什么尽可能少使用？

第3章

定量分析基础

章节导入

化学分析法是根据特定的化学反应及其计量关系对物质进行分析的方法。化学分析法历史悠久，是分析化学的基础。化学分析法又分为定性分析、结构分析和定量分析，其中化学定量分析是指在定性分析和结构分析的基础上测定物质有关组分含量的方法。定量分析在食品、药品、工业产品的质量监控方面发挥着重要作用，主要用于样品有效成分的含量分析和杂质检测，如测定工业纯碱的总碱度、阿司匹林药品中有效成分的含量以及食用白醋的总酸度等都属于定量分析。如何对这些组分进行定量分析，定量分析过程中怎么减免误差，定量分析结果应该怎么处理，这些内容将在本章中详细介绍。

素质目标

通过学习分析化学“量”的概念，培养实事求是、一丝不苟的科学品质和良好的职业道德；加强使命感，培养社会责任感。

3.1 分析化学的任务和分类

3.1.1 分析化学的任务

分析化学是研究物质化学组成的分析方法及有关理论的一门科学。它是化学领域的一个重要分支。分析化学的任务是鉴定物质的化学组成、测定有关组分的相对含量，以及确定物质的分子结构。

分析化学在国民经济的可持续发展、科学技术的进步、国防、自然资源的开发与综合利用等方面起着举足轻重的作用。分析化学与化学、材料科学、生命科学、环境科学、医学、药学、农学、地学等学科也是密不可分的。

在医药卫生事业中，分析化学起着非常重要的作用，如药品检验、新药研究、病因调查、临床检验、环境分析及三废处理等都需要应用分析化学的理论、知识和技术。随着药学科学事业的发展，我国的药品质量和药品标准工作也在不断地提高，分析化学对提高药品质量、保证人们用药安全起着十分重要的作用。

在药学专业中，分析化学是一门重要的专业基础课。许多专业课都要应用分析化学的理论、方法及技术来解决各门学科中的某些问题。例如，药物化学中的原料、中间体及成品分析，以及药物的理化性质和结构关系的探索等；药物分析中的方法选择、药品标准制定、药物主要成分的含量分析及杂质检测等；药剂学中制剂稳定性、生物有效性的测定等；天然药物化学中天然药物有效成分的分离、定性鉴定和化学结构测定等；药理学中药物分子的理化性质和药理作用的关系及药物代谢动力学等，都与分析化学有着密切的关系。

3.1.2 分析方法的分类

分析化学的内容十分丰富，从不同的角度可将其分为以下几类。

（1）定性、定量、结构分析

根据分析任务的不同分为：

① 定性分析　其任务是鉴定物质是由哪些元素、离子、原子团或化合物组成的。

② 定量分析　其任务是测定试样中各组分的相对含量。

③ 结构分析　其任务是确定物质的分子结构、晶体结构或综合形态。

在实际工作中，首先必须了解物质的组成，然后根据测定的要求，选择恰当的定量分析方法确定该组分的相对含量。对于新发现的化合物，还需要进行结构分析，确定物质的分子结构。在药物分析中，样品的组分是已知的，则不需要经过定性分析就可直接进行定量分析。

（2）无机分析与有机分析

根据分析对象不同可分为无机分析与有机分析。

无机分析的对象是无机物，由于组成无机物的元素多种多样，因此在无机分析中要求鉴定试样是由哪些元素、离子、原子团或化合物组成，以及各组分的相对含量。这些内容分属于无机定性分析和无机定量分析。

有机分析的对象是有机物，虽然组成有机物的元素并不多（主要为碳、氢、氧、氮、硫等），但化学结构却很复杂，不仅需要鉴定组成元素，更重要的是进行官能团、空间结构等的分析。

（3）化学分析与仪器分析

根据分析原理不同可分为化学分析与仪器分析。

化学分析是以物质的化学反应为基础的分析方法，其历史悠久，是分析化学的基础，故又称经典分析方法。化学分析法使用的仪器、设备简单，常量组分分析结果准确度高，但对于微量和痕量（$<0.01\%$）组分分析，灵敏度低，准确度不高。

仪器分析是以物质的物理或物理化学性质为基础的分析方法，如电化学分析法及吸光光度法等。常需要精密仪器，故称仪器分析法。仪器分析法的特点是快速、灵敏，所需试样量少，适于微量、痕量成分分析，但对常量组分的分析则准确度低。

（4）常量分析、半微量分析、微量分析、超微量分析

根据操作方法及用量的不同可分为常量分析、半微量分析、微量分析、超微量分析。各种分析方法的试样用量见表 3-1。

表 3-1 各种分析方法的试样用量

方法	试样质量/mg	试液体积/mL
常量分析	>100	>10
半微量分析	10～100	1～10
微量分析	10～0.1	0.01～1
超微量分析	<0.1	<0.01

根据待测组分在试样中的相对含量不同可分为常量组分分析、微量组分分析、痕量组分分析。根据被分析组分在试样中相对含量分类见表 3-2。

表 3-2 应变分析组分在试样中相对含量

分类名称	常量组分	微量组分	痕量组分
相对含量	>1%	0.01%～1%	<0.01%

以上两种概念不能混淆，如痕量组分分析不一定是微量分析，自来水中痕量污染物分析是常量分析。

（5）常规分析和仲裁分析

根据分析目的不同可分为常规分析和仲裁分析。常规分析是指一般化验室在日常生产或工作中的分析，又称例行分析。仲裁分析是指不同的单位对同一试样的分析结果有争议时，要求某一单位用法定方法，进行准确分析，以仲裁原分析的结果是否正确，又称裁判分析。

3.1.3 试样分析的程序

试样分析的程序主要包括：取样、试样溶解、定性鉴定、含量测定、计算与报告分析结果等步骤。

（1）取样

取样要科学、真实，取出的试样要有代表性和均匀性。否则后续的分析无论做得怎样认真、准确，所得结果也毫无意义。据此，取样的基本原则应该是均匀、合理、有代表性。

（2）试样溶解

定性分析，一般多用湿法分析，通常要求将试样转入溶液中，然后进行测定。根据试样性质的不同，采用不同的溶解方法。最简便的是水溶法，也常采用酸溶法、碱溶法或熔融法。

（3）定性鉴定

根据试样组成的理化性质采用化学分析法和仪器分析法定性确定试样中的组分。

(4) 含量测定

在测定之前，有时共存于试样中的其他成分有干扰，则需加掩蔽剂、控制酸度或用分离的方法等除去干扰成分后，再进行测定。然后根据分析对象与要求，选用合适的测定方法。如常量组分多采用准确度较高的滴定分析或重量分析，微量及痕量组分多采用灵敏度较高的仪器分析。

(5) 计算与报告分析结果

根据所取试样的质量，测定所得数据和分析过程中有关化学反应的计量关系，计算并报告试样中有关组分的含量。由所报告的分析结果，可以看出分析方法的准确性。如果计算或报告这一步不准确，前面几步做得再好，也无济于事，而且，由于不准确的计算和报告，还可能造成重大损失。

3.2 定量分析中的误差

在定量分析中，由于受到分析方法、测量仪器、所用试剂和分析工作者主观条件等因素的影响，分析结果与真实值不完全一致。即使采用最可靠的分析方法，使用最精密的仪器，由技术很熟练的分析人员进行测定，也不可能得到最可靠的分析结果。同一个人在相同条件下对同一种试样进行多次测定，所得结果也不完全相同。误差是客观存在、不可避免的，应该分析误差的性质、特点，找出误差发生的原因，研究减小误差的方法，以提高分析结果的准确度。

3.2.1 误差的来源及减免方法

根据误差的性质和产生的原因，一般分为以下三类。

(1) 系统误差

系统误差是指在测量和实验中未发觉或未确认的某些固定的因素所引起的误差，造成结果的重复性、单向性，即永远朝一个方向偏移，其大小及符号在同一组实验测定中完全相同，当实验条件一经确定，系统误差就获得一个客观上的恒定值。

当改变实验条件时，就能发现系统误差的变化规律。

系统误差是由固定不变的因素或按确定规律变化的因素所造成，主要包括以下几个方面的因素：

① 仪器误差　因使用的仪器本身不够精密所造成的测定结果与被测量真值之间的偏差，如使用未经检定或校准的仪器设备、计量器具等都会造成仪器误差；或因检测仪器和装置结构设计原理上的缺点，如齿轮杠杆测微仪直线位移和转角不成比例而产生的误差；由仪器零件制造和安装不正确，如标尺的刻度偏差、刻度盘和指针的安装偏心、天平的臂长不等所产生的误差。

② 方法误差　是由测定方法本身造成的误差，或由于测试方法本身不完善、使用近似

的测定方法或经验公式引起的误差。例如，在重量分析中，由于沉淀的溶解、共沉淀现象、灼烧时沉淀分解或挥发等原因都会引起测定的系统误差。

③ 操作误差　由于操作人员的生理缺陷、主观偏见、不良习惯等以及个人特点或不规范操作，如在刻度上估计读数时，习惯上偏于某一方向；读滴定管数值时偏高或偏低；滴定终点颜色辨别偏深或偏浅而产生的误差。

④ 试剂误差　由于检验中所用蒸馏水含有杂质或所使用的试剂不纯所引起的测定结果与实际结果之间的偏差。

（2）偶然误差

偶然误差又称为随机误差，是在已消除系统误差的一切测量值的观测中，所测数据仍在末一位或末两位数字上有差别，而且它们的绝对值和符号的变化，时大时小，时正时负，没有确定的规律。偶然误差产生的原因不明，因而无法控制和补偿。但是，倘若对某一测量值做足够多次的等精度测量后，就会发现偶然误差完全服从统计规律，误差的大小或正负的出现完全由概率决定。因此，随着测量次数的增加，随机误差的算术平均值趋近于零，所以多次测量结果的算术平均值将更接近于真值。

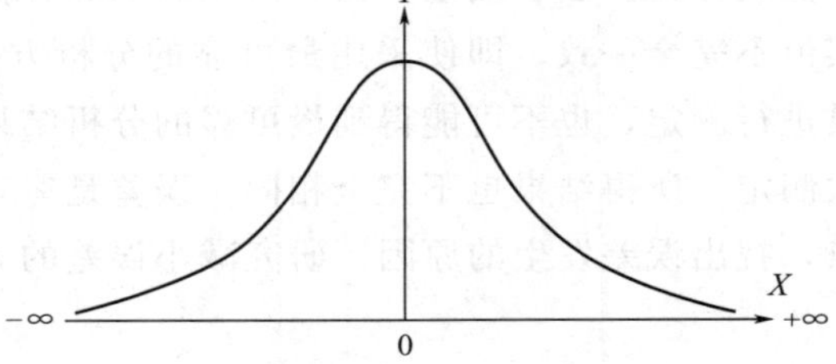

图 3-1　偶然误差正态分布曲线

如果测量数列中不包括系统误差和过失误差，从大量的实验中发现偶然误差的大小是符合正态分布的，如图 3-1 所示，主要有如下几个特征：

① 绝对值小的误差比绝对值大的误差出现的机会多，即误差的概率与误差的大小有关。这是误差的单峰性。

② 绝对值相等的正误差或负误差出现的次数相当，即误差的概率相同。这是误差的对称性。

③ 极大的正误差或负误差出现的概率都非常小，即大的误差一般不会出现。这是误差的有界性。

④ 随着测量次数的增加，偶然误差的算术平均值趋近于零，这叫误差的抵偿性。

在实际工作中，如果消除了系统误差，平行测定次数越多，则测定值的算术平均值越接近真实值。因此，适当增加平行测定次数，可以减少偶然误差对分析结果的影响，但又是不能避免的，也是不能加以校正的。

（3）过失误差

过失误差是一种显然与事实不符的，也是不能允许的误差，它往往是由于实验人员粗心大意、过度疲劳和操作不正确等原因引起的。此类误差无规则可循，只要加强责任感、多方警惕、细心操作，过失误差是可以避免的。

3.2.2 误差和偏差的表示方法

(1) 误差的表示方法

利用任何量具或仪器进行测量时，总存在误差，测量结果总不可能准确地等于被测量的真值，而只是它的近似值。测量的质量高低以测量准确度作指标，根据测量误差的大小来估计测量的准确度。测量结果的误差愈小，则认为测量的准确度就愈高。

$$\text{绝对误差 } E_a = \text{测得值}(x) - \text{真实值}(T)$$

$$\text{相对误差 } E_r = \frac{E_a}{T} = \frac{x-T}{T} \times 100\%$$

由于测定值可能大于真实值，也可能小于真实值，所以绝对、相对误差有正负之分。

(2) 精密度与偏差

精密度是指一试样的多次平行测定值彼此相符合的程度。

① 精密度 指在相同条件下 n 次重复测定结果彼此相符合的程度。精密度大小用偏差表示，偏差越小，精密度越高。

② 绝对偏差和相对偏差 相对偏差只能用来衡量单项测定结果对平均值的偏离程度。绝对偏差是指单次测定值 x_i 与平均值 $\bar{x}$ 的偏差。

绝对偏差 $$d_i = x_i - \bar{x}$$

相对偏差 $$d_r = \frac{x_i - \bar{x}}{\bar{x}} \times 100\%$$

绝对偏差和相对偏差都有正负之分，单次测定的偏差之和等于零。

③ 算术平均偏差 指单次值与平均值的偏差（绝对值）之和，除以测定次数。它表示多次测定数据整体的精密度，代表任一数值的偏差。

算术平均偏差 $$\bar{d} = \frac{1}{n}(|d_1| + |d_2| + \cdots + |d_n|) = \frac{1}{n}\sum_{i=1}^{n}|d_i|$$

相对平均偏差 $$\bar{d}_r = \frac{\bar{d}}{\bar{x}} \times 100\%$$

④ 标准偏差 各个测量数据偏差的平方和除以数据个数减1的平方根。标准偏差能更好地说明数据的离散程度。

标准偏差

$$S = \sqrt{\frac{\sum_{i=1}^{n}(x_i - \bar{x})^2}{n-1}}$$

相对标准偏差

$$S_r = \frac{S}{\bar{x}} \times 100\%$$

准确度和
精密度的关系

3.2.3 定量分析的结果评价

精确度包括精密度和准确度。

（1）精密度

测量中所测得数值重现性的程度，称为精密度（也称精度）。它反映偶然误差的影响程度，精密度高就表示偶然误差小。

（2）准确度

测量值与真值的偏移程度，称为准确度。它反映系统误差的影响程度，准确度高就表示系统误差小。

精确度反映测量中所有系统误差和偶然误差综合的影响程度。

在一组测量中，精密度高的准确度不一定高，准确度高的精密度也不一定高，但精确度高，则精密度和准确度都高。为了说明精密度与准确度的区别，可用下述例子来说明，如图 3-2 所示。

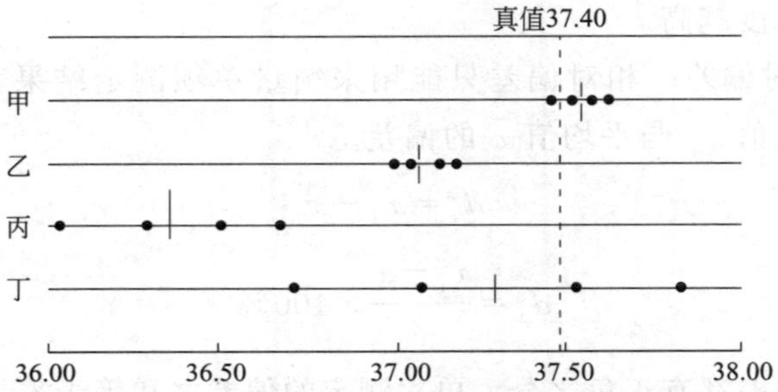

图 3-2 精密度与准确度的关系

从图 3-2 可见，甲测定的结果，精密度和准确度均好，结果可靠；乙测定结果的精密度虽然很高，但准确度较低；丙测定结果的精密度和准确度都很差；丁测定结果的精密度很差，平均值虽然接近真实值，但这是由于正、负误差凑巧相互抵消的结果，因此可靠性差，不可取。由此可以得出下列结论。

① 准确度高，一定要精密度高。精密度是保证准确度的必要条件。精密度差，准确度不可能真正好，如果精密度差而准确度好，这只是偶然巧合，并不可靠。

② 精密度高，不一定准确度高。精密度虽然是准确度的必要条件，但不是充分条件，因为可能存在系统误差。

③ 对一个好的分析结果，既要求精密度高，又要求准确度高。

3.2.4 提高分析结果准确度的方法

（1）选择合适的分析方法

根据组分含量及对准确度的要求，在可能的条件下选择最佳的分析方法。

（2）增加平行测定次数

增加平行测定次数可以抵消偶然误差。在一般分析测定中，测定次数为3～5次，基本上可以得到比较准确的分析结果。

（3）减小测量误差

分析天平引入±0.0002g的绝对误差，滴定管完成一次滴定会引入±0.02mL的绝对误差。为使测量的相对误差小于0.1%，则

试样的最低称样量为：

$$\frac{\text{绝对误差}}{\text{相对误差}}=\frac{0.0002}{0.001}=0.2(\text{g})$$

滴定剂的最少消耗体积为：

$$\frac{\text{绝对误差}}{\text{相对误差}}=\frac{0.02}{0.001}=20(\text{mL})$$

（4）消除测定中的系统误差

① 空白试验　由试剂、蒸馏水、实验器皿和环境引入的杂质所造成的系统误差，用空白试验加以校正。空白试验是指在不加试样的情况下，按试样分析规程在同样的操作条件下进行的测定。空白试验所得结果的数值为空白值。从试样的测定值中扣除空白值就得到比较准确的结果。

② 校正仪器　分析测定中，具有准确体积和质量的仪器，如滴定管、移液管、天平砝码等都应进行校正，消除仪器不准所带来的误差。

③ 校正方法　某些分析方法的系统误差可用其他方法直接校正，选用公认的标准方法与所采用的方法进行比较，从而找出校正系数，消除方法误差。

④ 对照试验　用同样的分析方法，在同样条件下，用标样代替试样进行平行测定。标样中待测组分含量已知，且与试样中含量接近。

3.3 分析数据的处理

在定量分析中，该用几位有效数字来表示测量或计算结果，总是以一定位数的数字来表示，并不是说一个数值中小数点后面位数越多越准确。实验中从测量仪表上所读数值的位数是有限的，且取决于测量仪表的精度，其最后一位数字往往是仪表精度所决定的估计数字。即一般应读到测量仪表最小刻度的十分之一位，数值准确度大小由有效数字位数来决定。

3.3.1 有效数字

一个数据，其中除了起定位作用的“0”外，其他数都是有效数字，如0.0037只有两位有效数字，而370.0则有四位有效数字。一般要求测试数据有效数字为4位。要注意有效数

字不一定都是可靠数字。如测流体阻力所用的 U 形管压差计，最小刻度是 1mm，但我们可以读到 0.1mm，如 342.4mmHg（1mmHg＝0.133kPa）。又如二等标准温度计最小刻度为 0.1℃，我们可以读到 0.01℃，如 15.16℃。此时有效数字为 4 位，而可靠数字只有三位，最后一位是不可靠的，称为可疑数字。记录测量数值时只保留一位可疑数字。

为了清楚地表示数值的精度，明确读出有效数字位数，常用指数的形式表示，即写成一个小数与相应 10 的整数幂的乘积。这种以 10 的整数幂来记数的方法称为科学记数法。如 751000，有效数字为 4 位时，记为 7.510×10^{5}；有效数字为 3 位时，记为 7.51×10^{5}；有效数字为 2 位时，记为 7.5×10^{5}。又如 0.004880，有效数字为 4 位时，记为 4.880×10^{-3}；有效数字为 3 位时，记为 4.88×10^{-3}；有效数字为 2 位时，记为 4.9×10^{-3}。

3.3.2 有效数字的运算规则

① 记录测量数值时，只保留一位可疑数字。

② 当有效数字位数确定后，其余数字一律舍弃。舍弃办法是“四舍六入五成双”，即末位有效数字后边第一位小于 5，则舍弃不计；大于 5 则在前一位数上增 1；等于 5 时，如果其后非 0 数字，则该数字总是比 5 大，该数字以进位为宜，如果其后没有数，按前一位为奇数，则进 1 为偶数，前一位为偶数，则舍弃不计。如保留 4 位有效数字：

$$3.71729\rightarrow3.717$$

$$5.14285\rightarrow5.143$$

$$7.62356\rightarrow7.624$$

$$9.37650\rightarrow9.376$$

③ 不能分次修约，进行数字修约时只能一次修约到指定的位数，不能数次修约。

④ 在加减计算中，各数所保留的位数，应与几个数中绝对误差最大的数相对应，通常以各数中小数点后位数最少的为根据。例如将 24.64、0.0082、1.632 三个数字相加时，应写为 $24.64+0.01+1.63=26.28$。

⑤ 在乘除运算中，各数所保留的位数，应与几个数中相对误差最大的数相对应，通常以各数中有效数字位数最少的那个数为根据；其结果的有效数字位数亦应与原来各数中有效数字最少的那个数相同。例如：

$0.0121\times25.64\times1.05782$ 应写成 $0.0121\times25.6\times1.06=0.328$。上例说明，虽然这三个数的乘积为 0.3281823，但只应取其积为 0.328。

⑥ 在对数计算中，所取对数位数应与真数有效数字位数相同。

⑦ 保留有效数字位数的原则：

a. 1～9 均为有效数字，0 既可以是有效数字，也可以作定位用的无效数字；

b. 变换单位时，有效数字的位数不变；

c. 首位是 8 或 9 时，有效数字可多计一位；

d. pH、lg$K$ 或 pK_a 等对数值，有效数字仅取决于小数部分数字的位数；

e. 常量分析一般要求四位有效数字，以表明分析结果的准确度为万分之一。

3.4 滴定分析法概述

滴定分析法是化学分析法的一种，将一种已知其准确浓度的试剂溶液（称为标准溶液）滴加到被测物质的溶液中，直到化学反应完全时为止，然后根据所用试剂溶液的浓度和体积可以求得被测组分的含量，这种方法称为滴定分析法（或称容量分析法）。根据滴定反应的类型不同，可将滴定分析法分为酸碱滴定法、配位滴定法、氧化还原滴定法及沉淀滴定法。大多数滴定分析都在水溶液中进行，有时在水以外的溶剂中进行，即称为非水滴定法。

3.4.1 滴定分析法相关术语

① 标准溶液　已知准确浓度的试剂溶液。

② 滴定　通过滴定管定量滴加标准溶液的过程称为滴定；所使用的标准溶液称为滴定剂。

③ 化学计量点　加入的滴定剂与被测物质完全定量反应时所处的状态，称为化学计量点（简称 sp）。此时，加入的滴定剂的量（物质的量）与被测物的量（物质的量）之间，正好符合化学反应式所表示的化学计量关系。

④ 指示剂　在滴定过程中，常加入一种能在化学计量点附近产生颜色变化的辅助试剂用以确定化学计量点，这种试剂称为指示剂。

⑤ 滴定终点　在滴定分析中，常借助指示剂在化学计量点附近发生颜色改变来指示反应的完成（即滴定终止），这一颜色转变点称为滴定终点（简称 ep）。

⑥ 终点误差　又称滴定误差，是在实际分析中由于指示剂的变色不恰好在化学计量点，而往往使滴定终点与理论终点（化学计量点）不完全一致，由此而引起的相对误差称为终点误差。

3.4.2 滴定分析法对化学反应的要求

对于滴定分析法而言，并不是所有的化学反应都能适用。凡适用于滴定分析的化学反应必须具备以下条件：

① 反应要按一定的化学反应式进行，即反应应具有确定的化学计量关系，不发生副反应；

② 反应必须定量进行，通常要求反应完全程度≥99.9%；

③ 反应速率要快，速率较慢的反应可以通过加热、增加反应物浓度、加入催化剂等措施来加快；

④ 必须有适当、简便的方法来确定终点，如指示剂法和仪器法等。

3.4.3 滴定分析法的分类

（1）按反应类型分类

① 酸碱滴定法 它是一种以质子转移为基础的滴定分析方法。一般酸碱以及能与酸碱直接或间接发生质子转移的物质，都可以用此法滴定。例如：

强酸（碱）滴定强碱（酸） $H^+ + OH^- = H_2O$

强碱滴定弱酸 $OH^- + HA = A^- + H_2O$

强酸滴定弱碱 $H^+ + A^- = HA$

② 配位滴定法 以配位反应为基础的滴定分析法叫配位滴定法，常用乙二胺四乙酸二钠盐（EDTA，用 H_2Y^{2-} 表示）作滴定剂，滴定金属离子：

$$Ca^{2+} + H_2Y^{2-} = CaY^{2-} + 2H^+$$

$$Fe^{3+} + H_2Y^{2-} = FeY^- + 2H^+$$

③ 氧化还原滴定法 以氧化还原反应为基础的滴定分析法叫氧化还原滴定法，如高锰酸钾法、重铬酸钾法、碘量法、溴酸盐法等，用于滴定具有氧化性或还原性以及部分既非氧化性又非还原性的物质：

$$2MnO_4^- + 5H_2O_2 + 6H^+ = 2Mn^{2+} + 5O_2\uparrow + 8H_2O$$

④ 沉淀滴定法 以沉淀反应为基础的滴定分析法叫沉淀滴定法（又称容量沉淀法），以生成难溶性银盐为基础的沉淀滴定法称为“银量法”。

$$Ag^+ + X^- = AgX\downarrow \text{（X 表示}Cl^-、Br^-、I^-、SCN^-\text{）}$$

可测定 Ag^+、Cl^-、Br^-、I^-、SCN^- 等离子。

（2）按滴定方式不同分类

① 直接滴定法 用标准溶液直接滴定待测物质溶液的方法称为直接滴定法。这类滴定法需要满足滴定要求的反应条件，如果反应不能满足滴定反应条件，可以采用下述几种方法进行滴定。

② 返滴定法 如果反应较慢（如 Al^{3+} 与 EDTA 的配位反应），或反应物不溶于水（如测定石灰石中 $CaCO_3$ 含量）等原因而导致反应不能立即完成，此时先在待测试液中加入一定量且过量的标准溶液，与试液中的待测物质进行反应，待反应完全后，再用另一种标准溶液返滴定剩余的标准溶液，从而测定被测组分的含量，这种滴定方式称为返滴定法。该方法适用于反应很慢、无合适指示剂以及用滴定剂直接滴定固体试样的反应，例如：

$$CaCO_3(s) + 2HCl\text{（过量）} = CaCl_2 + CO_2\uparrow + H_2O$$

$$NaOH + HCl\text{（剩余）} = NaCl + H_2O$$

③ 置换滴定法 如果滴定剂与待测物的反应不能直接发生或反应不定量，或伴有副反应时，则可先加入适当的试剂与待测物质反应，使其定量地生成另一种可被滴定的产物，再用标准溶液滴定该反应产物，这种滴定方法称为置换滴定法。这种方法适用于不能与标准溶液直接反应的物质或反应中伴有副反应发生的情况等。例如，硫代硫酸钠（$Na_2S_2O_3$）不能直接滴定重铬酸钾（$K_2Cr_2O_7$），因为它们之间无确定的化学计量关系，故操作时先在酸性

重铬酸钾溶液中加入过量碘化钾（KI），定量析出 I_2 后，再用 $Na_2S_2O_3$ 标准溶液滴定 I_2。这种滴定方法常用于 $K_2Cr_2O_7$ 标定 $Na_2S_2O_3$ 溶液的浓度，反应式为：

$$Cr_2O_7^{2-}+6I^-+14H^+ = 2Cr^{3+}+3I_2+7H_2O$$

$$I_2+2S_2O_3^{2-} = 2I^-+S_4O_6^{2-}$$

④ 间接滴定法　有的物质不能与标准溶液发生反应，但能与另一种可与标准溶液直接作用的物质反应，就可以通过反应使被测物质转换为能与标准溶液反应的物质进行滴定，这种滴定方式称为间接滴定法。

例如，Ca^{2+} 可以采用高锰酸钾法进行间接测定。方法是在 Ca^{2+} 溶液中加入草酸（$H_2C_2O_4$），使生成沉淀，沉淀完全后，将沉淀过滤洗净，用硫酸溶解，再用标准 $KMnO_4$ 溶液滴定反应生成的 $H_2C_2O_4$，进而间接测定 Ca^{2+} 的含量。

3.4.4　基准物质和标准溶液

（1）基准物质

基准物质属于标准物质中的一种，也称滴定分析标准物质，用于直接配制标准溶液或用来标定某一溶液准确浓度。作为基准物质，必须符合以下要求：

① 物质的组成与化学式完全相符，若含结晶水，其结晶水的含量均应符合化学式，如 $H_2C_2O_4 \cdot 2H_2O$、$Na_2B_4O_7 \cdot 10H_2O$ 等。

② 试剂的纯度足够高，一般应在 99.9%以上。

③ 性质稳定，不易与空气中的组分（如 O_2 及 CO_2）反应，不易吸收空气中的水分。

④ 试剂最好有较大的摩尔质量，以减小称量误差。

⑤ 试剂参加反应时，应按反应式定量进行，没有副反应。

应该注意的是，有些高纯试剂和光谱纯试剂虽然纯度很高，但只能说明其中金属杂质的含量很低。由于可能含有组成不定的水分和气体杂质，使其组成与化学式不一定准确相符，且主要成分的含量也可能达不到 99.9%，此时就不能用作基准物质。应将基准试剂与高纯试剂或专用试剂区别开来。

常用的基准物质有纯化合物和纯金属，如邻苯二甲酸氢钾、硼砂、碳酸钠、Ag、Cu、Zn、Cd、Si、Ge、Al、Co、Ni、Fe、NaCl、$K_2Cr_2O_7$ 等。常用基准物质及其干燥条件和应用见表 3-3。

表 3-3　常用基准物质及其干燥条件和应用

基准物质	化学式	干燥条件	标定对象
无水碳酸钠	Na_2CO_3	270～300℃	酸
硼砂	$Na_2B_4O_7 \cdot 10H_2O$	置于有 NaCl 和蔗糖饱和溶液的密闭容器中	酸
碳酸氢钾	$KHCO_3$	270～300℃	酸
二水合草酸	$H_2C_2O_4 \cdot 2H_2O$	室温,空气干燥	碱、$KMnO_4$
邻苯二甲酸氢钾	$KHC_8H_4O_4$	110～120℃	碱

续表

基准物质	化学式	干燥条件	标定对象
重铬酸钾	$K_2Cr_2O_7$	140～150℃	还原剂
溴酸钾	$KBrO_3$	130℃	还原剂
碘酸钾	KIO_3	130℃	还原剂
铜	Cu	室温干燥器中保存	还原剂
三氧化二砷	As_2O_3	室温干燥器中保存	氧化剂
草酸钠	$Na_2C_2O_4$	130℃	氧化剂
锌	Zn	室温干燥器中保存	EDTA
氧化锌	ZnO	900～1000℃	EDTA
碳酸钙	$CaCO_3$	110℃	EDTA
氯化钾	KCl	500～600℃	$AgNO_3$
氯化钠	NaCl	500～600℃	$AgNO_3$
硝酸银	$AgNO_3$	280～290℃	NaCl

（2）标准溶液

标准溶液是浓度准确已知的溶液。在滴定分析中，无论采用何种滴定方法都需要标准溶液，否则无法计算分析结果。

1）标准溶液的浓度表示方法　在分析化学中，除用前述物质的量浓度来表示标准溶液的浓度外，在例行分析中常用滴定度，即每毫升标准溶液相当于被测物质的质量，以符号 $T_{A/T}$ 表示。其中，A、T 分别是待测物质、标准溶液中溶质的化学式。因此滴定度可表示为：

$$T_{A/T}=m_A/V_T(\text{单位}:g\cdot mL^{-1}\text{或}\ mg\cdot mL^{-1})$$

或

$$m_A=T_{A/T}V_T$$

例如，$T_{Fe/K_2Cr_2O_7}=0.05321g\cdot mL^{-1}$，表示 1mL 此 $K_2Cr_2O_7$ 标准溶液可与 0.05321g Fe 完全作用。$T_{HCl/NaOH}=0.03646g\cdot mL^{-1}$，表示用此 NaOH 标准溶液滴定 HCl 试样，每消耗 1mL NaOH 标准溶液可与 0.03646g HCl 完全反应。根据特定的反应计量关系，也可推算出用作滴定剂的物质的量浓度。

【例 3-1】 测定工业用纯碱 Na_2CO_3 的含量，称取 0.2560g 试样，用 $0.2000mol\cdot L^{-1}$ HCl 标准溶液滴定。若终点时消耗 HCl 溶液 22.93mL，问该 HCl 溶液对 Na_2CO_3 的滴定度是多少？

解　滴定到终点时，

$$n_{Na_2CO_3}=\frac{1}{2}n_{HCl}$$

故有

$$\frac{m_{Na_2CO_3}}{M_{Na_2CO_3}}=\frac{1}{2}\times\frac{c_{HCl}V_{HCl}}{1000}$$

$$\frac{m_{Na_2CO_3}}{V_{HCl}}=\frac{1}{2}\times\frac{c_{HCl}M_{Na_2CO_3}}{1000}$$

因为

$$T_{Na_2CO_3/HCl}=\frac{m_{Na_2CO_3}}{V_{HCl}}$$

所以
$$T_{Na_2CO_3/HCl}=\frac{1}{2}c_{HCl}\frac{M_{Na_2CO_3}}{1000}=\frac{1}{2}\times0.2000\times\frac{106.0}{1000}$$
$$=0.01060\ (g\cdot mL^{-1})$$

2）标准溶液的配制　标准溶液根据其物质的性质，通常有两种配制方法，即直接配制法和间接配制法（标定法）。

① 直接配制法　准确称取一定量的基准物质，将其溶解后定量转移至容量瓶中，稀释至刻度并摇匀。根据称取物质的质量和容量瓶的体积，即可求出标准溶液的准确浓度。

② 间接配制法（标定法）　许多物质不符合基准物质的要求，不能用直接法配制标准溶液，而采用标定法。即先按需要配制近似浓度的溶液，然后用基准物质或另一种已知准确浓度的溶液来测定它的准确浓度。利用基准物质或已知准确浓度的溶液来确定标准溶液浓度的操作过程称为“标定”。

a. 基准物质标定法　精密称取一定量的基准物质，溶解后用待标定的溶液滴定，根据基准物质的质量和待标定溶液所消耗的体积，求出该溶液的准确浓度。

b. 标准溶液比较法　准确吸取一定量的待标定溶液，用已知准确浓度的标准溶液滴定，反之亦然。根据两种溶液的体积及标准溶液的浓度计算出待标定溶液的浓度。

例如，用 HCl 标准溶液标定 NaOH 溶液的浓度。设取 $0.1056mol\cdot L^{-1}$ 的 HCl 标准溶液 20.00mL，用去 NaOH 溶液 20.44mL，则由达到化学计量点时 $n_{HCl}=n_{NaOH}$，可知此 NaOH 溶液的浓度为：

$$c_{NaOH}=\frac{c_{HCl}V_{HCl}}{V_{NaOH}}=\frac{0.1056\times20.00}{20.44}=0.1033(mol\cdot L^{-1})$$

在进行标准溶液标定时，无论采用哪种方法，一般要求平行标定 3～5 次，相对平均偏差不大于 0.1%。正确地配制标准溶液，准确地标定其浓度，以及妥善地保存标准溶液，对提高滴定分析的准确度是非常重要的。

3.4.5 滴定分析法中的计算

滴定分析中要涉及到一系列的计算，如标准溶液的配制与标定，标准溶液和被测物质间的计量关系，被测组分的表示形式与称量形式之间的计量关系，以及测定结果的计算和表达等。

【例 3-2】 已知 H_2SO_4 标准溶液的浓度为 $0.05020mol\cdot L^{-1}$，用此溶液滴定未知浓度的 NaOH 溶液 20.00mL，用去 20.84mL，试计算 NaOH 溶液的浓度。

解
$$2NaOH+H_2SO_4 = Na_2SO_4+2H_2O$$
$$n_{NaOH}=2n_{H_2SO_4}$$
$$c_{NaOH}V_{NaOH}=2c_{H_2SO_4}V_{H_2SO_4}$$
$$c_{NaOH}=\frac{2c_{H_2SO_4}V_{H_2SO_4}}{V_{NaOH}}$$
$$=\frac{2\times0.05020\times20.84}{20.00}$$

$$=0.1046\ (\text{mol}\cdot\text{L}^{-1})$$

【例 3-3】 用基准物质 Na_2CO_3 标定 HCl 溶液浓度，欲使滴定时用去 HCl($0.2\text{mol}\cdot\text{L}^{-1}$) 溶液 20～25mL，求应称取基准物 Na_2CO_3 的质量范围。

解 由标定反应

$$Na_2CO_3+2HCl \xlongequal{} 2NaCl+H_2O+CO_2$$

$$n_{Na_2CO_3}=\frac{1}{2}n_{HCl}$$

$$m_{Na_2CO_3}=\frac{1}{2}c_{HCl}V_{HCl}\frac{M_{Na_2CO_3}}{1000}$$

$$m_{Na_2CO_3}=\frac{1}{2}\times 0.2\times 20\times\frac{106.0}{1000}=0.21(\text{g})$$

$$m_{Na_2CO_3}=\frac{1}{2}\times 0.2\times 25\times\frac{106.0}{1000}=0.26(\text{g})$$

故应称取 Na_2CO_3 基准物 0.21～0.26g。

【例 3-4】 将 0.2500g 基准物质 Na_2CO_3 溶于适量水后，用 $0.2\text{mol}\cdot\text{L}^{-1}$ 的 HCl 滴定至终点，问大约消耗此 HCl 溶液多少毫升？

解

$$2n_{Na_2CO_3}=n_{HCl}$$

$$c_{HCl}V_{HCl}=2n_{Na_2CO_3}$$

$$V_{HCl}=\frac{2\times 0.2500}{0.2\times\frac{106.0}{1000}}=23.58(\text{mL})\approx 24(\text{mL})$$

【例 3-5】 称取 0.4207g 石灰石，用酸分解后沉淀为 CaC_2O_4，过滤并洗净，再用 H_2SO_4 溶解，用 $0.01916\text{mol}\cdot\text{L}^{-1}KMnO_4$ 标准溶液滴定至终点，耗去体积 43.08mL，计算石灰石中 CaO 的质量分数（$M_{CaO}=56.08$）。

解 有关反应为：

$$Ca^{2+}+C_2O_4^{2-} \xlongequal{} CaC_2O_4\downarrow$$

$$CaC_2O_4+H_2SO_4 \xlongequal{} CaSO_4+H_2C_2O_4$$

$$5C_2O_4^{2-}+2MnO_4^-+16H^+ \xlongequal{} 2Mn^{2+}+10CO_2+8H_2O$$

从反应式可知 $5CaO\sim 5CaC_2O_4\sim 5H_2C_2O_4\sim 2MnO_4^-$，即：

$$n_{CaO}=\frac{5}{2}n_{MnO_4^-}$$

$$w_{CaO}=\frac{c_{KMnO_4}V_{KMnO_4}\times\frac{5}{2}\times\frac{M_{CaO}}{1000}}{m_s}\times 100\%$$

$$=\frac{0.01916\times 43.08\times\frac{5}{2}\times\frac{56.08}{1000}}{0.4207}\times 100\%$$

$$=27.51\%$$

拓展资料扫一扫

分析化学与统计学的关联性

电子课件扫一扫

定量分析基础

目标检测

一、选择题

1. 终点误差的产生是由于（　　）。

A. 滴定终点和化学计量点不符　　B. 滴定反应不完全

C. 试样不够纯净　　D. 滴定管读数不准确

2. 在滴定分析中，通常借助于指示剂的颜色的突变来判断滴定终点的到达，在指示剂变色时停止滴定。这一点称为（　　）。

A. 化学计量点　B. 滴定分析　C. 滴定终点　D. 滴定误差

3. 滴定分析所用的指示剂是（　　）。

A. 本身具有颜色的辅助试剂

B. 利用自身颜色变化确定化学计量点的外加试剂

C. 本身无色的辅助试剂

D. 能与标准溶液起作用的有机试剂

4. 测定 $CaCO_3$ 的含量时，加入一定量且过量的 HCl 标准溶液与其完全反应，过量部分 HCl 用 NaOH 标准溶液滴定，此滴定方式属（　　）。

A. 直接滴定方式　B. 返滴定方式　C. 置换滴定方式　D. 间接滴定方式

5. 滴定分析操作中出现下列情况，导致随机误差的有（　　）。

A. 试样未经充分搅拌　　B. 滴定管未经润洗

C. 天平零点稍有变动　　D. 试剂中含有干扰离子

6. 下列数据中具有三位有效数字的是（　　）。

A. 0.045　B. 3.030　C. pH＝6.72　D. 9.00×10^3

7. 对于滴定反应的要求正确的是（　　）。

A. 只要反应能够发生就能用于滴定

B. 反应速率慢时，等反应完全后确定滴定终点即可

C. 反应中不能有干扰物质存在

D. 只要有标准溶液、待测物质就可进行滴定

8. 下列说法正确的是（　　）。

A. 滴定管的初读数必须是“0.00”

B. 直接滴定分析中，各反应物的物质的量应成简单整数比

C. 滴定分析具有灵敏度高的优点

D. 基准物应具备的主要条件是摩尔质量大

9. 使用碱式滴定管进行滴定的正确操作是（　　）。

A. 用左手捏稍低于玻璃珠的近旁

B. 用左手捏稍高于玻璃珠的近旁

C. 用左手捏玻璃珠上面的橡胶管

D. 用右手捏稍低于玻璃珠的近旁

10. 下列操作中错误的是（　　）。

A. 用间接法配制 HCl 标准溶液时，用量筒取水稀释

B. 用右手拿移液管，左手拿洗耳球

C. 用右手食指控制移液管的液流

D. 移液管尖部最后留有少量溶液及时吹入接收器中

二、简答题

1. 滴定分析对化学反应有什么要求？

2. 基准试剂（1）$H_2C_2O_4 \cdot 2H_2O$ 因保存不当而部分失水分化；（2）Na_2CO_3 因吸潮带有少量湿存水。用(1)标定 NaOH［或用（2）标定 HCl］溶液的浓度时，结果是偏高还是偏低？用此 NaOH（HCl）溶液测定某有机酸（有机碱）的摩尔质量时结果偏高还是偏低？

3. 分析纯的 NaCl 试剂，如不做任何处理，用来标定 $AgNO_3$ 溶液的浓度，结果会偏高，为什么？

4. 下列各分析纯物质，用什么方法将它们配制成标准溶液？如需标定，应该选用哪些相应的基准物质？

H_2SO_4，KOH，邻苯二甲酸氢钾，无水碳酸钠。

三、计算题

1. 配制浓度为 $2.0mol \cdot L^{-1}$ 下列物质溶液各 500mL，应各取其浓溶液多少毫升？

（1）氨水（密度 $0.89g \cdot mL^{-1}$，含 NH_3 29%）

（2）冰醋酸（密度 $1.84g \cdot mL^{-1}$，含 HAc 100%）

（3）浓硫酸（密度 $1.84g \cdot mL^{-1}$，含 H_2SO_4 96%）

2. 欲配制 $0.020mol \cdot L^{-1}$ 的 $KMnO_4$ 溶液 500mL，需称取 $KMnO_4$ 多少克？如何配制？应在 500.0mL $0.08000mol \cdot L^{-1}$ NaOH 溶液中加入多少毫升 $0.5000mol \cdot L^{-1}$ NaOH 溶液，才能使最后得到的溶液浓度为 $0.2000mol \cdot L^{-1}$？

3. 要加多少毫升水到 1.000L $0.2000mol \cdot L^{-1}$ HCl 溶液里，才能使稀释后的 HCl 溶液对 CaO 的滴定度 $T_{CaO/HCl}=0.005000g \cdot mL^{-1}$？

4. 欲使滴定时消耗 $0.10mol \cdot L^{-1}$ HCl 溶液 20～25mL，问应称取基准试剂 Na_2CO_3 多少克？此时称量误差能否小于 0.1%？

习题及参考答案

第 4 章

无机及分析化学实验的基本操作技术

章节导入

化学实验基本操作是化学课程的重要组成部分，是分析检测及相关专业学生的必修课。通过训练基本操作技能，可以巩固和深化化学学科的基础理论知识，提高分析问题和解决问题的能力，培养理论联系实际、实事求是的科学态度和良好的工作作风，为今后的学习和工作奠定基础。

本章内容包括分析天平的使用技术、溶液的配制与标定技术、滴定操作技术、酸度计的使用技术，作为将来的分析工作者，不仅要掌握相应的分析化学理论和分析技术，还必须熟悉与实验室相关的基础知识和技能，才能保证分析工作的顺利进行并获得准确的分析结果。

素质目标

培养一丝不苟、科学严谨、精益求精的科学精神，认识到化学基本操作技术对今后从事分析检测工作有着至关重要的作用。

4.1 分析天平使用技术

分析天平是精确测定物质质量的重要计量仪器。分析化学工作中经常要准确称量一些物质的质量，称量的准确度直接影响测定的准确度。因此，学习和掌握天平的结构、性能、使用和维护知识是非常必要的。

4.1.1 天平的分类

天平是分析化学实验室必备的常用仪器之一，它是精确测定物质质量的计量仪器。分析检验过程中，称量的准确度直接影响测定的准确度。因此，正确、熟练地使用分析天平进行称量是做好分析工作的基本保证。

随着科技的进步，天平经过了由摇摆天平、机械加码光学天平、单盘精密天平到电子天平的历程。按结构特点，主要分为以下几类。天平实物图见图 4-1。

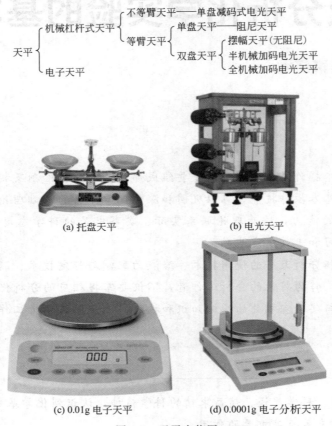

- 天平
  - 机械杠杆式天平
    - 不等臂天平——单盘减码式电光天平
    - 等臂天平
      - 单盘天平——阻尼天平
      - 双盘天平
        - 摆幅天平(无阻尼)
        - 半机械加码电光天平
        - 全机械加码电光天平
  - 电子天平

(a) 托盘天平

(b) 电光天平

(c) 0.01g 电子天平

(d) 0.0001g 电子分析天平

图 4-1 天平实物图

双盘等臂天平有不等臂性误差、空载灵敏度与实载灵敏度不同、操作繁杂等自身固有缺点；不等臂单盘天平采用全量程机械减码，克服了双盘天平的缺点，操作更简便；电子天平根据电磁力补偿平衡原理设计，直接称量，全量程不需砝码，放上被称物后，在几秒内即达到平衡，显示读数，称量速度快、精度高、操作简单，已被广泛使用。

4.1.2 电子分析天平的构造

应用现代电子控制技术进行称量的天平称为电子分析天平。其称量迅速、准确、读数直观。目前应用最多的是顶部承载式（上皿式）电子分析天平，如图 4-1(d) 所示。它是根据电磁力平衡原理，按设定的程序，实现自动调零、自动校准，并且可与计算机、打印机及记录仪等联用。电子分析天平主要包括外框部分、称量部分、键盘部分和电路部分。

4.1.3 电子分析天平的称量方法

（1）天平的安放

① 天平室　电子分析天平应安放在专门的天平室内，以朝北的底层房间为宜。天平室应尽可能远离街道（离公路约200m）、铁路和空气锤等机械，以免受震动。室内应宽敞、干燥、洁净，并杜绝有害于天平的气体和蒸气进入，窗上设置窗帷，室内温度应符合相关规定。

② 天平的防潮　一般化验室在电子分析天平的玻璃罩内应附一个盛放蓝色硅胶的干燥杯，以保持天平箱的干燥，硅胶吸湿后成玫瑰红色，可于110～130℃烘干脱水后再用。

（2）电子分析天平的使用方法

① 调水平　调整地脚螺旋高度，使水平仪内的空气泡位于圆环中央。

② 接通电源、预热（0.5h）。

③ 按开关键（ON/OFF键），直至全屏自检。

④ 校准　首次使用天平必须先校准；将天平从一个地方移到另一个地方使用时或者在使用一段时间（30天左右）后，应对天平重新校准。为使天平称量更为精确，亦可随时对天平进行校准。按校正键（CAL键），天平将显示所需校正砝码的质量（如100g）。放上100g标准砝码，直至显示100.0000g，校正完毕，取下标准砝码。

电子分析天平的使用

⑤ 零点显示（0.0000g）稳定后即可进行称量。

⑥ 称量　将被称量物质放到秤盘上，关上防风门，显示稳定后即可读取称量值。操作相应的按键可以实现去皮、增重、减重等称量功能。根据实验要求，选用一定的称量方法进行称量，读取数值并记录，如连接有打印机可按打印键完成。

⑦ 关机　称量完毕。记下数据后将重物取出，天平自动回零。

（3）电子分析天平常用的称量方法

根据不同的称量对象及称量要求，须采用相应的称量方法，常用的称量方法有以下三种。

① 直接称量法　调定天平零点后，将称量物置于电子分析天平称量盘上，待天平达到平衡后，所得读数即为称量物的质量。该法适用于称量不易吸水、在空气中性质稳定的物质，如金属、矿样、小烧杯等。

② 固定质量称量法　固定质量称量法也称为增量法。此种方法适用于在空气中没有吸湿性的试样，如金属、合金的粉末或小颗粒。先按直接称量法称取盛试样器皿的质量，然后去皮，再用小匙将试样逐步加到盛放试样的器皿中，直到天平达到平衡，显示数据与要求称量质量吻合即可记录所称取试样的质量。这种方法在工业生产的例行分析中得到广泛应用。

③ 递减称量法（减量法、差减法）　该法多用于称取易吸水、易氧化或易与CO_2反应的物质。要求称取物的质量不是一个固定质量，而只要符合一定的质量范围即可。称量时，取适量待称试样置于一干燥洁净的称量瓶中。在天平上准确称量后，倾出欲称取量的试样于

接收器皿中，再次准确称量，两次读数之差就是所称得样品的质量。如此重复操作，可连续称量。此种方法简单、快速，一般用来称取多份颗粒状、粉末状试样或基准试剂。

递减称量法的操作如下：称量瓶使用前要洗净烘干，在干燥器中冷却至室温。拿取时要戴上称量手套，或用折叠成几层的纸条套住瓶身中部，捏住纸条进行操作，瓶盖也应用一张小纸条捏住盖柄取下，不可用手直接拿取，以避免手汗和体温的影响。初学者可先将装有试样的称量瓶放在托盘天平上粗称，再于分析天平上准确称量并记录读数。取出称量瓶，在接受试样的容器上方慢慢倾斜瓶身，打开瓶盖并用瓶盖的上缘轻轻敲击瓶口的上沿，使样品缓缓倾入容器。估计倾出的试样量已接近所需量时，再边敲击瓶口边将瓶身扶正（回磕）。使瓶口的试样落下（落入称量瓶或落入容器），盖好瓶盖，再准确称量。具体操作如图 4-2 所示。如果一次倾出的样品质量不够，可再次倾倒，直至满足要求后再记录分析天平的读数。

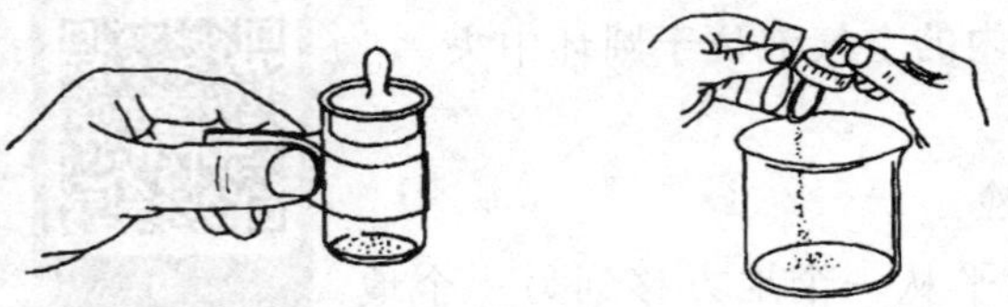

图 4-2 称量瓶手持方法和试样倾倒方法

差减法称量

称量时应注意以下事项：

① 若倾出试样不足，可重复上述操作直至倾出试样量符合要求为止，但重复次数不宜超过 3 次；若倾出试样量大大超过所需数量，则只能弃去重称。

② 盛有试样的称量瓶除放在表面皿上存放于干燥器中和置于秤盘上外，不得放在其他地方，以免沾污。

③ 在倾出试样的过程中，应保证试样没有损失，要边敲击边观察试样的转移量，再回磕试样并盖上瓶盖后才能将称量瓶拿离接受容器上方。

4.2 溶液的配制与标定技术

4.2.1 容量瓶

容量瓶的使用

容量瓶是细颈、梨形的平底玻璃瓶，瓶口配有磨口玻璃塞或塑料塞。容量瓶常用于把某一数量的浓溶液稀释到一定体积，或将一定量的固体物质配成一定体积的溶液。常用的容量瓶有 25mL、50mL、100mL、250mL 和 1000mL 等多种规格，见图 4-3。

（1）容量瓶的检查

使用容量瓶前，应先检查：容量瓶的体积是否与所要求的一致；若配制见光易分解物质

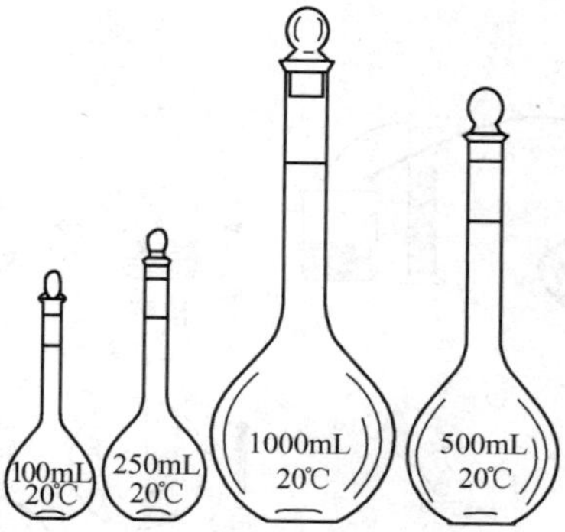

图 4-3　容量瓶

的溶液，应选择棕色容量瓶；标线位置距离瓶口是否太近。标线距离瓶口太近，则不宜使用。

① 试漏　加自来水至标线附近，盖好瓶塞后，一手用食指按住塞子，其余手指拿住瓶颈标线以上部分，另一手用指尖托住瓶底边缘，倒立 2min，用干滤纸沿瓶口缝隙处检查有无水渗出。如不漏水，将瓶直立；将瓶塞旋转 180°后，再倒立 2min，检查，如不漏水，则可以使用。在使用中，不可将玻璃磨口塞放在桌面上，以免沾污和搞错。操作时，可用一手的食指及中指（或中指及无名指）夹住瓶塞的扁头，当操作结束时，随手将瓶塞盖上。也可用橡胶圈或细绳将瓶塞系在瓶颈上，细绳应稍短于瓶颈。操作时，瓶塞系在瓶颈上，尽量不要碰到瓶颈，操作结束后立即将瓶塞盖好。

② 洗涤

a. 容量瓶较脏，用铬酸洗液洗涤。

b. 将水尽量倒空，小心倒入 10～20mL。

c. 盖上塞，边转动边倾斜，使洗液布满内壁。

d. 倒出洗液，用自来水充分洗涤，再用蒸馏水淋洗 3 次。

（2）溶液的配制

若将固体物质配制成一定体积的溶液，准确称出所需质量的试剂，并放置于小烧杯中，加少量蒸馏水溶解，再定量地转移到容量瓶中。定量转移时，右手拿玻璃棒，左手拿烧杯，烧杯口紧靠玻璃棒，而玻璃棒则悬空插入容量瓶内，棒的下端应靠在瓶颈内壁上，使溶液沿玻璃棒慢慢流入。待溶液流完后，将烧杯沿玻璃棒稍向上提，同时直立，使附着在烧杯嘴上的一滴溶液流回烧杯中。残留在烧杯中的少量溶液可用少量蒸馏水洗涤 3～4 次，洗涤液按上述方法转移合并到容量瓶中。

溶液转入容量瓶后，加蒸馏水稀释到约 3/4 体积时，将容量瓶平摇几次，做初步混匀，可避免混合后体积的改变，然后继续加蒸馏水至标线附近 1～2cm 处，再用洁净的胶头滴管逐滴加入蒸馏水至溶液的弯液面下缘最低处与标线相切，盖紧塞子。

然后用左手食指按住瓶塞，其余手指拿住瓶颈标线以上部分，用右手全部指尖托住瓶底边缘，将容量瓶倒转 180°，使气泡上升到底部，来回振荡几次，再倒转回来。如此反复 10 次，转动瓶塞约 180°后，再按上述方法摇匀 5 次，即可混匀。具体流程如图 4-4 所示。

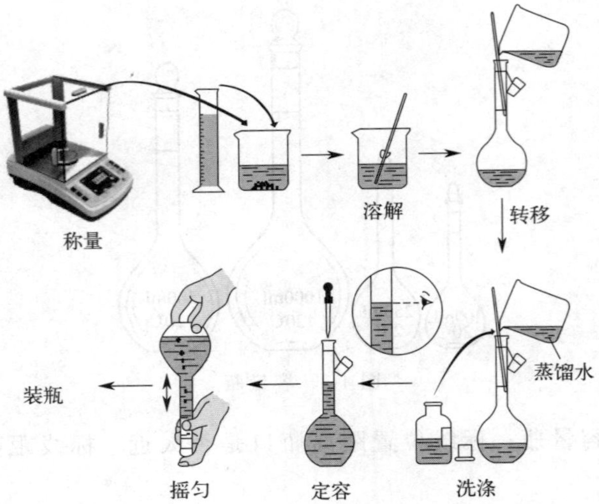

图 4-4 溶液的配制

(3) 稀释溶液

用移液管移取一定体积的溶液于容量瓶中，加水至标度刻线，按前述方法混合均匀。

(4) 不宜长期保存试剂溶液

容量瓶不能久贮溶液，尤其是碱液，否则会腐蚀玻璃，使瓶塞粘住，无法打开。如需长期保存时，应转移至磨口试剂瓶中。容量瓶用毕，应用水冲洗干净。如长期不用，将磨口处洗净吸干，垫上滤纸片。

4.2.2 移液管和吸量管

移液管的使用

移液管和吸量管都是用来准确移取一定体积溶液的量出式玻璃量器。移液管的中间有一膨大部分，管颈上部刻有一圈标线。吸量管是有分刻度的玻璃管，它一般只用于量取小体积的溶液。常用的移液管有 5mL、10mL、25mL 和 50mL 等规格，常用的吸量管有 1mL、2mL、5mL 和 10mL 等规格，见图 4-5。移液管和吸量管所移取的体积通常可准确到 0.01mL。移液管和吸量管的洗涤方法及使用方法基本相同。

(1) 检查仪器

检查玻璃仪器的完好性，查看移液管管口及管尖处是否平整无破损。

(2) 移液管的洗涤

① 移液管不太脏时，可以用自来水冲洗，用烧杯接取自来水，右手拇指与中指拿住移液管标线上端适当的位置，食指靠近移液管上口，将移液管下口插入水中，左手拿洗耳球，压出球内的空气，将洗耳球尖口插入移液管上口，左手手指慢慢松开，将水慢慢吸入管内直至移液管容积的 1/3 处，左手撤去洗耳球，右手食指迅速按住管口，横持移液管，管尖稍向下倾斜，两手分别持移液管两端，旋转移液管并使水润湿全管内壁，边转动边将水从管尖放出，按此方法反复洗涤，直至管内洁净、不挂水珠，然后用蒸馏水润洗 2～3 次，放置于移

液管架上备用。

② 移液管较脏用水冲洗不净时，可用合成洗涤剂或铬酸洗液洗涤。

（3）溶液润洗

将配制好置于容量瓶中的溶液摇匀，倒入少量溶液于一洁净、干燥的小烧杯中，吹净移液管中的水，用滤纸将移液管下端管尖内外的水吸干，用烧杯中的溶液润洗移液管，左手拿洗耳球，先把球中空气压出，再将球的尖嘴接在移液管上口，慢慢松开压扁的洗耳球使溶液吸入管内，先吸入该管容量的 1/3 左右，用右手的食指按住管口，取出，横持，并转动管子使溶液接触到刻度以上部位，以置换内壁的水分，然后将溶液从管的下口放出并弃去，洗涤 2～3 次，确保移取溶液的浓度不变。

（4）吸取溶液

移液管用待吸取的溶液润洗后，用右手拇指与中指捏住移液管标线上端适当的位置，食指靠近移液管上口，将管的下口插入欲吸取的溶液中，插入不要太浅或太深，一般为 10～20mm 处，太浅会产生吸空，把溶液吸到洗耳球内弄脏溶液，太深又会在管外沾附溶液过多。左手拿洗耳球将溶液慢慢吸入移液管中，随着移液管中溶液液面的上升，移液管管尖应随着容量瓶中溶液的液面慢慢下降，以防吸空，当管内溶液液面上升至标线以上时，移开洗耳球，右手食指迅速堵住管口，将管竖直向上提出液面，用滤纸擦干管下端外壁附着的少量溶液，盖好容量瓶塞，见图 4-6(a)。

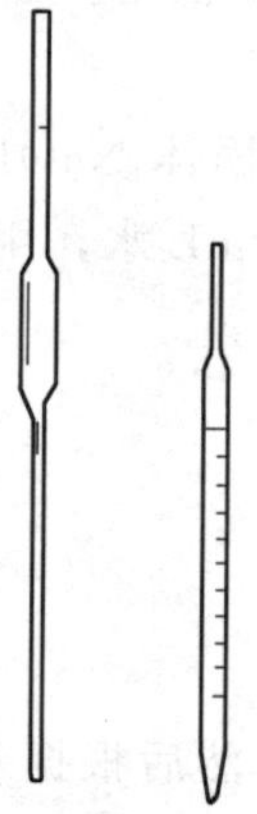

图 4-5　移液管和吸量管

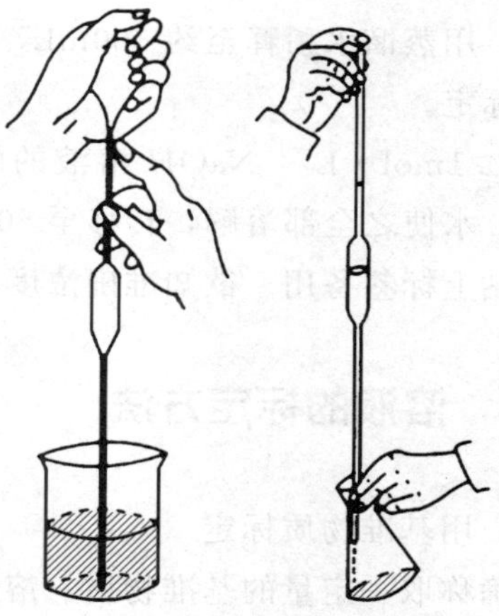

(a) 吸取溶液　(b) 放出溶液

图 4-6　溶液的移取

（5）调液面

将吸取溶液后的移液管管尖靠在上述用溶液润洗过的小烧杯内壁上，烧杯稍微倾斜，移液管管身保持竖直，轻轻松动右手食指，同时右手拇指与中指轻轻转动移液管，使管内溶液液面缓慢下降，直至管内弯月面最低点与移液管标线上缘相切，右手食指立即堵住管口，视线与移液管标线上缘在同一水平面上，移液管轻靠一下烧杯内壁，将尖端的液滴靠壁去掉。

（6）放出溶液

左手持锥形瓶，应使锥形瓶倾斜 30°，移液管直立，将移液管竖直平移至锥形瓶上方，移液管尖端立即伸入锥形瓶中，管下端紧靠锥形瓶内壁，保持管直立，松开右手食指。让溶液沿瓶壁慢慢流下，在整个放液过程中，保持管尖与锥形瓶内壁接触不动，待液面下降至管尖时，等待 15s 后轻轻旋转一下管身，再取出移液管，见图 4-6(b)。

注意事项：

① 用移液管（或吸量管）吸取溶液时，管尖伸入溶液液面下不要太深，以免管尖外壁附着过多溶液，也不要伸入过浅，以防液面下降后吸入空气。

② 移液管（或吸量管）放出溶液后，除管上刻有“吹”字的移液管（或吸量管）必须将管内溶液完全吹出外，其他非吹出式移液管（或吸量管）均不许将管内少量残液吹出，因校准移液管时已考虑了末端保留溶液的体积。

③ 移液管（或吸量管）不得放入烘箱中干燥，也不得用来移取过热或过冷的溶液，以免改变其容积。

4.2.3 溶液的配制方法

（1）标准溶液的配制

标准溶液可采用前述直接法或间接法（标定法）配制。

（2）一般溶液的配制

① 0.1mol·L^{-1} HCl 溶液的配制　用洗净的量筒量取 4.2mL 浓盐酸，倒入 500mL 试剂瓶中，用蒸馏水稀释至约 500mL，盖上玻璃塞摇匀，贴上标签备用。欲知准确浓度，需要经过标定。

② 0.1mol·L^{-1} NaOH 溶液的配制　用托盘天平称取 2g 固体 NaOH，置于烧杯中，加 50mL 水使之全部溶解，转移至 500mL 试剂瓶中，再加约 450mL 水，用橡胶塞塞好瓶口摇匀，贴上标签备用。欲知准确浓度，需要经过标定。

4.2.4 溶液的标定方法

（1）用基准物质标定

准确称取一定量的基准物质，溶解后用待标定的溶液滴定，然后根据基准物质的质量、待标定溶液所消耗的体积及两者之间的计量关系，即可算出该溶液的准确浓度。例如，标定某 NaOH 标准滴定溶液的浓度时，可称取一定量的邻苯二甲酸氢钾，溶解后，以酚酞为指示剂，用该 NaOH 溶液滴定至出现淡红色 30s 不褪色时即到终点，经计算可求得此 NaOH 标准滴定溶液的准确浓度。

（2）用已知浓度的标准溶液标定

用已知浓度的标准溶液与待标定溶液相互滴定，由各溶液消耗的体积和已知的浓度计算待标定溶液的准确浓度。例如，可用已知浓度的 NaOH 标准滴定溶液标定未知浓度的 HCl 溶液，也可用已知浓度的 HCl 标准滴定溶液标定未知浓度的 NaOH 溶液。显然，这种方法不如直接用基准物质标定的方法好，因为所用的标准溶液浓度如果不准确，就会直接影响待标定溶液浓度的准确性。

（3）用标准物质标定

将已知含量的标准物质，按测定步骤处理，用待标定溶液滴定。由标准物质的质量、已知某成分的含量及被标定溶液所消耗的体积，计算被标定溶液的准确浓度。所选择的标准物质，其组成应与欲用此标准滴定溶液去滴定的待测物质的组成相近，并且所用的方法也应与用标准滴定溶液测定被测物质的方法相同，这样可以消除干扰元素的影响。

4.3　滴定操作技术

4.3.1　常用的滴定仪器

滴定操作

滴定管是滴定时可准确测量滴定剂体积的玻璃量器。它是由具有准确刻度的细长玻璃管及开关组成，其上具有刻度指示量度。滴定管有酸式滴定管和碱式滴定管，如图 4-7 所示。

常量分析用的滴定管为 50mL 或 25mL，刻度小至 0.1mL，读数可估计到 0.01mL，一般有±0.02mL 的读数误差。一般在上部的刻度读数较小，靠底部的读数较大。所以每次滴定所用溶液体积最好在 20mL 以上，若滴定所用体积过小，则滴定管刻度读数相对误差影响增大。

（1）酸式滴定管（玻塞滴定管）

酸式滴定管用于装酸性溶液和氧化性溶液，不宜装碱性溶液，以免碱性溶液使活塞和活塞套黏合而无法打开。酸式滴定管的玻璃活塞是固定配合该滴定管的，所以不能任意更换。要注意玻璃塞是否旋转自如，通常是取出活塞，拭干，在活塞两端沿圆周抹一薄层凡士林作润滑剂，然后将活塞插入，顶紧，旋转几下使凡士林分布均匀（几乎透明）即可，再在活塞尾端套一橡胶圈，使之固定，见图 4-8。注意凡士林不要涂得太多，否则易使活塞中的小孔或滴定管下端管尖堵塞。在使用前应试漏。

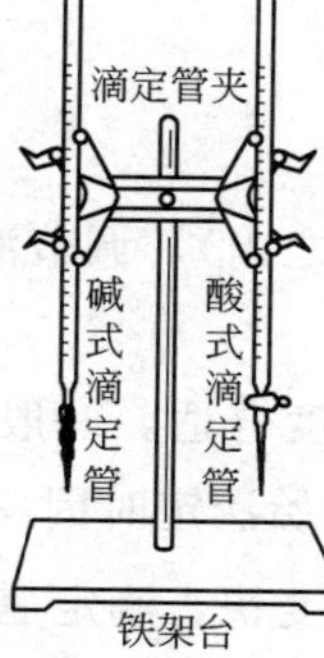

图 4-7　酸式、碱式滴定管

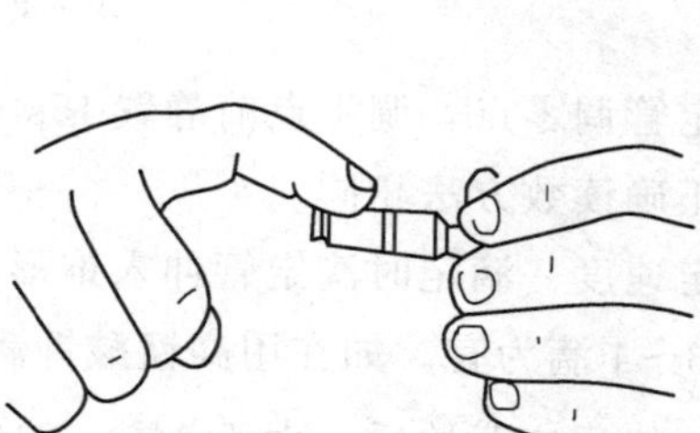
图 4-8　涂凡士林

（2）碱式滴定管

碱式滴定管的管端下部连有橡胶管，管内装一玻璃珠控制开关，一般用作碱性标准溶液的滴定。其准确度不如酸式滴定管，主要由于橡胶管的弹性会造成液面的变动。具有氧化性的溶液或其他易与橡胶起作用的溶液，如高锰酸钾、碘、硝酸银溶液等不能使用碱式滴定管。在使用前，应检查橡胶管是否破裂或老化及玻璃珠大小是否合适，无渗漏后才可使用。

目前，酸式或碱式滴定管已逐渐被聚四氟乙烯滴定管（酸、碱通用）所替代。聚四氟乙烯滴定管由于活塞采用聚四氟乙烯材料做成，具有耐酸、耐碱、耐强氧化剂腐蚀的作用，故所有滴定剂都可在聚四氟乙烯滴定管中进行滴定操作。

4.3.2 滴定技术

(1) 洗涤　无明显油污不太脏的滴定管，可直接用自来水冲洗，或用肥皂水或洗衣粉水泡洗，但不可用去污粉刷洗，以免划伤内壁，影响体积的准确测量。然后用蒸馏水淋洗3～4次，洗净的滴定管内壁应完全被水均匀地润湿而不挂水珠。

(2) 试漏　装入蒸馏水至一定刻度，直立滴定管约2min。仔细观察刻度线上的液面是否下降，滴定管下端有无水滴滴下。酸式滴定管还需观察活塞缝隙中有无水渗出。然后将活塞转动180°后等待2min再观察，如有漏水现象应重新擦干涂油。碱式滴定管如有漏水，则应调换胶管中的玻璃珠，选择一个大小合适、比较圆滑的配上再试。

(3) 装液　先用标准溶液润洗3次（用量约10mL）。标准溶液装入前混匀，手心对准试剂瓶标签，试剂瓶瓶盖要倒置于操作台上，用后应及时盖好。持滴定管的手指要在刻度线以上。

(4) 排气泡　酸式滴定管需转动活塞，使溶液迅速冲下，排出下端存留的气泡；碱式滴定管在排气泡时，应将胶管向上弯曲，用力捏挤玻璃珠使溶液从尖嘴喷出，排除气泡，见图4-9。

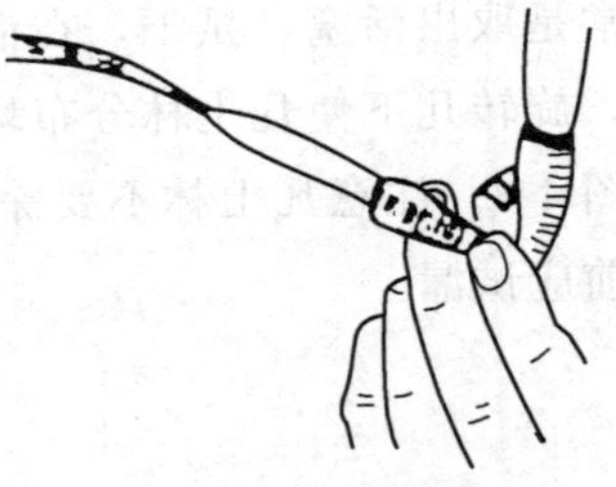

图4-9　排气操作

(5) 滴定管调零点　调零点前静置15s（液面高于零点1cm之内），调节液面至0.00mL处［与(10)正确读数方法相同］。

(6) 滴定速度　滴定时滴定管伸入锥形瓶1～2cm。滴定速度合适，一般要求成串不成线，以每秒3～4滴为宜。如在用高锰酸钾滴定$Na_2C_2O_4$时，开始滴定时因反应速率慢，滴定速度要慢，待反应开始后，由于Mn^{2+}的催化作用，反应速率变快，滴定速度方可加快。

(7) 锥形瓶的摇动　滴定时，边滴边摇锥形瓶，向同一方向做圆周旋转而不应前后摇动，防止溶液溅出。如在用莫尔法测定Cl^-时，由于AgCl沉淀容易吸附Cl^-而使终点提前，因此滴定时必须剧烈摇动，使被吸附的Cl^-释放出来，以获得正确的终点。在碘量法测定时为了减少碘离子与空气的接触而被氧化，滴定时不应过度摇动。

（8）滴定前后管尖悬液的处理　滴定前用干净的小烧杯将管尖的液滴靠去。近滴定终点时最后半滴要用滴定用锥形瓶的内壁靠下，再用少量的蒸馏水将其冲入锥形瓶中。

（9）指示剂的加入　一般滴定分析在滴定开始前加入指示剂，对于特殊的滴定反应如碘量法需在近终点时加入淀粉指示剂，如果过早加入，淀粉会吸附过多的 I_2，使滴定终点产生误差。酸式、碱式滴定管的操作见图 4-10。

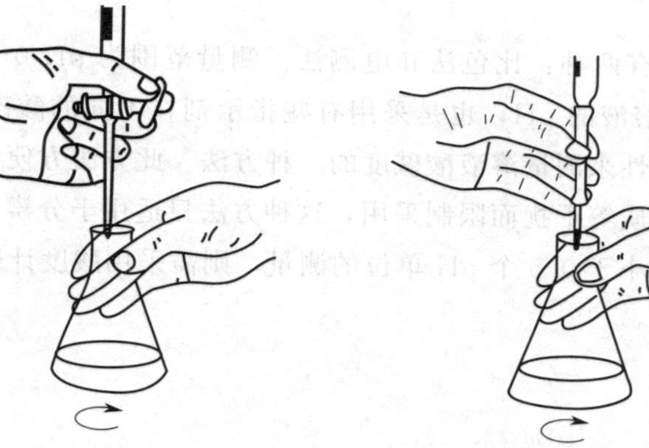

(a) 酸式滴定管使用方法　　(b) 碱式滴定管使用方法

图 4-10　酸式碱式滴定管的使用方法

（10）正确读数　注入或放出溶液后均需等待 30s 后才能读数。读数时应将滴定管从滴定管架上取下，用拇指和食指拿住滴定管的上端，使滴定管保持垂直后读数。如果标准滴定溶液无色透明，读数时视线应与弯月面下缘实线的最低点在同一水平面上；如果为有色溶液，读数时视线应与弯月面上缘在同一水平面上，见图 4-11，且与前述（5）滴定管调零点的方法一致。

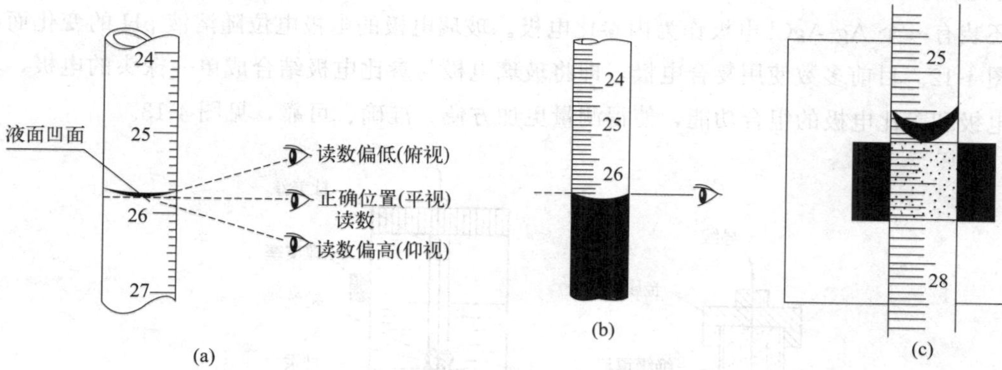

图 4-11　滴定管的读数

（11）数据记录　读取的数值必须到小数点后第二位，即要求估计到 0.01mL。

进行滴定操作时，应注意以下几点。

① 最好每次滴定都从 0.00mL 开始，或者接近 0 的任一刻度开始，这样可以减小滴定误差。

② 滴定时，左手不能离开旋塞而放任溶液自流。

③ 滴定时，要观察滴落点周围颜色的变化。不要去看滴定管上的刻度变化，而不顾滴

定反应的进行。

4.4 酸度计的使用技术

pH 的测量方法主要有两种：比色法和电测法。测量范围为 pH 0～14。比色法是通过 pH 试纸颜色的变化测量溶液的 pH，也是采用有些指示剂在不同的酸碱度下能呈现变化或变化为不同颜色这一种特性来测量溶液酸碱度的一种方法。此方法方便、快捷，但比色法因受溶液本身颜色或含蛋白质等干扰而限制采用，这种方法只适用于分辨率大于 0.5 个 pH 单位的测量，而对于分辨力小于 0.5 个 pH 单位的测量，则需采用酸度计进行测量。

4.4.1 酸度计简介

酸度计（也称 pH 计）是用来精密测量液体介质的 pH 的仪器。实验室常用的国产酸度计有雷磁 25 型、pHS-2 型和 pHS-3 型等。虽然型号较多、结构各异，但它们的原理相同。面板构造有刻度指针显示和数字显示两种。

酸度计是采用氢离子选择性电极测量水溶液 pH 的一种广泛使用的化学分析仪器。它除测量溶液的酸度外，还可以测量电池电动势（mV）。主要由参比电极（甘汞电极）、指示电极（玻璃电极）和精密电位计三部分组成。

饱和甘汞电极是由金属汞、Hg_2Cl_2 和饱和 KCl 溶液组成，其电极电位恒定，不随溶液 pH 的变化而改变。玻璃电极的下端是一玻璃球泡，球泡内装有一定 pH 的内标准缓冲溶液，电极内还装有一个 Ag-AgCl 电极作为内参比电极。玻璃电极的电极电位随溶液 pH 的变化而改变，见图 4-12。目前多数使用复合电极，即将玻璃电极与参比电极结合成单一探头的电极，具有玻璃电极和参比电极的组合功能，使得测量更加方便、准确、可靠，见图 4-13。

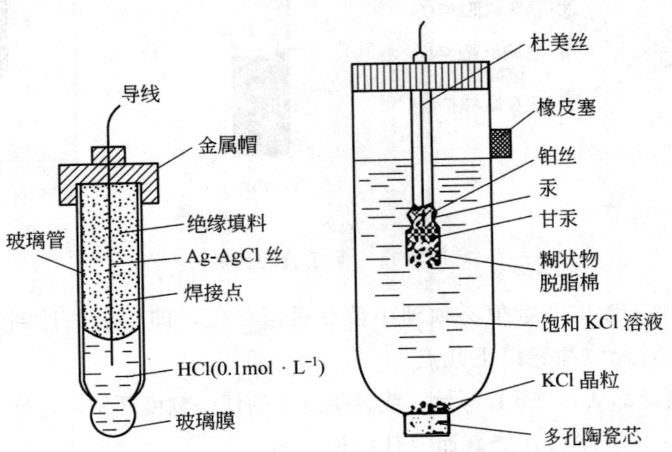

图 4-12 玻璃电极与甘汞电极

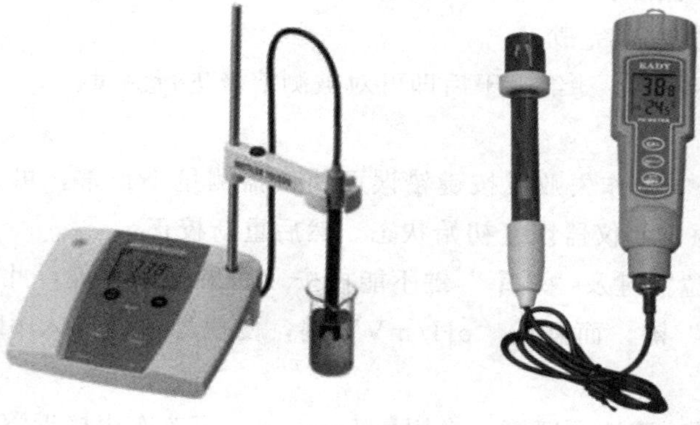

图 4-13　酸度计

当玻璃电极与饱和甘汞电极以及待测溶液组成工作电池时，在 25℃下，所产生的电池电动势为：

$$E = K' + 0.059\text{pH}$$

式中，K'为常数，测量这一电动势就可获得待测溶液的 pH。

4.4.2　酸度计的使用方法

酸度计的使用

以上海雷磁酸度计为例。

（1）开机前准备

① 电极梗旋入电极梗插座，调节电极夹到适当位置。

② 将复合电极夹在电极夹上，取下电极前端的电极套。

③ 用蒸馏水清洗电极，清洗后用滤纸吸干。

（2）开机

① 电源线插入电源插座。

② 按下电源开关，电源接通后，预热 30min，接着进行校正。

（3）电极校正

仪器使用前首先要校正。一般情况下仪器在连续使用时，每天要校正一次。

① 按“pH/mV”按钮，使仪器进入 pH 测量状态。

② 按“温度”按钮，使仪器进入溶液温度调节状态，按“温度”键上的“▲”或“▼”调节温度显示数值上升或下降，使仪器显示温度为当前溶液温度值，然后按“确认”键，仪器确定溶液温度后回到 pH 测量状态。

③ 把用蒸馏水清洗过、滤纸吸干的电极插入 pH＝6.86 的标准缓冲溶液中，待读数稳定后按“定位”键（此时 pH 指示灯慢闪烁，表明仪器在定位状态），按“定位”键上的“▲”或“▼”调节 pH 显示数值上升或下降，使仪器显示读数与该标准缓冲溶液当时温度下的 pH 相一致，然后按“确认”键（如混合磷酸盐 10℃时，pH＝6.92）。

④ 把用蒸馏水清洗过、滤纸吸干的电极插入 pH＝4.00（或 pH＝9.18）的标准缓冲溶液中，待读数稳定后按“斜率”键，按“斜率”键上的“▲”或“▼”调节 pH 显示数值上

升或下降，使读数为该溶液当时的 pH，然后按“确认”键，仪器进入 pH 测量状态，pH 指示灯停止闪烁，电极校正完成。

⑤ 用蒸馏水清洗电极、滤纸吸干后即可对被测溶液进行测量。

注意事项：

① 如果校正过程中操作失败或按键错误而使仪器测量不正常，可关闭电源，然后按住“确认”键再开启电源，使仪器恢复初始状态。然后重新校正。

② 校正后，“定位”键及“斜率”键不能再按，如果触动此键，此时仪器 pH 指示灯闪烁，请不要按“确认”键，而是按“pH/mV”键，使仪器重新进入 pH 测量即可，而无须再进行校正。

③ 校正的标准缓冲溶液一般第一次用 pH＝6.86、第二次用接近溶液的 pH 的标准缓冲溶液，如果被测溶液为酸性时，应选 pH＝4.00 的标准缓冲溶液；如被测溶液为碱性则选 pH＝9.18 的标准缓冲溶液。

④ 测量前必须把仪器和标准缓冲溶液以及被测液体提前放在实验室，并注意室温。

⑤ 仪器探头在测量前必须清洗干净，一定要在蒸馏水中充分浸泡 24h 以上。

⑥ 在测量两种标准缓冲溶液以及每次使用测量之前，一定要将电极上的残留溶液冲洗干净，以免污染下一种标准缓冲溶液，电极冲洗后要用滤纸将电极上残留的蒸馏水吸干，而不是擦干，以免损伤电极。

⑦ 测量中必须使探头和温度计充分浸到被测溶液中，并保持一段时间，使其数值稳定后再读数。

4.5 蒸发与结晶、重结晶

蒸发结晶指的是溶液通过溶剂的散失（即蒸发），使得溶液达到饱和状态，继而达到过饱和状态。由于在一定的温度下，一定量的水（或溶剂）所能溶解的某一溶质的质量是有限的，那么多余的溶质就会随着溶剂的减少而析出，即结晶。它适用于温度对溶解度影响不大的物质。沿海地区“晒盐”就是利用这种方法。

蒸发与结晶

蒸发结晶适用于一切固体溶质从他们的溶液中分离，或从含两种以上溶质的混合溶液中提纯随温度的变化溶解度变化不大的物质，如从氯化钠与硝酸钾混合溶液中提纯氯化钠（硝酸钾少量），此时蒸发结晶不能将溶剂全部蒸干。而在高中化学所做的氯化钠提纯实验中因为只有一种溶质（氯化钠），所以采用的蒸发结晶是将溶剂水全部蒸干。

冷却结晶是指饱和溶液通过降低溶液的温度，使溶质析出的方法。一般来说，溶液的温度越高，一定质量的溶剂所能溶解的某一溶质的质量越大，那么降低溶液的温度，就会有溶质析出。此法适用于温度升高，溶解度也增加的物质。如北方地区的盐湖，夏天温度高，湖面上无晶体出现；每到冬季，气温降低，纯碱（$Na_2CO_3 \cdot 10H_2O$）、芒硝（$Na_2SO_4 \cdot 10H_2O$）等物质就从盐湖里析出来。在实验室里为获得较大的完整晶体，常使用缓慢降低温度、减慢结晶速率的方法。

重结晶是将晶体溶于溶剂或熔融以后，又重新从溶液或熔体中结晶的过程。重结晶可以使不纯净的物质获得纯化，或使混合在一起的物质彼此分离。重结晶应用于产品和杂质性质差别较大、产品中杂质含量少于 5%的体系。

拓展资料扫一扫 电子课件扫一扫

重结晶　　标准化操作规程 SOP　　无机及分析化学的基本操作技术

目标检测

一、选择题

1. 用 25mL 移液管移取溶液的准确体积应该是（　　）mL。

A. 25.0　　B. 25.00　　C. 25.000　　D. 25

2. 标准溶液在常温下保存时间一般不超过（　　）。

A. 一个月　　B. 一周　　C. 半年　　D. 两个月

3. 下列关于容量瓶说法中错误的是（　　）。

A. 不宜在容量瓶中长期存放

B. 把小烧杯中的洗液转移至容量瓶时，每次用水 50mL

C. 定容时的溶液温度应当与室温相同

D. 不能在容量瓶中直接溶解基准物

4. 递减法称取试样时，适合于称取（　　）。

A. 剧毒的物质

B. 易吸湿、易氧化、易与空气中 CO_2 反应的物质

C. 平行多组分不易吸湿的样品

D. 易挥发的物质

5. 酸式滴定管尖部出口被润滑油酯堵塞，快速有效的处理方法是（　　）。

A. 热水中浸泡并用力下抖　　B. 用细铁丝通并用水洗

C. 装满水利用水柱的压力压出　　D. 用洗耳球对吸

6. 欲配制 1000mL 0.1mol · L^{-1} HCl 溶液，应取浓盐酸（12mol · L^{-1} HCl）（　　）mL。

A. 0.84mL　　B. 8.4mL　　C. 1.2mL　　D. 12mL

7. 滴定分析法要求相对误差为±0.1%，若使用灵敏度为 0.0001g 的天平称取试样时，至少应称取（　　）。

A. 0.1g　　B. 0.2g　　C. 0.05g　　D. 1.0g

8. 下列物质中可用于直接配制标准溶液的是（　　）。

A. 固体 $K_2Cr_2O_7$(GR)　　B. 浓 HCl(CP)

C. 固体 NaOH(GR)　　D. 固体 $Na_2S_2O_3 \cdot 5H_2O$(AR)

9. 滴定的初读数为 (0.05±0.01)mL，终读数为 (19.10±0.01)mL，滴定剂的体积范围为（　　）。

A. (19.05±0.01)mL　　B. (19.15±0.01)mL

C. (19.05±0.02)mL　　D. (19.15±0.02)mL

10. 为保证滴定分析的准确度，要控制分析过程中各步骤的相对误差≤0.1%，用万分之一分析天平差减法称量试样的质量应（　　），用 50mL 滴定管滴定，消耗滴定剂体积应（　　）。

A. ≥0.1g，≥10mL　　B. ≥0.1g，≥20mL

C. ≥0.2g，≥20mL　　D. ≥0.2g，≥10mL

二、简答题

1. 滴定至临近终点时加入半滴的操作是怎样进行的?

2. 标准溶液装入滴定管之前，为什么要用该溶液润洗滴定管 2～3 次? 锥形瓶是否也需用该溶液润洗或烘干，为什么?

3. 在滴定管装入液体之后，为什么要排出滴定管尖嘴内的空气?

三、计算与应用题

1. 将 10mg NaCl 溶于 100mL 水中，请用 c，w，ρ 表示该溶液中 NaCl 的含量。

2. 市售盐酸的密度为 $1.18g \cdot mL^{-1}$，HCl 的含量为 37%，欲用此盐酸配制 500mL $0.1mol \cdot L^{-1}$ 的 HCl 溶液，应量取多少 mL?

3. 有 $0.0982mol \cdot L^{-1}$ 的 H_2SO_4 溶液 480.0mL，现欲使其浓度增至 $0.1000mol \cdot L^{-1}$。问应加入 $0.5000mol \cdot L^{-1}$ 的 H_2SO_4 溶液多少毫升?

4. 在 200mL 稀盐酸里溶有 0.73g HCl，计算溶液中溶质的物质的量浓度。

5. 某温度下 22% $NaNO_3$ 溶液 150mL，加入 100g 水稀释后溶质质量分数变为 14%。求原溶液的物质的量浓度。

6. 用 1 体积水吸收了 560 体积的氨（标准状况下），所得氨水的密度为 $0.9g \cdot mL^{-1}$。计算：

① 该氨水中溶质的质量分数；

② 该溶液的物质的量浓度（注：1mL 水按 1g 计算）。

7. 实验室常用的 65%的稀硝酸，密度为 $1.4g \cdot mL^{-1}$，计算该溶液中 HNO_3 的物质的量浓度。若要配制 $3mol \cdot L^{-1}$ 的硝酸 100mL，需要这种浓硝酸多少毫升?

习题及参考答案

技能训练一

分析天平称重练习

一、实训目的

1. 熟悉电子分析天平的原理和使用规则。

2. 掌握直接称量法、固定质量称量法和递减称量法。

3. 练习并熟练掌握分析天平的基本操作和常用称量方法。

4. 培养准确、整齐、简明记录实验原始数据的习惯。

二、实训原理

电子天平是基于电磁力平衡原理来称量的天平，具有可直接称量、不需砝码、达到平衡快、直显读数、性能稳定、操作简便等特点。电子天平可以分为上皿式和下皿式两种。秤盘在支架上面的为上皿式，秤盘吊挂在支架下面的为下皿式，目前使用较广泛的是上皿式电子天平。分析天平的称量方法一般有直接称量法、固定质量称量法和递减称量法三种。

三、仪器与试剂

仪器 电子分析天平，称量瓶，烧杯，药匙等。

试剂 石英砂等。

四、实训步骤

1. 固定质量称量（称取0.5000g石英砂试样3份）

在分析天平上准确称出洁净干燥的小烧杯的质量，记录称量数据。按清零键，用药匙将石英砂试样慢慢加入到烧杯中，直至天平显示0.5000g（误差范围≤0.2mg）。关好天平门，读数。若小于该值，继续加入试样，若超过该值，则需重新称量。平行称量三次，记录实验数据。

2. 递减称量（称取0.3～0.4g试样3份）

将一洁净干燥的小称量瓶，加入约1.2g试样，放在分析天平上，按清零键。取出称量瓶，将部分试样轻敲至小烧杯中，再称量，直至天平读数在−0.3～−0.4g，重复操作，连续称量三份试样，记录数据。

五、数据记录及处理

将数据及其处理结果填入表4-1和表4-2中。

表4-1 固定质量称量练习结果记录

称量编号	1	2	3
$m_{石英砂}$/g			

表4-2 递减法称量练习结果记录

称量编号	1	2	3
m_s/g			

六、注释

1. 在开关天平门时动作要轻。取放烧杯和称量瓶时，不可以用手直接接触，应该用滤纸套住或戴专用手套进行操作，而且要轻拿轻放。

2. 称量的过程中，将烧杯或称量瓶放在秤盘的正中央，以保证受力均匀。

3. 固定质量称量的速度较慢，只适用于称量不易吸潮、在空气中能稳定存在的试样，且试样应为粉末状或小颗粒状，以便调节其质量。

4. 称取物品的质量时，加样的次数最多不要超过3次，以减少称量误差。称量过程中，若质量少于所要求的数值，可以继续加样，但若超过所需的量，那就需要倒掉重新称量。

5. 递减称量时，在测量的整个过程中，称量瓶不能与实验台面接触，而且在敲出样品的过程中要始终保持在接收容器的上方，以免黏附在瓶盖上的药品失落他处。当达到所需的量时，要用称量瓶瓶盖轻敲瓶口上部使试样慢慢落入容器中。

6. 在记录最后数据的时候，一定要记录关闭天平门后所显示的数据。

七、思考题

1. 分析天平的称量方法有哪几种？固定称量法和递减称量法各有何优缺点？在什么情况下选用这两种方法？

2. 在记录称量数据时应准确至几位？为什么？

技能训练二

盐酸溶液的配制与标定

一、实训目的

1. 掌握用无水碳酸钠作基准物质标定盐酸溶液浓度的原理和方法。

2. 正确判断甲基橙指示剂的滴定终点。

盐酸溶液的配制与标定

二、实训原理

市售浓盐酸为无色透明的 HCl 水溶液，HCl 含量为 36%～38%，密度约为 $1.18g \cdot mL^{-1}$。由于浓盐酸易挥发放出 HCl 气体，直接配制准确度差，因此配制盐酸标准溶液时需用间接配制法。

标定盐酸的基准物质常用无水碳酸钠和硼砂等，本实验采用无水碳酸钠为基准物质，以溴甲酚绿-甲基红指示剂指示终点，终点颜色由绿色变为暗红色。

用 Na_2CO_3 标定时反应为：

$$2HCl + Na_2CO_3 \xlongequal{} 2NaCl + H_2O + CO_2 \uparrow$$

$$c_{HCl} = \frac{2m_{Na_2CO_3} \times 1000 \times 25.00}{M_{Na_2CO_3} V_{HCl} \times 250.0}$$

反应本身由于产生 H_2CO_3 会使滴定突跃不明显，致使指示剂颜色变化不够敏锐，因此，在接近滴定终点之前，最好把溶液加热煮沸，并摇动以赶走 CO_2，冷却后再滴定。

三、仪器与试剂

仪器　分析天平，酸式滴定管（25mL），锥形瓶（250mL），量筒，移液管（25mL），烧杯。

试剂　浓盐酸（分析纯），无水碳酸钠（基准物质），溴甲酚绿-甲基红。

四、实训步骤

1. 盐酸溶液（$0.1mol \cdot L^{-1}$）的配制

用量筒取浓盐酸 4.5mL，加水稀释至 500mL 混匀，倒入带玻璃塞的试剂瓶中。

2. 盐酸溶液（$0.1mol \cdot L^{-1}$）的标定

用递减称量法在分析天平上称取在 270～300℃干燥至恒重的基准物质无水碳酸钠 1.0～1.2g 于小烧杯中，加入适量水溶解。然后定量地转入 250mL 容量瓶中，用水稀释至刻度，摇匀。用移液管取碳酸钠溶液 25.00mL，加溴甲酚绿-甲基红指示剂 1～2 滴，用盐酸溶液滴定至溶液由绿色变为暗红色，即为终点。记下所消耗盐酸溶液的体积。平行测定 3 份，计算盐酸溶液的浓度。

五、数据记录及处理

将数据及其处理结果填入表 4-3 中。

表 4-3　HCl 溶液的配制与标定

项目＼次数	1	2	3
$V_{浓HCl}$/mL			
$m_{Na_2CO_3}$/g			
$V_{Na_2CO_3}$/mL			
V_{HCl}/mL			
$c_{HCl}/mol \cdot L^{-1}$			
$\bar{c}_{HCl}/mol \cdot L^{-1}$			
相对偏差/%			

六、注释

1. 检查滴定管旋塞转动是否灵活，是否漏水。

2. 将操作溶液倒入滴定管之前，应将其摇匀，直接倒入滴定管中，不得借用任何别的器皿，以免标准溶液浓度改变或造成污染。

3. 移液管、容量瓶相关溶液体积的写法，如 25.00mL、250.0mL。

4. 体积读数要读至 0.01mL 即小数点后两位，滴定时不要成流水线，近终点时，注意半滴的正确操作。

七、思考题

1. 如何计算称取 Na_2CO_3 的质量范围？称得太多或太少对标定有何影响？

2. 溶解基准物质时加入 20～30mL 水，是用量筒量取还是用移液管移取？为什么？

3. 若基准物质 Na_2CO_3 未干燥，对标定结果有何影响？

技能训练三

氢氧化钠溶液的配制与标定

一、实训目的

1. 掌握 NaOH 标准溶液的配制和标定。

2. 掌握碱式滴定管的使用，掌握酚酞指示剂的滴定终点的判断。

二、实训原理

NaOH 有很强的吸水性和吸收空气中的 CO_2，因而，市售的 NaOH 中常含有 Na_2CO_3。

由于碳酸钠的存在，对指示剂的使用影响较大，应设法除去。除去 Na_2CO_3 最通常的方法是将 NaOH 先配成饱和溶液（约 52%，质量分数），由于 Na_2CO_3 在饱和 NaOH 溶液中几乎不溶解，会慢慢沉淀出来，因此，可用饱和氢氧化钠溶液，配制不含 Na_2CO_3 的 NaOH 溶液。待 Na_2CO_3 沉淀后，可吸取一定量的上清液，稀释至所需浓度即可。此外，用来配制 NaOH 溶液的蒸馏水，也应加热煮沸冷却，除去其中的 CO_2。

标定碱溶液的基准物质很多，常用的有草酸（$H_2C_2O_4 \cdot 2H_2O$）、苯甲酸（C_6H_5COOH）和邻苯二甲酸氢钾（$C_6H_4COOHCOOK$）等。最常用的是邻苯二甲酸氢钾。

计量点时由于弱酸盐的水解，溶液呈弱碱性，应采用酚酞作为指示剂。

三、仪器与试剂

仪器　碱式滴定管，分析天平。

试剂　邻苯二甲酸氢钾（基准试剂），氢氧化钠固体（AR），$10g \cdot L^{-1}$ 酚酞指示剂。

四、实训步骤

1. $0.1mol \cdot L^{-1}$ NaOH 溶液的配制

用小烧杯在托盘天平上称取 120g 固体 NaOH，加 100mL 水，振摇使之溶解成饱和溶液，冷却后注入聚乙烯塑料瓶中，密闭，放置数日，澄清后备用。

准确吸取上述溶液的上层清液 5.6mL 到 1000mL 无 CO_2 的蒸馏水中，摇匀，贴上标签。

2. $0.1mol \cdot L^{-1}$ NaOH 溶液浓度的标定

将基准邻苯二甲酸氢钾（KHP）加入干燥的称量瓶内，于 105～110℃烘至恒重，用减量法准确称取邻苯二甲酸氢钾约0.4～0.6g，置于250mL锥形瓶中，加50mL无CO_2蒸馏水，温热使之溶解，冷却，加酚酞指示剂2～3滴，用欲标定的0.1mol·L^{-1} NaOH溶液滴定，直到溶液呈粉红色，半分钟不褪色。

$$c_{NaOH}=\frac{m_{KHP}\times 1000}{M_{KHP}V_{NaOH}}$$

五、数据记录及处理

将数据及其处理结果填入表4-4中。

表4-4　NaOH溶液的配制与标定

项目＼次数	1	2	3
m_{NaOH}/g			
$V_{浓NaOH}$/mL			
m_{KHP}/g			
V_{NaOH}/mL			
c_{NaOH}/mol·L^{-1}			
$\overline{c}_{NaOH}$/mol·L^{-1}			
相对偏差/%			

六、注释

1. 用差减法称量几份邻苯二甲酸氢钾时，需用的几个锥形瓶要编号，分别记录称取的量。

2. NaOH饱和溶液侵蚀性很强，长期保存最好用聚乙烯塑料化学试剂瓶贮存。在一般情况下，可用玻璃瓶贮存，但必须用橡皮塞。

七、思考题

1. 标定NaOH的基准物质都有哪些，有什么优缺点？

2. 如何计算基准物质KHP的称量范围？称量太多或太少对标定有何影响？

技能训练四

$K_2Cr_2O_7$标准溶液的配制

一、实训目的

掌握直接法配制$K_2Cr_2O_7$标准溶液的原理、方法及相关计算。

二、仪器与试剂

仪器　恒温鼓风干燥箱，容量瓶，电子分析天平。

试剂　$K_2Cr_2O_7$基准试剂。

三、实训步骤

0.008334mol·L^{-1} $K_2Cr_2O_7$标准溶液的配制：用固定质量称量法准确称取0.6129g

基准$K_2Cr_2O_7$（预先在120℃烘干至恒重）置于小烧杯中，加少量水，加热溶解，冷却至室温后定量转入250mL容量瓶中，用水稀释至刻度，摇匀，计算其准确浓度。

$$c_{K_2Cr_2O_7}=\frac{m\times 1000}{MV}$$

四、数据记录及处理

将数据及其处理结果填入表4-5中。

表4-5 $K_2Cr_2O_7$标准溶液的配制

$m_{K_2Cr_2O_7}$/g	
$c_{K_2Cr_2O_7}$/mol·L^{-1}	

五、思考题

1. 什么规格的重铬酸钾能够直接配制重铬酸钾标准溶液？

2. 滴定分析用标准溶液的浓度要保留几位有效数字？

技能训练五

用pH计测定缓冲溶液的pH

一、实训目的

1. 了解电位法测定溶液pH的原理。

2. 学会用pH计测定溶液pH的方法。

二、仪器与试剂

仪器 pHS-29A数显pH计，复合电极，温度计。

试剂 0.10mol·L^{-1} HAc，0.10mol·L^{-1} NaAc，pH＝4.00、pH＝6.86的标准缓冲溶液。

三、实训步骤

1. pH计的准备

（1）放下电极架使托盘与实验台面接触，并用螺丝固定，移动电极夹至电极架的顶端。

（2）取下复合电极的橡胶帽，将其上端夹入电极夹的大孔中，将复合电极连在它的接线柱上。

2. pH计的校正与测定

（1）打开仪器的电源开关（ON）。

（2）把测量选择开关拨向“pH”挡。

（3）校正 把电极用蒸馏水清洗，滤纸吸干，先用pH＝6.86的标准缓冲溶液校正；然后再用pH＝4.00的标准缓冲溶液校正，使仪器所指示的pH分别与标准缓冲溶液的 pH 相同。

（4）测定　取出电极，用蒸馏水清洗，用滤纸吸干。再将电极插入待测溶液中，轻轻晃动烧杯，使电极周围的溶液均匀分布，待指示读数值稳定后，记下溶液的 pH。

四、数据记录及处理

将数据及其处理结果填入表 4-6 中。

表 4-6　缓冲溶液 pH 的测定

项目 \ 次数	1	2	3
0.10mol·L^{-1}HAc	18mL	10mL	2mL
0.10mol·L^{-1}NaAc	2mL	10mL	18mL
缓冲溶液的 pH			

五、注释

1. 玻璃电极的玻璃膜极薄，容易破损，切忌与硬物接触。
2. 电极不要触及杯底，以溶液浸没玻璃泡为限。

六、思考题

1. 玻璃电极应如何清洗？
2. 如何对 pH 计进行校正？

技能训练六

滴定分析基本操作练习

一、实训目的

1. 初步掌握滴定管的使用方法及准确确定终点的方法。
2. 初步掌握酸碱指示剂的选择方法。

二、仪器与试剂

仪器　天平，酸式滴定管，碱式滴定管，锥形瓶，移液管。

试剂　浓盐酸（分析纯），氢氧化钠，甲基橙，酚酞。

三、实训原理

滴定分析是将一种已知准确浓度的标准溶液滴加到待测试样的溶液中，直到化学反应完全为止，然后根据标准溶液的浓度和体积求得待测试样中组分含量的一种方法。

$NaOH + HCl \longrightarrow NaCl + H_2O$　计量点：pH＝7.0；突跃范围：pH 为 4.3～9.7

甲基橙（MO）变色范围：3.1（橙色）～4.4（黄色）；

酚酞（pp）　变色范围：8.0（无色）～9.6（红色）

$c_1V_1 = c_2V_2$

强酸 HCl 强碱 NaOH 溶液的滴定反应，突跃范围的 pH 约为 4.3～9.7，在这一范围中可采用甲基橙（变色范围 pH 3.1～4.4）、酚酞（变色范围 pH 8.0～9.6）等指示剂来指示终点。

四、实训步骤

1. 溶液的配制（粗称）

0.1mol·L^{-1} 的 NaOH 溶液：参考本章技能训练三。

0.1mol·L^{-1} 的 HCl 溶液：参考本章技能训练二。

2. 滴定操作练习

（1）以酚酞作指示剂用 NaOH 溶液滴定 HCl　用移液管准确移取 25mL 0.1 mol·L^{-1} HCl 于锥形瓶中，加 1～2 滴酚酞，用 NaOH 溶液滴定至溶液呈微红色，且半分钟内不褪色即为终点，准确记录 NaOH 溶液的体积，平行测定 3 次。

（2）以甲基橙作指示剂用 HCl 溶液滴定 NaOH　用移液管准确移取 25mL 0.1 mol·L^{-1}NaOH 于锥形瓶中，加 1～2 滴甲基橙指示剂，不断摇动下用 0.1 mol·L^{-1} HCl 进行滴定，溶液由黄色变为橙色即达终点，准确记录消耗的 NaOH 体积，平行测定 3 次。

五、数据记录及处理

将数据及其处理结果填入表 4-7、表 4-8 中。

表 4-7　NaOH 滴定 HCl（酚酞指示剂）

项目＼次数	1	2	3
V_{HCl}/mL			
V_{NaOH}/mL			
c_{NaOH}/ mol·L^{-1}			
$\bar{c}_{NaOH}$/ mol·L^{-1}			
d_r/%			
$\bar{d}_r$/%			

表 4-8　HCl 滴定 NaOH（甲基橙指示剂）

项目＼次数	1	2	3
V_{NaOH}/mL			
V_{HCl}/mL			
c_{HCl}/mol·L^{-1}			
$\bar{c}_{HCl}$/mol·L^{-1}			
d_r/%			
$\bar{d}_r$/%			

六、注释

1. 强调 HCl 和 NaOH 溶液的配制方法——间接法，计算，称量（台秤）或量取（量筒），粗配，贴标签。

2. 加强滴定操作及终点确定的指导。(1) 体积读数要读至小数点后两位。(2) 滴定速度：不要成流水线。(3) 近终点时，半滴操作和洗瓶冲洗。(4) 每次滴定最后从零开始。

3. 强调实验报告的书写（分析数据和结果的处理-有效数字-单位-计算式-偏差）。

七、思考题

1. 配制 NaOH 溶液时，应选用何种天平称取试剂？为什么？

2. HCl 和 NaOH 溶液能直接配制准确浓度吗？为什么？

3. 在滴定分析实验中，滴定管、移液管为何需要用滴定剂和要移取的溶液润洗几次？滴定中使用的锥形瓶是否也要用滴定剂润洗？为什么？

综合实训

粗盐的提纯

一、实训目的

1. 掌握溶解、过滤、蒸发等实验的操作技能。

2. 理解过滤法分离混合物的化学原理。

3. 体会过滤的原理在生活生产等社会实际中的应用。

二、实训原理

粗盐中含有泥沙等不溶性杂质，以及可溶性杂质如 Ca^{2+}、Mg^{2+}、SO_4^{2-} 等。不溶性杂质可以用溶解、过滤的方法除去，然后蒸发水分得到较纯净的精盐。

三、仪器与试剂

仪器　天平，量筒，漏斗，铁架台（带铁圈），蒸发皿，酒精灯，坩埚钳。

试剂　粗盐。

四、实训步骤

1. 溶解

用天平称取 5g 粗盐（精确到 0.1g），用量筒量取 10mL 水倒入烧杯里。用钥匙取一匙粗盐加入水中，观察发生的现象。用玻璃棒搅拌，并观察发生的现象（玻璃棒的搅拌对粗盐的溶解起什么作用?），接着再加入粗盐，边加边用玻璃棒搅拌，一直加到粗盐不再溶解时为止。观察溶液是否浑浊。在天平上称量剩下的粗盐，计算在 10mL 水中大约溶解了多少克粗盐。

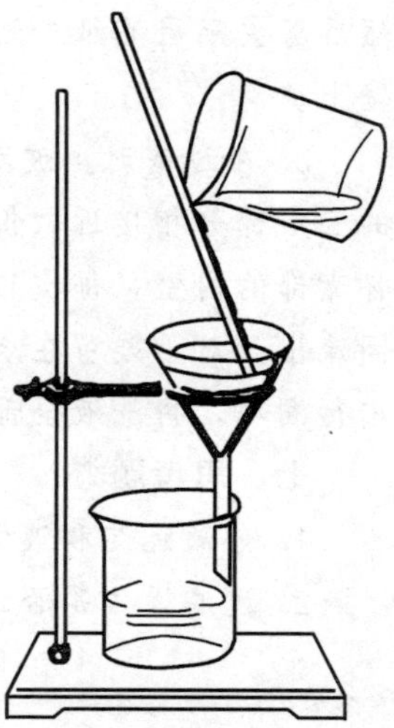

图 4-14　过滤操作

2. 过滤

过滤操作见图 4-14。仔细观察滤纸上的剩余物及滤液的颜色。滤液仍浑浊时，应该再过滤一次。如果经两次过滤滤液仍浑浊，则应检查实验装置并分析原因，例如，滤纸破损、过滤时漏斗里的液面高于滤纸边缘、仪器不干净等。找出原因后，要重新操作。

3. 蒸发

把得到的澄清滤液倒入蒸发皿，把蒸发皿放在铁架台的铁圈上，用酒精灯加热，同时用玻璃棒不断搅拌滤液，等到蒸发皿中出现较多量固体时，停止加热。利用蒸发皿的余热使滤液蒸干。

4. 计算产率

用玻璃棒把固体转移到纸上，干燥，称量。比较提纯前后食盐的状态并计算产率。

五、数据记录及处理

将数据及其处理结果填入表 4-9 中。

表 4-9 粗盐的提纯

$m_{粗盐}$/g	
$m_{精盐}$/g	
产率/%	

六、注释

1. 漏斗的大小主要取决于要过滤的沉淀的量或析出固体的量，而不是看液体的体积。过滤操作大多用定性滤纸。选好的滤纸按要求折叠，放入漏斗中，纸的边缘比漏斗边缘低 5mm 左右为宜。

2. 将选好的滤纸对折两次，第二次对折要与第一次对折的折缝不完全重合。当这样的滤纸放入漏斗（顶角 60°）中，其尖角与漏斗壁间有一定的间隙，但其上部却能完好贴在漏斗壁上。对折时，不要把滤纸顶角的折缝压得过扁，以免削弱尖端的强度。然后剪去三层滤纸那边的两层的小角，以便在湿润后，滤纸的上部能紧密地贴在漏斗壁上。

3. 在过滤时，玻璃棒与盛有过滤液的烧杯嘴部相对着。玻璃棒末端和漏斗中滤纸的三层部分相接近，但不能触及滤纸。要保持垂直。漏斗的颈部尖端紧靠接收滤液烧杯嘴部的内壁。每次转移的液体不可超过滤纸高度的 2/3，防止滤液不通过滤纸而由壁间流出。对于残留在烧杯里的液体和固体物质应该用溶剂或蒸馏水按少量多次的原则进行润冲，将洗液全部转移到漏斗中进行过滤。

七、思考题

1. 分离沉淀和液体是否必须用过滤操作？

2. 过滤操作是否还有其他方式？

第 5 章

酸碱滴定技术

章节导入

酸碱滴定法在工农业生产中有广泛的应用，在医药卫生等方面也有非常重要的意义。很多药品是弱的有机酸或有机碱，可以用酸碱滴定法来检测其有效成分的含量。如小苏打药片是一种抗酸类非处方药，一般用来治疗胃酸过多或胃灼热症状，它的主要成分是碳酸氢钠（$NaHCO_3$）。《中华人民共和国药典》（以下简称《中国药典》）明确指出其测定方法是以标准盐酸溶液为滴定剂的酸碱滴定法。本章将系统介绍四大滴定法之一的酸碱滴定法。

素质目标

通过《中国药典》的精准测定方法和企业实际分析案例的学习，了解药品行业规范，掌握标准化操作流程，培养精益求精、一丝不苟的职业习惯。

5.1 酸碱质子理论

最初，人们对酸碱的认识只单纯地限于从物质所表现出来的性质上来区分酸和碱。随着生产和科学技术的进步，人们的认识不断深化，提出了多种酸碱理论。其中比较重要的有解离理论、溶剂理论、质子理论、电子理论以及软硬酸碱概念等。本节主要介绍水的解离与溶液的 pH、酸碱质子理论及基于此理论提出的缓冲溶液概念。

5.1.1 酸碱质子的概念

酸碱解离理论是阿伦尼乌斯(Arrhenius)根据他的解离学说提出来的。他认为在水中能解离出氢离子并且不产生其他阳离子的物质叫酸；在水中能解离出氢氧根离子并且不产生其他阴离子的物质叫碱。酸碱中和反应的实质是氢离子和氢氧根离子结合成水。这个理论取得了很大成功，但它的局限性也早就暴露出来，不能解释一些非水溶液中进行的酸碱反应等问题。例如，气态氨与氯化氢反应迅速生成氯化铵，这个酸碱中和反应并没有水的生成。

酸碱理论

1923 年，Brönsted（布朗斯特）提出酸碱质子理论，把酸碱概念加以推广。酸碱质子理论认为凡是能给出质子的物质都是酸，凡是能与质子结合的物质都是碱。酸给出质子后转化为它的共轭碱，碱接受质子后转化为它的共轭酸。例如：

$$\text{HA(酸)} \rightleftharpoons H^+ + A^-\text{(碱)}$$

上述反应中 HA 的共轭碱是 A^-，A^- 的共轭酸是 HA。HA/A^- 称为共轭酸碱对，共轭酸碱彼此只相差一个质子。该反应称为酸碱半反应。根据布朗斯特酸碱理论，酸碱可以是中性分子、阳离子、阴离子；酸或碱又是相对的，与自身和所处环境有关。例如：

$$HAc \rightleftharpoons H^+ + Ac^-$$
$$NH_4^+ \rightleftharpoons H^+ + NH_3$$
$$H_3PO_4 \rightleftharpoons H^+ + H_2PO_4^-$$
$$H_2PO_4^- \rightleftharpoons H^+ + HPO_4^{2-}$$
$$^+H_3N-R-NH_3^+ \rightleftharpoons H^+ + {}^+H_3N-R-NH_2$$
$$[Al(H_2O)_6]^{3+} \rightleftharpoons H^+ + [Al(H_2O)_5(OH)]^{2+}$$

从以上例子可以看出，酸和碱可以是中性分子，也可以是阳离子和阴离子。还可以看出，酸碱是相对的，像 $H_2PO_4^-$ 这样的物质，既表现为酸，也表现为碱，所以它是两性物质。同理，H_2O 也是两性物质。

5.1.2 酸碱反应的实质

在水溶液中，因 H^+ 的半径很小，不能以游离状态存在，而以水合离子 H_3O^+ 形式存在，它的转移是以 H_2O 为媒介的。酸碱平衡不是简单的解离平衡，而是两对共轭酸碱对之间的质子转移反应，因此，酸碱反应由两个酸碱半反应组成，即酸碱半反应是不能单独存在的。例如，HX 在水溶液中的解离：

$$\underset{\text{酸}_1}{HX} + \underset{\text{碱}_2}{H_2O} \rightleftharpoons \underset{\text{酸}_2}{H_3O^+} + \underset{\text{碱}_1}{X^-}$$

为了书写方便，通常把 H_3O^+ 简写成 H^+，上述反应式就简化为：

$$HX \rightleftharpoons H^+ + X^-$$

另以 HCl 与 NH_3 的反应为例：

$$HCl + H_2O \rightleftharpoons H_3O^+ + Cl^-$$
$$NH_3 + H_3O^+ \rightleftharpoons H_2O + NH_4^+$$

$$\underset{\text{酸}_1}{HCl} + \underset{\text{碱}_2}{NH_3} \rightleftharpoons \underset{\text{酸}_2}{NH_4^+} + \underset{\text{碱}_1}{Cl^-}$$

在上述反应中，水分子既接受质子，又提供质子，因此水是两性物质。

其实，酸碱质子理论中的酸碱反应是酸碱之间的质子传递。

$$\underset{酸_1}{HCl}+\underset{碱_2}{NH_3} \xrightleftharpoons{H^+} \underset{酸_2}{NH_4^+}+\underset{碱_1}{Cl^-}$$

如盐的水解反应也是质子转移反应：

$$Ac^- + H_2O \rightleftharpoons HAc + OH^-$$

$$NH_4^+ + H_2O \rightleftharpoons NH_3 + H_3O^+$$

5.2　溶液的酸碱平衡及 pH 计算

5.2.1　水的解离平衡与离子积常数

同种溶剂分子间的质子转移作用称为质子自递反应。H_2O 作为两性物质存在着质子自递反应：

$$\underset{酸_1}{H_2O}+\underset{碱_2}{H_2O} \rightleftharpoons \underset{酸_2}{H_3O^+}+\underset{碱_1}{OH^-}$$

参与该反应的两个共轭酸碱对是：H_3O^+ 与 H_2O 和 H_2O 与 OH^-。其中，一个 H_2O 是酸，另一个 H_2O 是碱。

这一反应可简化为：

$$H_2O \rightleftharpoons H^+ + OH^-$$

该反应的平衡常数称为水的质子自递常数 K_w，也称为水的离子积常数，为平衡时酸的浓度和碱的浓度的乘积，即：

$$K_w=[H^+][OH^-]=1.0\times10^{-14}(25℃)$$

本书以 c 表示物质的分析浓度，以 [　] 表示物质的平衡浓度。

虽然，在不同温度下，水的离子积常数略有变化，但因滴定分析常在室温下进行，故通常认为水的离子积常数为 1.0×10^{-14}。不同温度时水的 K_w 值见表 5-1。

表 5-1　不同温度时水的 K_w

温度/K	273	283	298	323	373
K_w	1.14×10^{-15}	2.92×10^{-15}	1.01×10^{-14}	5.47×10^{-14}	5.50×10^{-13}

5.2.2　弱酸、弱碱的解离平衡

酸碱反应进行的程度可以用平衡常数的大小来衡量。例如弱酸、弱碱在水溶液中的解离反应并不能单独存在，即酸只能与能接受质子的碱共存时才能给出质子，碱只能与能提供质子的酸共存时才能接受质子。

酸的解离

例如，酸的解离：

$$HA+H_2O \rightleftharpoons H_3O^+ + A^-$$

该反应的平衡常数称为酸 HA 的解离常数，用 K_a 表示：

$$K_a=\frac{[H^+][A^-]}{[HA]} \tag{5-1}$$

又如碱的解离：

$$A^- + H_2O \rightleftharpoons OH^- + HA$$

该反应的平衡常数称为碱 A^- 的解离常数，用 K_b 表示：

$$K_b=\frac{[OH^-][HA]}{[A^-]} \tag{5-2}$$

碱的解离

由式(5-1)、式(5-2)可知，对于共轭酸碱对 HA 与 A^-，其 K_a 与 K_b 之间的关系为：

$$K_aK_b=\frac{[H^+][A^-]}{[HA]}\cdot\frac{[OH^-][HA]}{[A^-]}=[H^+][OH^-]=K_w \tag{5-3}$$

$$pK_a+pK_b=pK_w=14.00 \tag{5-4}$$

酸碱解离常数 K_a、K_b 还是酸碱强度的一种量度。其实，酸碱的强度是相对的，与其本身和溶剂的性质有关，即取决于酸(碱)给出(接受)质子的能力与溶剂分子接受(给出)质子能力的相对大小。在水溶液中，酸的强度取决于它给予水分子质子能力的强弱，酸性越强，其共轭碱的碱性越弱；碱的强度取决于它夺取水分子中质子能力的强弱，碱性越强，其共轭酸的酸性越弱。若用它们在水溶液中的解离常数 K_a 与 K_b 的大小来衡量，$K_a(K_b)$的值越大，表明酸(碱)与水之间的质子转移反应进行得越完全，即该酸(碱)的酸(碱)性越强。

酸碱质子理论认为，酸碱在溶液中所表现出来的强度，不仅与酸碱的本性有关，也与溶剂的本性有关。所能测定的是酸碱在一定溶剂中表现出来的相对强度，如表 5-2 中的酸碱强度均是相对以水溶液而言的，凡强度超过 H_3O^+ 的酸，均认为是强酸或超强酸，强度超过 OH^- 的碱，均认为是强碱或超强碱。

同一种酸或碱，如果溶于不同的溶剂，它们所表现的相对强度就不同。例如，HAc 在水中表现为弱酸，但在液氨中表现为强酸，这是因为液氨夺取质子的能力（即碱性）比水要强得多。另一个例子是硝酸，人们一般认为它是一强酸，然而在不同条件下，它可以表现为碱。如在纯硫酸中，在这里 HNO_3 是一个碱，它的共轭酸是 $H_2NO_3^+$，硝酸发生如下反应：

$$HNO_3 + H_2SO_4 \rightleftharpoons HSO_4^- + H_2NO_3^+$$

因此，同一物质在不同的环境（介质或溶液）中，常会引起其酸碱性的改变，这种现象进一步说明了酸碱强度的相对性。

多元酸（碱）在水溶液中是逐级解离的，例如 H_3PO_4 能形成三个共轭酸碱对：

$$H_3PO_4 \underset{K_{b_3}}{\overset{K_{a_1}}{\rightleftharpoons}} H_2PO_4^- \underset{K_{b_2}}{\overset{K_{a_2}}{\rightleftharpoons}} HPO_4^{2-} \underset{K_{b_1}}{\overset{K_{a_3}}{\rightleftharpoons}} PO_4^{3-}$$

表 5-2　共轭酸碱的强度次序

酸强度	共轭酸	K_a	共轭碱	K_b	碱强度
	$HClO_4$		ClO_4^-		
	H_2SO_4		HSO_4^-		
	HI		I^-		
	HBr		Br^-		
	HCl		Cl^-		
	HNO_3		NO_3^-		
↓	H_3O^+	1	H_2O	1.0×10^{-14}	↓
	$H_2C_2O_4$	5.4×10^{-2}	$HC_2O_4^-$	1.9×10^{-13}	
逐渐减弱	H_2SO_3	1.3×10^{-2}	HSO_3^-	7.7×10^{-13}	逐渐增强
	HSO_4^-	1.0×10^{-2}	SO_4^{2-}	1.0×10^{-12}	
	H_3PO_4	7.1×10^{-3}	$H_2PO_4^-$	1.4×10^{-12}	
	HNO_2	7.2×10^{-4}	NO_2^-	1.4×10^{-11}	
	HF	6.6×10^{-4}	F^-	1.5×10^{-11}	
	HCOOH	1.77×10^{-4}	$HCOO^-$	5.65×10^{-11}	
	$HC_2O_4^-$	5.4×10^{-5}	$C_2O_4^{2-}$	1.9×10^{-10}	
	CH_3COOH	1.75×10^{-5}	CH_3COO^-	5.71×10^{-10}	
	H_2CO_3	4.4×10^{-7}	HCO_3^-	2.3×10^{-8}	
	H_2S	9.5×10^{-8}	HS^-	1.1×10^{-7}	
	HCN	6.2×10^{-10}	CN^-	1.6×10^{-5}	
	$[Ca(H_2O)_6]^{2+}$	2.69×10^{-12}	$[Ca(H_2O)_5OH]^+$	3.72×10^{-3}	
	H_2O_2	2.2×10^{-12}	HO_2^-	4.5×10^{-3}	
	HS^-	1.3×10^{-14}	S^{2-}	7.7×10^{-1}	
	H_2O	1.0×10^{-14}	OH^-	1	

对于每一共轭酸碱对均存在式（5-5）中所述关系：

$$K_{a_1}K_{b_3}=K_{a_2}K_{b_2}=K_{a_3}K_{b_1}=K_w \tag{5-5}$$

【例 5-1】 已知 H_2CO_3 的第一级解离常数和第二级解离常数分别为：$K_{a_1}=4.2\times10^{-7}$，$K_{a_2}=5.6\times10^{-11}$，试问$CO_3^{2-}$是 H_2CO_3 的共轭碱吗？并计算CO_3^{2-}的第一级和第二级解离常数 K_{b_1} 和 K_{b_2}。

解　H_2CO_3 的共轭碱是HCO_3^-，而不是CO_3^{2-}

$$K_{b_1}=\frac{K_w}{K_{a_2}}=\frac{1.0\times10^{-14}}{5.6\times10^{-11}}=1.8\times10^{-4}$$

$$K_{b_2}=\frac{K_w}{K_{a_1}}=\frac{1.0\times10^{-14}}{4.2\times10^{-7}}=2.4\times10^{-8}$$

5.2.3　溶液 pH 的计算

水溶液的酸碱性和 H^+、OH^- 浓度的关系归纳如下：在酸性溶液中，$[H^+]>10^{-7}mol\cdot L^{-1}>[OH^-]$；在中性溶液中，$[H^+]=10^{-7}mol\cdot L^{-1}=[OH^-]$；在碱性溶液中，$[H^+]<$

$10^{-7}mol \cdot L^{-1} <$ [OH^-]。由此可见，溶液的酸碱性由 [H^+] 和 [OH^-] 的相对大小决定。

为了方便起见，1909 年索伦森提出用 pH 表示溶液的酸碱性。所谓 pH，是溶液中 [H^+] 的负对数：

$$pH = -\lg[H^+]$$

可见，pH 越小，溶液的酸性越强；反之，pH 越大，溶液的碱性越强。溶液的酸碱性与 pH 的关系为：酸性溶液的 pH<7，[H^+] $>10^{-7}mol \cdot L^{-1}$；中性溶液的 pH=7，[H^+] $=10^{-7}mol \cdot L^{-1}$；碱性溶液的 pH>7，[H^+] $<10^{-7}mol \cdot L^{-1}$。

同样，也可以用 pOH 表示溶液的酸碱度。定义为：

$$pOH = -\lg[OH^-]$$

因此则有：

$$pH + pOH = pK_w = 14.00(25℃)$$

【例 5-2】 计算 $0.05mol \cdot L^{-1}$ HCl 溶液的 pH 和 pOH。

解 盐酸为强酸，在溶液中全部解离：$HCl \longrightarrow H^+ + OH^-$

$$[H^+] = 0.05mol \cdot L^{-1}$$

$$pH = -\lg[H^+] = -\lg 0.05 = 1.3$$

$$pOH = pK_w - pH = 14 - 1.3 = 12.7$$

（1）一元强酸（碱）溶液 pH 的计算

以浓度为 $c(mol \cdot L^{-1})$ 的 HCl 溶液为例进行讨论。溶液中的 H^+ 来源于 HCl 和水的解离，由于 HCl 完全解离，即$[H^+] = [Cl^-] + [OH^-] = c + \dfrac{K_w}{[H^+]}$，解得：

$$[H^+] = \frac{c + \sqrt{c^2 + 4K_w}}{2} \tag{5-6}$$

式（5-6）称为精确式。通常，只要强酸的浓度不是很低，$c \geqslant 10^{-6}mol \cdot L^{-1}$，就可以忽略水的解离，从而得到最简式：

$$pH = -\lg[H^+] \tag{5-7}$$

【例 5-3】 求 $0.010mol \cdot L^{-1}$ HCl 溶液的 pH。

解 $c(0.050mol \cdot L^{-1}) > 10^{-6}mol \cdot L^{-1}$，故采用式（5-7）计算：

$$pH = -\lg[H^+]$$

$$[H^+] = 0.010mol \cdot L^{-1} \qquad pH = 2.00$$

（2）一元弱酸（碱）溶液 pH 的计算

在忽略水解离的同时，若弱酸的解离度小于 5%，则解离对其分析浓度影响较小，即可忽略因解离对弱酸浓度的影响，于是 [HA]$\approx c$，可进一步简化为：

$$[H^+] = \sqrt{cK_a} \tag{5-8}$$

此式称为最简式，最简式的条件为：$cK_a > 20K_w$，$c/K_a > 400$。

【例 5-4】 计算 $0.10mol \cdot L^{-1}$ HAc 溶液的 pH，已知 $pK_a = 4.76$。

解 因为 $cK_a = 0.10 \times 10^{-4.76} > 20K_w$，$c/K_a = 0.10/10^{-4.76} > 400$，故根据式(5-8) 计

算，则：

$$[H^+]=\sqrt{cK_a}=\sqrt{0.10\times10^{-4.76}}=10^{-2.88}(mol\cdot L^{-1})$$

$$pH=2.88$$

5.2.4 酸碱缓冲溶液

缓冲溶液的原理

酸碱缓冲溶液在一定的程度和范围内可以稳定溶液的酸碱度，减小和消除因加入少量强酸碱或适度稀释对溶液 pH 的影响。因此在化学工业、分析化学、农业、生物化学和临床医学等许多领域中都有着十分重要的意义和应用。

酸碱缓冲溶液通常是由浓度较大的弱酸及其共轭碱组成，如 HAc-Ac^-，这种类型的缓冲溶液不仅具有抗外加强酸碱作用，而且具有抗稀释作用。另外，高浓度的强酸（pH＜2）和高浓度的强碱（pH＞12）也是缓冲溶液，但它们只能抵御少量强酸碱的加入，并不能抵御稀释作用。

（1）同离子效应与盐效应

① 同离子效应　由于加入具有相同离子的强电解质，使弱电解质解离度减小或使难溶盐溶解度降低的效应，叫同离子效应。

例如，在弱电解质 HAc 溶液中，加入强电解质 NaAc，由于 NaAc 全部解离成 Na^+(aq) 和 Ac^-(aq)，使溶液中 Ac^-(aq) 浓度增加，大量的 Ac^- 同 H^+ 结合成乙酸分子，使溶液中 $[H^+]$ 减小，HAc 的解离平衡向左移动，从而降低了 HAc 的解离度：

$$HAc(aq) \rightleftharpoons H^+(aq)+Ac^-(aq)$$

$$NaAc(aq) \longrightarrow Na^+(aq)+Ac^-(aq)$$

同样，在弱碱溶液中加入弱碱盐，例如在 $NH_3\cdot H_2O$ 中加入 NH_4Cl，在 $NaHCO_3$ 中加入 $(NH_4)_2CO_3$ 都会产生同离子效应。

② 盐效应　加入不具有相同离子的易溶强电解质使弱电解质解离度或难溶电解质溶解度增大的现象，叫盐效应。现以 HAc 溶液中加入 KNO_3 溶液为例，来说明盐效应对弱电解质解离度或难溶电解质溶解度的影响。

在已达平衡的 HAc 溶液中加入不具有相同离子的 KNO_3 溶液，KNO_3 就完全解离为 K^+ 和 NO_3^-，结果使溶液中的离子总数目骤增。由于正、负电荷的离子之间的相互吸引，H^+ 和 Ac^- 的活动性有所降低，运动变得困难。促使下列平衡：

$$HAc \rightleftharpoons H^+ + Ac^-$$

向右移动，从而增加了 HAc 的解离度，直至达到新的平衡为止。

（2）缓冲溶液的有关计算

一般水溶液，常易受外界加酸、加碱或稀释而改变其原有 pH。但也有一类溶液的 pH 并不因此而有什么明显变化。溶液的这种能抵制外加少量强酸或强碱，使溶液 pH 几乎不变的作用，称为缓冲作用。具有缓冲作用的溶液称为缓冲溶液。

① 缓冲作用的原理　缓冲溶液的缓冲作用就在于溶液中有大量的未解离的弱酸（或弱

碱）分子及其相应盐离子。这种溶液中的弱酸或弱碱好比 H^+ 或 OH^- 的仓库，当外界因素引起 $[H^+]$ 或 $[OH^-]$ 降低时，弱酸或弱碱就解离出 H^+ 或 OH^-；当外界因素引起 $[H^+]$ 或 $[OH^-]$ 增加时，大量存在的弱酸盐或弱碱盐的离子便会“吃掉”增加的 H^+ 或 OH^-，从而维持溶液中 $[H^+]$ 或 $[OH^-]$ 基本不变。

例如，在 HAc-NaAc 构成的缓冲溶液中，由于 NaAc 完全解离，溶液中的 Ac^- 浓度较高；由于同离子效应，HAc 的解离度降低，以至于 HAc 浓度接近未解离时的浓度。因此，弱酸分子与弱酸根离子浓度都较高，这是 HAc-NaAc 这类缓冲溶液的特点。同样在 $NH_3 \cdot H_2O$-NH_4Cl 缓冲溶液中，也存在着较高浓度的氨与铵离子。

② 缓冲溶液的组成　根据缓冲原理，可以看出组成缓冲溶液的实质是共轭酸碱对，酸具有抵抗外来碱的作用，所以称为抗碱组分；其共轭碱具有抵抗外来酸的作用，所以称为抗酸组分。例如，组成 HAc-NaAc 缓冲溶液的缓冲对是 HAc-Ac^-；组成 H_2CO_3-$NaHCO_3$ 缓冲溶液的缓冲对是 H_2CO_3-HCO_3^-；组成 $NH_3 \cdot H_2O$-NH_4Cl 缓冲溶液的缓冲对是 NH_4^+-NH_3。

③ 缓冲溶液计算　若 c_{HA}、c_{A^-} 远较溶液中的 $[H^+]$ 和 $[OH^-]$ 大（均大于 20 倍或以上时），则不但可以忽略水的解离，还可以忽略因共轭酸碱的解离对其浓度的影响，从而得到最简式，即：

$$[H^+]=\frac{c_{HA}}{c_{A^-}}K_a$$

$$pH=pK_a+\lg\frac{c_{A^-}}{c_{HA}} \tag{5-9}$$

式(5-9) 为计算缓冲溶液的 pH 的最简式，它说明缓冲溶液的 pH 与 pK_a 及 c(酸)/c(碱) 比值有关，而与缓冲溶液的总体积无关，所以，稀释时缓冲溶液也能保持 pH 基本不变。每种缓冲溶液都有一定的缓冲能力。缓冲能力的大小取决于 c(酸)、c(碱) 浓度及其比值的大小。当 c(酸)、c(碱) 浓度较大，且 c(酸)/c(碱) 比值接近于 1 时，缓冲能力较大；当 c(酸)/c(碱) 比值等于 1 时，缓冲能力最大，此时 $pH=pK_a$。当 c(酸)/c(碱) 比值较大（或较小）时，溶液的缓冲能力较低，一般缓冲溶液的 c(酸)/c(碱) 比值在 0.1～10。因此缓冲溶液的缓冲范围为：

$$pH=pK_a\pm1$$

为了使缓冲溶液的缓冲能力比较显著，在选择和配制一定 pH 的缓冲溶液时，只要选择 pK_a 与需要的 pH 相近的共轭酸碱对，然后通过调节共轭酸碱对的浓度比在 0.1～10 来达到要求。

【例 5-5】 在 1.0L 浓度为 $0.10mol \cdot L^{-1}$ 的氨水溶液中加入 0.050mol 的 $(NH_4)_2SO_4$ 固体。①问该溶液的 pH 为多少？②将该溶液平均分成两份，在每份溶液中各加入 1.0mL $1.0mol \cdot L^{-1}$ 的 HCl 和 NaOH 溶液，问 pH 各为多少（已知 $NH_3 \cdot H_2O$ 的 $K_b=1.8\times10^{-5}$）？

解　① 设加入 0.050mol 的 $(NH_4)_2SO_4$ 固体后溶液的体积不变，则：

$$c_{NH_3}=0.10mol \cdot L^{-1}, c_{(NH_4)_2SO_4}=0.050mol \cdot L^{-1}$$

因为组成该缓冲溶液的共轭酸碱对是 NH_4^+-NH_3。

$$c_{NH_4^+}=0.050\times2=0.10(mol\cdot L^{-1}),c_{NH_3}=0.10mol\cdot L^{-1}$$

已知 $NH_3\cdot H_2O$ 的 $K_b=1.8\times10^{-5}$，计算 NH_4^+ 的 K_a 值，得：

$$K_a=\frac{1.0\times10^{-14}}{1.8\times10^{-5}}=5.56\times10^{-10}$$

由式（5-9）得：

$$pH=pK_a+\lg\frac{c_{A^-}}{c_{HA}}$$

$$=-\lg(5.56\times10^{-10})-\lg\frac{0.10}{0.10}=10-\lg5.56=9.25$$

② 加入 HCl 后，发生反应 $NH_3+H^+ = NH_4^+$，使 NH_4^+ 浓度增加而 NH_3 浓度降低，即：

$$c_{NH_4^+}=(0.50\times0.10+0.001\times1.0)/0.501=0.102(mol\cdot L^{-1})$$

$$c_{NH_3}=(0.50\times0.10-0.001\times1.0)/0.501=0.098(mol\cdot L^{-1})$$

$$pH=pK_a+\lg\frac{c_{NH_3}}{c_{NH_4^+}}$$

$$=-\lg(5.56\times10^{-10})-\lg\frac{0.102}{0.098}=10-\lg5.56-\lg1.04=9.24$$

加入 NaOH 后，发生反应 $NH_4^+ + OH^- = NH_3\cdot H_2O$，使 NH_4^+ 浓度降低而 NH_3 浓度增加，即：

$$c_{NH_4^+}=(0.50\times0.10-0.001\times1.0)/0.501=0.098(mol\cdot L^{-1})$$

$$c_{NH_3}=(0.50\times0.10+0.001\times1.0)/0.501=0.102(mol\cdot L^{-1})$$

$$pH=pK_a+\lg\frac{c_{A^-}}{c_{HA}}$$

$$=-\lg(5.56\times10^{-10})-\lg\frac{0.098}{0.102}=10-\lg5.56+\lg1.04=9.27$$

④ 缓冲溶液的选择与配制　通常，所选择缓冲溶液的酸组分的 pK_a 等于或接近于所需控制的 pH，或者使要求控制的 pH 落在缓冲溶液的有效缓冲范围内；缓冲溶液还应具有一定的总浓度（$0.01\sim1mol\cdot L^{-1}$）；缓冲溶液各组分对分析反应不发生干扰。

由一对共轭酸碱组成的缓冲溶液，其有效缓冲范围都比较窄（$pH=pK_a\pm1$）。为了使同一缓冲溶液能适用较广泛的 pH 范围，可以采用多元弱酸和弱碱组成的缓冲体系。例如，将柠檬酸（$pK_{a_1}=3.13$，$pK_{a_2}=4.76$，$pK_{a_3}=6.40$）和磷酸氢二钠（H_3PO_4 的 $pK_{a_1}=2.12$，$pK_{a_2}=7.20$，$pK_{a_3}=12.36$）两种溶液按不同的比例混合，可以得到 pH＝2～8 的一系列缓冲溶液。此外，还可以选用一定浓度的多种弱酸（弱碱）组分，与一定浓度的 NaOH(HCl) 溶液按不同比例混合，配制成具有广泛 pH 范围的一系列缓冲溶液。缓冲溶液的配制方法均可在有关手册中查到。

【例 5-6】 欲配制 NH_3 的浓度为 $0.10mol\cdot L^{-1}$，pH＝9.8 的缓冲溶液 1.0L，需 $6.0mol\cdot L^{-1}$ 氨水多少毫升和固体氯化铵多少克？已知氯化铵的摩尔质量为 $53.5g\cdot mol^{-1}$。

解　已知 $NH_3\cdot H_2O$ 的 $K_b=1.8\times10^{-5}$，那么 NH_4^+ 的 $K_a=\frac{1.0\times10^{-14}}{1.8\times10^{-5}}=5.56\times10^{-10}$

将已知数据代入 $pH=pK_a+\lg\dfrac{c_{A^-}}{c_{HA}}$，得：

$$9.8=-\lg(5.56\times10^{-10})-\lg\frac{c_{NH_4^+}}{0.10}=9-\lg5.56-\lg c_{NH_4^+}$$

求得 $c_{NH_4^+}=0.0285mol\cdot L^{-1}$

所以，加入 NH_4Cl 的量：$0.0285\times1.0\times53.5=1.52(g)$

氨水用量：$1000\times\dfrac{0.10}{6.0}=17(mL)$

5.3 酸碱滴定法

5.3.1 酸碱指示剂

(1) 酸碱指示剂概述

酸碱指示剂一般是某些有机弱酸或弱碱，由于酸碱指示剂的酸型和碱型具有明显不同的颜色，当溶液的 pH 发生改变时，因酸型和碱型互相转化导致指示剂结构的变化，从而引起颜色的变化。例如甲基橙（methyl orange，MO），是一种有机弱碱。

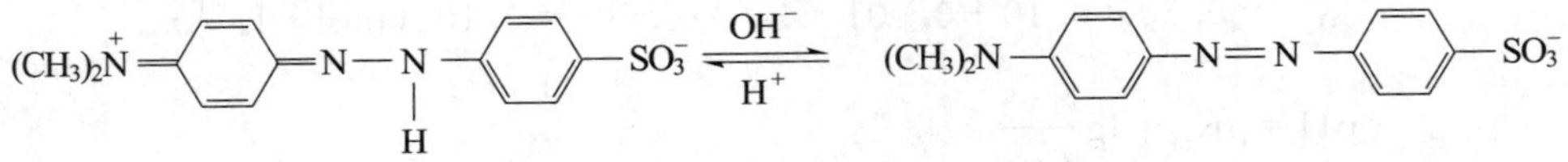

酸型，红色(醌式) pK_a=3.4　　　　碱型，黄色(偶氮式)

与甲基橙相似，酸型、碱型具有不同颜色的指示剂称为双色指示剂。

又如酚酞是有机弱酸，在酸性溶液中，酚酞以无色型体存在。当溶液呈碱性时，因酚酞转化为醌式结构而显红色。在酸式或碱式型体中仅有一种型体具有颜色的指示剂，称为单色指示剂。

指示剂的酸型 HIn（甲色）和碱型 In^-（乙色）在溶液中存在如下解离平衡：

$$HIn \rightleftharpoons H^++In^-$$

$$\frac{[In^-]}{[HIn]}=\frac{K_{HIn}}{[H^+]}$$

当 $[In^-]=[HIn]$ 时，$pH=pK_{HIn}$ 称为理论变色点。一般而言，当 $\dfrac{[In^-]}{[HIn]}\leqslant\dfrac{1}{10}$ 时，只能观察出酸式颜色；当 $\dfrac{[In^-]}{[HIn]}\geqslant\dfrac{1}{10}$ 时，只能观察出碱式颜色，故其变色的 pH 范围为 $pH=pK_{HIn}\pm1$，应该指出，指示剂的实际变色范围只有 1.6～1.8 个 pH 单位，并且由于人眼对颜色的敏感程度不同，其理论变色点也不是变色范围的中点。它更靠近于人较敏感的颜色的一端。指示剂的实际变色范围是由人目测确定的，与理论值 $pK_a\pm1$ 并不完全一致，具体数据见表5-3。例如，甲基橙的 pK_a＝3.4，理论变色范围应为 pH＝2.4～4.4，但实际测量值却是 pH＝3.1～4.4。这是由于人眼对红色较对黄色更敏感的缘故。指示剂的变色范围越窄越好，这样当溶液的 pH 稍有变化时，就能引起指示剂的颜色突变，测定的准确度越高。

表 5-3　指示剂的 pH 理论范围与实际范围对比

指示剂	pK_{HIn}	理论范围	实际范围
甲基橙	3.4	2.4～4.4	3.1～4.4
甲基红	5.2	4.1～6.1	4.4～6.2
酚酞	9.1	8.1～10.1	8.0～10.0
百里酚酞	10.0	9.0～11.0	9.4～10

指示剂的变色范围越窄，指示变色越敏锐，因为 pH 稍有改变，指示剂就可立即由一种颜色变成另一种颜色，即指示剂变色敏锐，有利于提高测定结果的准确度。实际与理论的变色范围有差别，深色比浅色灵敏。常用酸碱指示剂的 pK_{HIn}、pH 变色范围、颜色变化以及配制方法见表5-4。

指示剂的配制方法

表 5-4　常用酸碱指示剂

指示剂	pK_{HIn}	pH 变色范围	颜色变化 pH	配制方法
甲基橙(MO)	3.4	3.1～4.4	红色～黄色	0.05%水溶液
甲基红(MR)	5.2	4.4～6.2	红色～黄色	0.1%的60%乙醇溶液(或指示剂盐的水溶液)
溴酚蓝	4.1	3.0～4.6	黄色～紫色	0.1%的20%乙醇溶液(或指示剂盐的水溶液)
溴甲酚绿	5.0	4.0～5.6	黄色～蓝色	0.1%的20%乙醇溶液(或指示剂盐的水溶液)
溴百里酚蓝	7.3	6.2～7.6	黄色～蓝色	0.1%的20%乙醇溶液(或指示剂盐的水溶液)
中性红	7.4	6.8～8.0	红色～橙黄色	0.1%的60%乙醇溶液
酚酞(PP)	9.1	8.0～9.6	无色～红色	0.1%的90%乙醇溶液
百里酚酞(TP)	10.0	9.4～10.6	无色～蓝色	0.1%的90%乙醇溶液

（2）影响指示剂变色的因素

① 指示剂用量的影响　指示剂用量过多（或浓度过大）会使终点颜色变化不明显，且指示剂本身也会多消耗一些滴定剂，从而带来误差。这种影响无论是对单色指示剂还是对双色指示剂都是共同的。因此，在不影响指示剂变色灵敏度的条件下，一般以用量少一点为佳。

指示剂用量的改变，会引起单色指示剂变色范围的移动，但对于双色指示剂，如甲基橙等，从指示剂的解离可以看出，指示剂量多一点少一点，不会影响指示剂的变色范围。

② 溶剂的影响　不同的溶剂具有不同的介电常数和酸碱性，显然将影响指示剂的解离常数和变色范围。例如，甲基橙在水溶液中 pK_a＝3.4，而在甲醇中则为3.8。

③ 温度的影响　温度主要引起指示剂解离常数 K_{HIn} 的变化，从而影响变色范围。例如，在18℃时，甲基橙的变色范围 pH 为 3.1～4.4；而在100℃时，pH 则为 2.5～3.7。一般酸碱滴定都在室温下进行，若需加热煮沸，也必须待冷却至室温后再滴定。

④ 中性电解质　盐类的存在对指示剂的影响有两个方面：一是影响指示剂颜色的深度，这是由于盐类具有吸收不同波长光波的性质所引起的，指示剂颜色深度的改变，势必影响指示剂变色的敏锐性；二是影响指示剂的解离常数，从而使指示剂的变色范围发生移动。

⑤ 滴定程序　由于浅色到深色变化明显，易被肉眼辨认，所以指示剂变色最好由无色到有色，浅色到深色。例如，碱滴定酸指示剂选酚酞，由无色变到粉红色，颜色变化明显易于辨认；如果改用甲基橙作指示剂，溶液颜色由红色到橙黄色，变色不明显，难以辨认，易滴过量。因此，碱滴定酸一般用酚酞，酸滴定碱一般应选甲基橙为指示剂。

(3) 混合指示剂

一般单一指示剂变色范围过宽（约 2 个 pH 单位），且颜色变化不敏锐，甚至其中有些指示剂，例如甲基橙，变色过程中还有过渡颜色，更不易于辨别颜色的变化，混合指示剂是用颜色的互补作用而形成的，可克服这些缺点。常用的混合指示剂如表 5-5 所示。

表 5-5　混合酸碱指示剂

序号	指示剂名称	浓度	组成	变色点 pH	酸色	碱色
1	甲基黄	0.1%乙醇溶液	1∶1	3.28	蓝紫色	绿色
	亚甲基蓝	0.1%乙醇溶液				
2	甲基橙	0.1%水溶液	1∶1	4.3	紫色	绿色
	苯胺蓝	0.1%水溶液				
3	溴甲酚绿	0.1%乙醇溶液	3∶1	5.1	酒红色	绿色
	甲基红	0.2%乙醇溶液				
4	酚酞	0.1%乙醇溶液	1∶2	8.9	绿色	紫色
	甲基绿	0.1%乙醇溶液				
5	酚酞	0.1%乙醇溶液	1∶1	9.9	无色	紫色
	百里酚酞	0.1%乙醇溶液				
6	百里酚酞	0.1%乙醇溶液	2∶1	10.2	黄色	绿色
	茜素黄	0.1%乙醇溶液				

注：混合酸碱指示剂要保存在深色瓶中。

5.3.2 酸碱标准溶液的配制和标定

酸碱滴定法中常用的标准溶液是 HCl 和 NaOH 溶液，有时也用 H_2SO_4 和 KOH，HNO_3 具有氧化性，一般不用。标准溶液的浓度一般配成 0.1mol·L^{-1}，有时也需要高至 1mol·L^{-1} 或低至 0.01mol·L^{-1}。实际工作中应根据需要配制合适浓度的标准溶液。

(1) 酸标准溶液

由于浓盐酸容易挥发，不具备基准物质的条件，不能用来直接配制具有准确浓度的标准溶液。因此，配制 HCl 标准溶液时，只能先配制成近似浓度的溶液，然后用基准物质标定其准确浓度，或者用另一已知准确浓度的 NaOH 标准溶液标定该溶液，根据它们的计量关系计算该溶液的准确浓度。

常用的基准物质：无水碳酸钠、硼砂。

① 无水碳酸钠（Na_2CO_3） 其优点是易制成纯品。但由于 Na_2CO_3 易吸收空气中的水分，因此使用前应在 180～200℃下干燥，然后密封于瓶内，保存在干燥器中备用。用时称量要快，以免吸收水分而引入误差。

标定反应式如下：

$$Na_2CO_3 + 2HCl = 2NaCl + CO_2 + H_2O$$

滴定至反应完全时，溶液 pH 为 3.89，通常选用溴甲酚绿-甲基红混合液或甲基橙作指示剂。

② 硼砂（$Na_2B_4O_7 \cdot 10H_2O$） 其优点是易制得纯品，不易吸水，摩尔质量大，称量误差小。但在空气中易风化失去部分结晶水，因此应保存在相对湿度为 60%的恒器中（装有食盐和蔗糖饱和溶液的干燥器，其上部空气相对湿度为 60%）。

标定反应如下：

$$Na_2B_4O_7 + 2HCl + 5H_2O = 2NaCl + 4H_3BO_3$$

选甲基红作为指示剂，终点变色明显。

结果计算：

$$c_{HCl} = \frac{2\left(\frac{m}{M}\right)_{硼砂} \times 1000}{V_{HCl}}$$

（2）碱标准溶液

由于 NaOH 固体易吸收空气中的 CO_2 和水分，故只能选用标定法（间接法）来配制，即先配成近似浓度的溶液，再用基准物质或已知准确浓度的 HCl 标准溶液标定其准确浓度。通常配制 $0.1mol \cdot L^{-1}$ 的溶液。

常用的基准物质：邻苯二甲酸氢钾、草酸。

① 邻苯二甲酸氢钾 易制得纯品，在空气中不吸水，易保存，摩尔质量大，与 NaOH 反应的计量比为 1∶1。在 100～125℃下干燥 1～2h 后使用。

标定反应为：

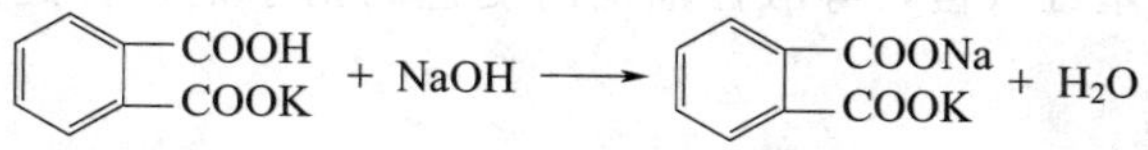

化学计量点时，溶液呈弱碱性（pH≈9.20），可选用酚酞作指示剂。

结果计算：

$$c_{NaOH} = \frac{\left(\frac{m}{M}\right)_{KHP} \times 1000}{V_{NaOH}}$$

式中，m 为邻苯二甲酸氢钾（缩写 KHP）的质量，g；V_{NaOH} 单位为 mL。

② 草酸（$H_2C_2O_4 \cdot 2H_2O$） 草酸在相对湿度为 5%～95%时稳定。用不含 CO_2 的水配制草

酸溶液，且暗处保存。注意：光和 Mn^{2+} 能加快空气氧化草酸，草酸溶液本身也能自动分解。

化学计量点时，溶液呈弱碱性（pH≈8.4），可选用酚酞作指示剂。

标定反应为：

$$H_2C_2O_4 + 2NaOH = Na_2C_2O_4 + 2H_2O$$

结果计算：

$$c_{NaOH} = \frac{2\left(\frac{m}{M}\right)_{草酸} \times 1000}{V_{NaOH}} mol \cdot L^{-1}$$

式中，m 为草酸的质量，g；V_{NaOH} 单位为 mL。

常用酸碱基准物质的干燥条件和应用见表 5-6。

表 5-6 常用酸碱基准物质的干燥条件和应用

基准物质		干燥条件/℃	标定对象
名称	化学式		
碳酸氢钾	$KHCO_3$	270～300	酸
无水碳酸钠	Na_2CO_3	270～300	酸
硼砂	$Na_2B_4O_7 \cdot 10H_2O$	放在装有 NaCl 和蔗糖饱和溶液的密闭器皿中	酸
二水合草酸	$H_2C_2O_4 \cdot 2H_2O$	室温空气干燥	碱或 $KMnO_4$
邻苯二甲酸氢钾	$KHC_8H_4O_4$	110～120	碱

（3）酸碱滴定中 CO_2 的影响

即使 NaOH 试剂为分析纯及以上纯度，其中仍常含 1%～2%的 Na_2CO_3，且碱溶液易吸收空气中的 CO_2；蒸馏水中也常溶有 CO_2。它们将对酸碱滴定反应产生不可忽视的影响。

例如，用邻苯二甲酸氢钾标定 NaOH 溶液浓度，由于化学计量点时溶液呈碱性，故须用酚酞作指示剂，此时，NaOH 溶液中的 CO_3^{2-} 仅被滴定至 HCO_3^-。当用此 NaOH 溶液作滴定剂进行滴定时，若选用如甲基红（橙）等酸性范围内变色的指示剂，此时，溶液的 CO_3^{2-} 被滴定至 H_2CO_3。由于在标定和滴定过程中溶液中的 CO_3^{2-} 的反应产物不同，必然会引起误差。同时二元碱 CO_3^{2-} 的存在，将影响指示剂在终点变色的敏锐性，从而降低滴定的准确度。因此，在配制 NaOH 溶液时，应该除去其中的 CO_3^{2-}。若滴定和标定时一样采用酚酞为指示剂，并尽量使实验条件相同，将有助于减少或消除 CO_2 对酸碱滴定的影响。

由此可见，选用甲基红（橙）等酸性范围内变色的指示剂，将是消除 CO_2 对酸碱滴定影响的另一有效措施。

5.3.3 终点误差

酸碱滴定时，如果终点与化学计量点不一致，说明溶液中剩余的酸或碱未被完全中和，或者多加入了酸/碱。因此剩余的或过量的酸或碱的物质的量，除以应加入的酸或碱的物质的量，即得出滴定误差，用 E_t%表示。

以 c mol·L^{-1} NaOH 溶液滴定 c_0 mol·L^{-1} HCl 溶液为例。设 HCl 溶液的体积为

V_0 mL，滴定至终点时，消耗的 NaOH 溶液的体积为 VmL，则终点误差可定义为：

$$E_t=\frac{\text{滴定剂(NaOH)不足或过量的物质的量}}{\text{强酸(HCl)的物质的量}}\times 100\%$$

即

$$E_t=\frac{cV-c_0V_0}{c_0V_0}\times 100\%$$

【例 5-7】 在用 0.1000mol·L^{-1} NaOH 溶液滴定 20.00mL 0.1000mol·L^{-1} HCl 溶液中，用甲基橙作为指示剂，滴定到橙色（pH=4.0）时为终点；或用酚酞作为指示剂，滴定到粉红色（pH=9.0）时为终点，分别计算滴定误差。

解 强碱滴定强酸，化学计量点 pH 应等于 7.00。如果用甲基橙，其终点 pH=4.0，说明终点过早，即加入的 NaOH 溶液不足，属于负误差。这时溶液仍呈酸性，$[H^+]\approx 10^{-4}$mol·L^{-1}，终点体积约为 40mL。所以滴定误差（E_t）为：

$$E_t=-\frac{10^{-4}\times 40}{0.1\times 20}\times 100\%=-0.2\%$$

用酚酞作为指示剂，终点 pH=9.0，终点过迟，说明加入的 NaOH 溶液过量，属于正误差。这时溶液呈碱性，$[OH^-]\approx 10^{-5}$mol·L^{-1}，所以终点误差为：

$$E_t=\frac{10^{-5}\times 40}{0.10\times 20}\times 100\%=0.02\%$$

上述计算结果说明此条件下，选用酚酞作指示剂比选用甲基橙作指示剂滴定误差小。

5.3.4 酸碱滴定法的应用

（1）混合碱的分析

混合碱是指 NaOH 与 Na_2CO_3 的混合物或 Na_2CO_3 与 $NaHCO_3$ 的混合物。通常需同时测定两种成分的含量，故称为混合碱的分析，例如，烧碱中 NaOH 和 Na_2CO_3 含量的测定。

① 双指示剂法 移取一定体积的混合碱试液，以酚酞作指示剂，用浓度为 $c$mol·L^{-1} 的 HCl 标准溶液滴定至微红色（用同浓度的 $NaHCO_3$ 溶液作参比），消耗 HCl 标准溶液的体积记为 V_1。这时 NaOH 被中和至 NaCl，而 Na_2CO_3 被中和至 $NaHCO_3$。继而加入甲基橙并继续滴定至橙红色，消耗 HCl 标准溶液的体积记为 V_2，是滴定 $NaHCO_3$ 至 H_2CO_3（H_2O+CO_2）所消耗的 HCl 标准溶液的体积。设混合碱试样质量为 m_s，则 NaOH 和 Na_2CO_3 的质量分数分别为：

$$w_{NaOH}=\frac{c(V_1-V_2)M_{NaOH}}{m_s}\times 100\%$$

$$w_{Na_2CO_3}=\frac{\frac{1}{2}\times 2cV_2M_{Na_2CO_3}}{m_s}\times 100\%$$

滴定 NaOH 和 Na_2CO_3 混合碱示意图：

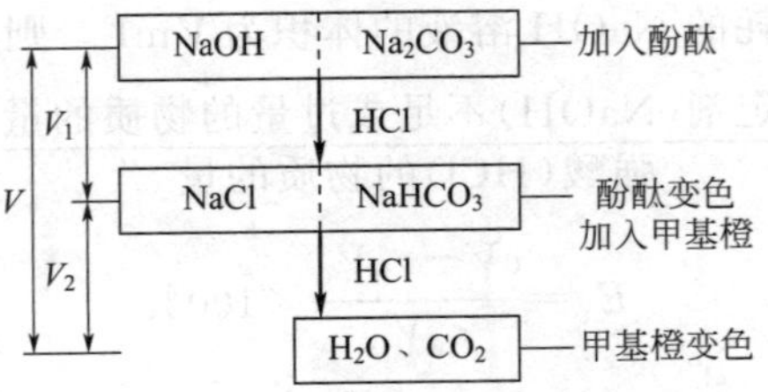

滴定 $NaHCO_3$ 和 Na_2CO_3 混合碱示意图：

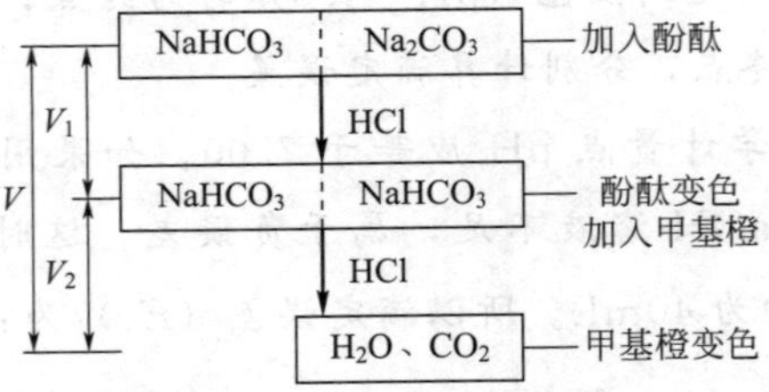

② 氯化钡法 先取一份试样溶液，以甲基橙作指示剂，用 HCl 标准溶液滴定至橙色，测得的是碱的总量，设消耗 HCl 标准溶液的体积为 V_1；另取等体积试液，加入过量 $BaCl_2$ 溶液，使 Na_2CO_3 转化为微溶的 $BaCO_3$，待 $BaCO_3$ 沉淀析出后，以酚酞作指示剂，用 HCl 标准溶液滴定至终点，设消耗 HCl 标准溶液的体积为 V_2，这是中和 NaOH 所消耗的 HCl 标准溶液体积，于是

$$w_{NaOH}=\frac{cV_2M_{NaOH}}{m_s}\times 100\%$$

$$w_{Na_2CO_3}=\frac{\frac{1}{2}c(V_1-V_2)M_{Na_2CO_3}}{m_s}\times 100\%$$

氯化钡法虽然烦琐，但避免了双指示剂法中酚酞指示终点不明显的缺点，所以测定结果比较准确。

Na_3PO_4 与 NaOH 的混合物以及不同形态的磷酸盐的混合物也可用类似方法测定。

【例 5-8】 已知某试样中可能含有 Na_3PO_4 或 Na_2HPO_4、NaH_2PO_4，或这些物质的混合物，同时还有惰性杂质。称取该试样 2.000g，用水溶解，采用甲基橙为指示剂，以 $0.5000mol\cdot L^{-1}$ HCl 标准溶液滴定，用去 32.00mL；另取同样质量试样的溶液，用酚酞作指示剂，需上述 HCl 标准溶液 12.00mL 至终点。问试样由哪些成分组成？各成分的含量又是多少？

解 根据前面所学知识可知，当滴定至酚酞变色时，产物为 Na_2HPO_4，当滴定至甲基橙变色时，产物为 NaH_2PO_4。显然，由于以酚酞作指示剂时消耗的 HCl 标准溶液体积不为零（$V_1\neq 0$），该混合物中含有 Na_3PO_4，当然，不可能含有 NaH_2PO_4；若以双指示剂法连续滴定，则以甲基橙作指示剂时消耗的 HCl 标准溶液体积为：$V_2=32.00-12.00=20.00>V_1$，故混合物中还含有 Na_2HPO_4。

$$w_{Na_3PO_4}=\frac{0.5000\times 12.00\times 10^{-3}\times 163.94}{2.000}\times 100\%=49.18\%$$

$$w_{Na_2HPO_4}=\frac{0.5000\times (32.00-12.00\times 2)\times 10^{-3}\times 141.96}{2.000}\times 100\%=28.39\%$$

(2) 铵盐中氮含量的测定

通常可用以下两种方法测定肥料、土壤及某些有机化合物中氮的含量。

① 凯氏定氮法（蒸馏法）　有机氮化合物先用浓硫酸消化分解（铜盐、汞盐等作催化剂），使各种氮转化为 NH_4^+；将含 NH_4^+ 试样置于蒸馏瓶中，加浓碱并加热，使 NH_4^+ 转化为 NH_3 而蒸馏出来，用一定量且过量的 HCl 或 H_2SO_4 标准溶液吸收，以甲基橙或甲基红作指示剂；用 NaOH 标准溶液返滴定过量酸。也可以用过量的 H_3BO_3 溶液吸收，然后用 HCl 标准溶液滴定 H_3BO_3 吸收液：

$$NH_3 + H_3BO_3 = NH_4H_2BO_3$$

$$H^+ + H_2BO_3^- = H_3BO_3$$

终点的产物是 H_3BO_3 和 NH_4^+，pH>5，可用甲基红作指示剂，氮的含量为：

$$w_N = \frac{c_{HCl} V_{HCl} M_N}{m_s} \times 100\%$$

此方法的优点是只需要一种 HCl 标准溶液。吸收剂 H_3BO_3 只要保证过量即可。

② 甲醛法　甲醛与 NH_4^+ 作用，定量生成 H^+ 和质子化的六亚甲基四胺($K_a = 7.1\times10^{-6}$)：

$$4NH_4^+ + 6HCHO = (CH_2)_6N_4H^+ + 3H^+ + 6H_2O$$

质子化的六亚甲基四胺将同时被 NaOH 滴定，以酚酞为指示剂。1mol NH_4^+ 相当于产生 1mol H^+。若试样中含有游离酸，则事先应以甲基红作指示剂，用碱中和；甲醛中常含有甲酸，需事先用酚酞作指示剂，用碱中和。在常见的铵盐中，NH_4HCO_3 含量的测定可以用 HCl 标准溶液直接滴定，但不能用甲醛法测定。

基于图像识别的智能酸碱滴定系统

酸碱滴定技术

目标检测

一、选择题

1. 用基准无水碳酸钠标定 0.10mol·L^{-1} 盐酸，宜选用（　　）作指示剂。

A. 溴钾酚绿-甲基红　　B. 酚酞　　C. 百里酚蓝　　D. 二甲酚橙

2. 欲配制 pH=5.0 缓冲溶液应选用的一对物质是（　　）。

A. HAc（$K_a = 1.8\times10^{-5}$）-NaAc

B. HAc-NH_4Ac

C. $NH_3\cdot H_2O$（$K_b = 1.8\times10^{-5}$）-NH_4Cl

D. KH_2PO_4-Na_2HPO_4

3. 在酸碱滴定中，选择强酸强碱作为滴定剂的理由是（　　）。

A. 强酸强碱可以直接配制标准溶液　　B. 使滴定突跃尽量大

C. 加快滴定反应速率　　D. 使滴定曲线较完美

4. 下列弱酸或弱碱（设浓度为 0.1mol·L^{-1}）能用酸碱滴定法直接准确滴定的是（　　）。

A. 氨水（$K_b=1.8\times10^{-5}$）　　B. 苯酚（$K_b=1.1\times10^{-10}$）

C. NH_4^+（$K_a=5.6\times10^{-10}$）　　D. H_3BO_3（$K_a=5.8\times10^{-10}$）

5. 用 0.1mol·L^{-1} HCl 溶液滴定 0.1mol·L^{-1} NaOH 溶液时的 pH 突跃范围是 9.7～4.3，用 0.01mol·L^{-1} HCl 滴定 0.01mol·L^{-1} NaOH 的 pH 突跃范围是（　　）。

A. 9.7～4.3　　B. 8.7～4.3

C. 8.7～5.3　　D. 10.7～3.3

6. 某酸碱指示剂的 $K_{HIn}=1.0\times10^{-5}$，则从理论上推算其 pH 变色范围是（　　）。

A. 4～5　　B. 5～6　　C. 4～6　　D. 5～7

7. 已知邻苯二甲酸氢钾（用 KHP 表示）的摩尔质量为 204.2g·mol^{-1}，用它来标定 0.1mol·L^{-1} 的 NaOH 溶液，宜称取 KHP 质量为（　　）。

A. 0.25g 左右　　B. 1g 左右　　C. 0.6g 左右　　D. 0.1g 左右

8. 用双指示剂法测定的混合碱，加入酚酞指示剂时，消耗 HCl 标准滴定溶液体积为 15.20mL；加入甲基橙作指示剂，继续滴定又消耗了 HCl 标准溶液 25.72mL，那么溶液中存在（　　）。

A. $NaOH+Na_2CO_3$　　B. $Na_2CO_3+NaHCO_3$

C. $NaHCO_3$　　D. Na_2CO_3

9. 用双指示剂法测定混合碱，加入酚酞指示剂时，消耗 HCl 标准滴定溶液体积为 18.00mL；加入甲基橙作指示剂，继续滴定又消耗了 HCl 标准溶液 14.98mL，那么溶液中存在（　　）。

A. $NaOH+Na_2CO_3$　　B. $Na_2CO_3+NaHCO_3$

C. $NaHCO_3$　　D. Na_2CO_3

10. 下列各组物质按等物质的量混合配成溶液后，其中不是缓冲溶液的是（　　）。

A. $NaHCO_3$ 和 Na_2CO_3　　B. NaCl 和 NaOH

C. NH_3 和 NH_4Cl　　D. HAc 和 NaAc

二、简答题

1. 基准物质草酸和邻苯二甲酸氢钾，均可标定氢氧化钠溶液的浓度，哪个较好？为什么？

2. 酸碱滴定中，指示剂用量对分析结果有什么影响？

3. NaOH 标准溶液若吸收了空气中的 CO_2，用它测定 HCl 的浓度，分别用甲基橙和酚酞作指示剂时，其测定结果是否相同？为什么？

三、计算题

1. 用 0.1000mol·L^{-1} NaOH 滴定 20.00mL 0.1000mol·L^{-1} HAc，计算化学计量点的 pH。

2. 称取某一元弱酸（HA）纯品 1.250g，制成 50mL 水溶液。用 0.0900mol・L^{-1} NaOH 溶液滴定至化学计量点，消耗 41.20mL。在滴定过程中，当滴定剂加到 8.24mL 时，溶液的 pH 为 4.30。计算：①HA 的摩尔质量；②HA 的 K_a 值；③化学计量点的 pH。

3. 当下列溶液各加水稀释 10 倍时，其 pH 有何变化？计算变化前后的 pH。

①0.1mol・L^{-1} HCl；②0.1mol・L^{-1} NaOH；③0.1mol・L^{-1} HAc；④0.1mol・L^{-1} NH_3・H_2O＋0.1mol・L^{-1} NH_4Cl

4. 在 0.2815g 含 $CaCO_3$ 及中性杂质的石灰石里加入 HCl 溶液（0.1175mol・L^{-1}）20.00mL，滴定过量的酸用去 5.60mL NaOH 溶液，1mL NaOH 溶液相当于 0.975mL 上述 HCl 溶液，计算石灰石中的 $CaCO_3$ 的含量。

习题及参考答案

技能训练一

阿司匹林药片中乙酰水杨酸的检测

一、实训目的

掌握阿司匹林含量测定原理及操作。

二、实训原理

阿司匹林片（乙酰水杨酸），用于普通感冒或流行性感冒引起的发热，也用于缓解轻至中度疼痛如头痛、关节痛、偏头痛、牙痛、肌肉痛、神经痛、痛经。它的结构中有一个羧基，呈酸性。可用 NaOH 标准溶液在乙醇溶液中直接滴定测其含量。计量点时，生成物是其共轭碱，溶液呈碱性，可选用酚酞做指示剂。

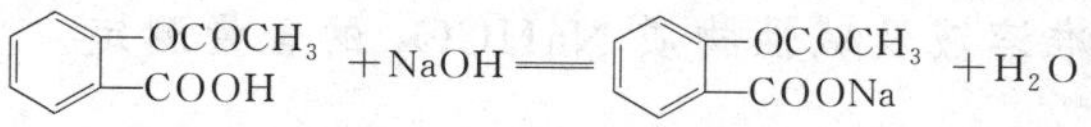

三、仪器与试剂

仪器　分析天平，烧杯，锥形瓶，25mL 碱式滴定管等。

试剂　阿司匹林样品，0.1mol・L^{-1}NaOH 标准溶液，酚酞指示剂。

四、实训步骤

取 1～2 片阿司匹林，精密称量，加中性乙醇（对酚酞指示剂显中性）20mL，溶解后，加酚酞指示剂 2 滴，在 25℃温度下，用 0.1mol・L^{-1} NaOH 标准溶液滴定至溶液显粉红色为止，记录所用 NaOH 的体积，计算阿司匹林的百分含量。

$$w_{C_9H_8O_4}=\frac{c_{NaOH}V_{NaOH}M_{C_9H_8O_4}}{1000m_s}\times 100\%$$

五、数据记录及处理

将数据及其处理结果填入表 5-7 中。

六、注释

中性乙醇的制备：量取需要量的乙醇，加酚酞指示剂 2 滴，用 0.1mol・L^{-1} NaOH 标准溶液滴定至刚显粉红色，即得。

表 5-7 乙酰水杨酸的测定

项目 \ 次数	1	2	3
c_{NaOH}/mol·L^{-1}			
m_s/g			
V_{NaOH}/mL			
$w_{C_9H_8O_4}$/%			
$\overline{w}_{C_9H_8O_4}$/%			
相对偏差/%			

七、思考题

1. 何谓中性乙醇？如何配制中性乙醇？为什么要用中性乙醇溶解阿司匹林？

2. 测定时为什么要控制温度在 25℃温度下？

技能训练二

小苏打药片中 $NaHCO_3$ 含量的测定

一、实训目的

1. 掌握酸碱滴定分析的基本原理及实验操作步骤；

2. 掌握正确的滴定操作、滴定终点的判断方法；

3. 学会 HCl 标准溶液及碱性物质 $NaHCO_3$ 的含量测定。

二、实训原理

小苏打片是一种抗酸类非处方药，一般用来治疗胃酸过多或胃灼热症状。它的主要成分是碳酸氢钠（$NaHCO_3$）。可用 HCl 标准溶液直接滴定样品中 $NaHCO_3$ 的含量，甲基橙为指示剂，溶液由黄色变为橙色时即为终点。

$$NaHCO_3 + HCl \xlongequal{} NaCl + H_2O + CO_2\uparrow$$

三、仪器与试剂

仪器 电子分析天平，酸碱两用式滴定管（25mL），锥形瓶，容量瓶，移液管。

试剂 0.1mol·L^{-1} 的 HCl 溶液，蒸馏水，甲基橙指示剂，基准 Na_2CO_3，小苏打片。

四、实训步骤

1. HCl 溶液的配制与标定

见第 4 章技能训练二。

2. 小苏打片中 $NaHCO_3$ 含量的测定

用分析天平称取 2 片小苏打片，置于 100mL 烧杯中，加 20～30mL 蒸馏水溶解后，转入 250mL 容量瓶中，加蒸馏水至刻度线处，摇匀。用洁净的移液管（20mL）

取20.00mL溶液置于锥形瓶，加甲基橙两滴（黄色），先用HCl润洗滴定管，再用已标定的HCl滴定达终点（橙色），且30s内不变色，平行滴定3次。计算小苏打中$NaHCO_3$含量。

$$\bar{w}_{NaHCO_3}=\frac{(cV)_{HCl}\times10^{-3}\times M_{NaHCO_3}}{m_s\times\frac{20}{250}}$$

五、数据记录与处理

将数据及处理结果填入表5-8中。

表5-8　小苏打片中$NaHCO_3$含量的测定

项目＼次数	1	2	3
m_s/g			
$c_{HCl}/mol\cdot L^{-1}$			
V_{HCl}/mL			
$w_{NaHCO_3}/\%$			
$\bar{w}_{NaHCO_3}/\%$			
$d_r/\%$			
$\bar{d}_r/\%$			

六、注释

配制溶液时，要特别注意控制总体积，烧杯和玻璃棒要用少量蒸馏水润洗3～4次后将润洗液也一并移入容量瓶中，当液面接近刻度时，放置片刻使液体稳定，然后改用胶头滴管加入。

七、思考题

1. 加入甲基橙指示剂后，为什么在接近计量点时应剧烈震摇溶液？
2. 为什么HCl标准溶液只能用间接法配制？

综合实训

药用乙酸总酸度的测定

一、实训目的

1. 学会用酸碱滴定法直接测定酸性物质。
2. 掌握药用乙酸总酸度的测定方法。

二、实训原理

药用乙酸是混合酸，其主要成分是HAc（有机弱酸，$K_a=1.8\times10^{-5}$），本品用于治疗各种皮肤浅部真菌感染、灌洗创面及鸡眼、疣的治疗。

药用乙酸与NaOH的反应如下：

$$HAc + NaOH = NaAc + H_2O$$

HAc与NaOH反应产物为弱酸强碱盐NaAc，可以直接准确滴定，化学计量点时pH≈8.7，滴定突跃在碱性范围内（如0.1mol·L^{-1}NaOH滴定0.1mol·L^{-1} HAc突跃范围为pH=7.74～9.70)，在此若使用在酸性范围内变色的指示剂如甲基橙，将引起很大的滴定误差(该反应化学计量点时溶液呈弱碱性，酸性范围内变色的指示剂变色时，溶液呈弱酸性，则滴定不完全)。因此在此应选择在碱性范围内变色的指示剂酚酞(pH=8.0～9.6)。

指示剂的选择主要以滴定突跃范围为依据，指示剂的变色范围应全部或一部分在滴定突跃范围内，则终点误差小于0.1%。因此可选用酚酞作指示剂，利用NaOH标准溶液测定HAc含量。

三、仪器与试剂

仪器　滴定常用玻璃仪器。

试剂　0.1mol·L^{-1} NaOH标准滴定溶液，酚酞指示剂，药用乙酸试样。

四、实训步骤

用移液管准确移取5.00mL药用乙酸置于100mL容量瓶中，用蒸馏水稀释至刻度，充分摇匀。再用移液管吸出25.00mL放在250mL锥形瓶中，加酚酞指示剂2滴，用NaOH标准溶液滴定，不断振摇，当滴至溶液呈粉红色且在半分钟内不褪色即达终点。记录消耗的NaOH标准滴定溶液的体积。平行测定3次，同时做空白试验。整个操作过程中注意消除CO_2的影响。

按下式计算药用乙酸的总酸度：

$$\rho_{HAc} = \frac{c_{NaOH}(V_{NaOH} - V_{空白}) \times 10^{-3} \times M_{HAc}}{5.00 \times \frac{25}{100}} \times 100(g/100mL)$$

五、数据记录及处理

将数据及其处理结果填入表5-9中。

表5-9　药用乙酸总酸度的测定

项目＼次数	1	2
吸取药用乙酸样品 V/mL		
V_{NaOH}/mL		
$V_{空白}$/mL		
c_{NaOH}/mol·L^{-1}		
ρ_{HAc}/g·100mL^{-1}		
$\bar{\rho}_{HAc}$/g·100mL^{-1}		
相对偏差/%		

六、注释

1. 药用乙酸中的主要成分是乙酸，此外还含有少量的其他弱酸如乳酸等，用 NaOH 标准溶液滴定，选用酚酞作指示剂，测得的是总酸度，以乙酸（$g \cdot 100mL^{-1}$）来表示。

2. 药用乙酸中乙酸浓度较大时，滴定前要适当地稀释。

3. CO_2 的存在干扰测定，因此稀释药用乙酸试样用的蒸馏水应该煮沸。

食用白醋
总酸度的测定

七、思考题

1. 为什么要做空白试验？

2. 若蒸馏水中含有 CO_2，对测定结果有何影响？

第6章

氧化还原滴定技术

章节导入

氧化还原滴定技术是以氧化还原反应为基础的滴定分析法，广泛应用于食品、药物分析以及环境监测等领域。如COD（化学耗氧量）作为水体受有机物污染的一项重要指标，是环境监测的主要项目之一。一般情况下，较清洁水体的COD采用高锰酸钾法，生活污水和工业废水COD的检测采用重铬酸钾法。在《中国药典》（2020版）中，维生素C泡腾颗粒、维生素C注射液等各种复方制剂中维生素C含量的检测采用的是碘量法。高锰酸钾法、重铬酸钾法、碘量法都是常见的氧化还原滴定法，在本章中将重点介绍这些检测技术和应用。

素质目标

通过具体案例的学习，切身感受化学分析和生产生活的紧密联系；培养环保意识和运用所学知识解决实际问题的能力。

6.1 氧化还原反应

6.1.1 基本概念

（1）氧化数

氧化还原反应是一类参加反应的物质之间有电子转移（或电子对偏移）的反应。不同元素的原子相互化合后，各元素在化合物中各自处于某种化合状态。为了表示各元素在化合物中所处的化合状态，引入了氧化数（又称氧化值）的概念。

1970年国际纯粹与应用化学联合会（简称IUPAC）较严格地定义了氧化数的概念：氧化

数是某元素一个原子的荷电数，这个荷电数可由假设每个键中的电子指定给电负性更大的原子而求得。例如，在 NaCl 中，氯的电负性比钠大，所以氯获得一个电子后氧化数为－1，钠的氧化数为＋1。

根据此定义，确定氧化数的规则如下：

① 单质中元素原子的氧化数为零。例如，H_2、Cl_2、N_2 等分子中，H、Cl、N 的氧化数都是 0。

② 在中性分子中，所有原子氧化数的代数和为零。

③ 二元离子型化合物中，某元素原子的氧化数为它带有的电荷数。复杂离子内所有原子氧化数的代数和等于其带有的电荷数。

④ 氧在化合物中，氧化数一般为－2，氢在化合物中，氧化数一般为＋1。但在过氧化物中，氧的氧化数为－1。氟的氧化物 OF_2 中，氧的氧化数为＋2。金属氢化物中，如 CaH_2 中，氢的氧化数为－1。

从以上可以看出，氧化数是一个有一定的人为性、经验性的概念，是表示元素在化合物状态时的形式电荷数。

根据这些规定，我们可知 MnO_4^{2-} 中 Mn 的氧化数为＋6；NO_2 中 N 的氧化数为＋4；$S_2O_3^{2-}$ 中 S 的氧化数为＋2；等等。

（2）氧化剂与还原剂

在化学反应过程中，反应前后元素氧化数发生变化的化学反应称为氧化还原反应。氧化数升高的过程称为氧化，该物质称为还原剂。还原剂能使其他物质还原，而本身被氧化。氧化数降低的过程称为还原，该物质称为氧化剂。氧化剂能使其他物质氧化，而本身被还原。

在氧化还原反应中，氧化与还原是同时发生的，且元素氧化数升高的总数必等于氧化数降低的总数。

如锌与铜离子的反应：

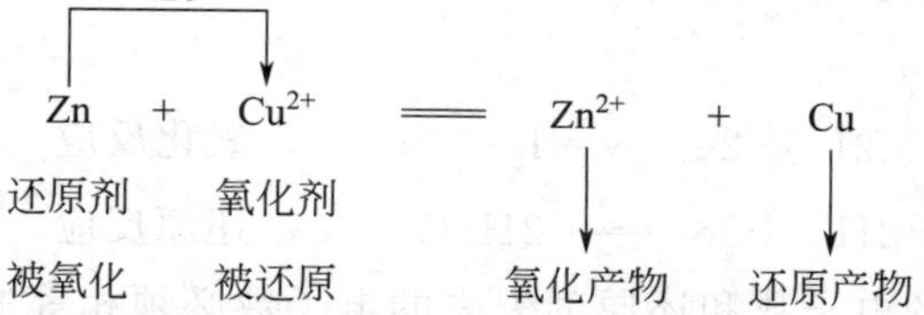

如高锰酸钾与过氧化氢在酸性条件下的反应：

$$2K\overset{+7}{Mn}O_4 + 5H_2\overset{-1}{O}_2 + 3H_2SO_4 \xlongequal{\quad} 2\overset{+2}{Mn}SO_4 + K_2SO_4 + 5\overset{0}{O}_2 + 8H_2O$$

氧化剂　　　还原剂　　　　　↓还原产物　　　　↓氧化产物

被还原　　　被氧化

反应中，H_2O_2 中的 O 失去电子，被氧化成 O_2，H_2O_2 是还原剂；$KMnO_4$ 中 Mn^{VII} 得到电子，被还原成 Mn^{2+}，$KMnO_4$ 是氧化剂。

从以上分析可知，在氧化还原反应时，并非氧化剂或还原剂中所有元素的氧化数都发生改变，在大多数情况下，只不过其中某一种元素的氧化数发生改变。虽然 H_2SO_4 也参加了反应，但是没有氧化数的变化，通常将这类物质称为介质。

(3) 氧化还原电对和半反应

在氧化还原反应中，表示氧化、还原过程的式子，分别叫氧化反应和还原反应，统称氧化还原半反应。例如：$Zn+Cu^{2+} = Zn^{2+}+Cu$

氧化反应 $Zn-2e^{-} = Zn^{2+}$

还原反应 $Cu^{2+}+2e^{-} = Cu$

反应中氧化数较大的那种物质叫氧化态物质（如 Zn^{2+}、Cu^{2+}）；氧化数较小的那种物质叫还原态物质（如 Zn、Cu）。半反应中的氧化态物质和还原态物质是彼此依存、相互转化的，这种共轭的氧化还原体系称为氧化还原电对，电对用“氧化态/还原态”表示，如 Cu^{2+}/Cu。一个电对就代表一个半反应，半反应可用下列通式表示：

$$氧化态+ne^{-} = 还原态$$

每个氧化还原反应都是由两个氧化还原半反应组成的。

6.1.2 氧化还原反应方程式的配平

对于简单的氧化还原反应方程式，可以用观察法来配平，但许多氧化还原反应往往比较复杂，反应物和生成物比较多，有的反应还有介质如酸、碱或水参与，只用一般观察法很难配平。配平氧化还原反应方程式的方法有多种，最常用的有离子-电子法、氧化数法等。

(1) 离子-电子法

配平步骤如下：

① 根据实验事实或反应规律先将反应物和生成物写成一个没有配平的离子反应方程式。例如：

$$H_2O_2+H^{+}+I^{-} \longrightarrow H_2O+I_2$$

② 再将上述反应分解为两个半反应方程式（一个是氧化反应，一个是还原反应），并分别加以配平，使每个半反应的原子数和电荷数相等，可配以适当的反应介质如 H_2O、H^{+}、OH^{-} 及一定数目的电子。

$2I^{-}-2e^{-} = I_2$ 氧化反应

$H_2O_2+2H^{+}+2e^{-} = 2H_2O$ 还原反应

③ 根据氧化剂得到的电子数和还原剂失去的电子数必须相等的原则，以适当系数（找出电子得失的最小公倍数除以半反应电子得失数得系数）分别乘半反应，然后将两个半反应相加就得到一个配平了的离子反应方程式：

$$H_2O_2+2H^{+}+2I^{-} = 2H_2O+I_2$$

(2) 氧化数法

根据氧化还原反应中元素氧化数的改变情况，按照氧化数增加量与氧化数降低量必须相等的原则来确定氧化剂和还原剂分子式前面的系数，然后用观察法配平非氧化还原部分的原子数目。

下面以 HClO 把 Br_2 氧化成 $HBrO_3$ 而本身被还原成 HCl 为例加以说明。

氧化数法配平
氧化还原方程式

① 在化学反应方程式的左边写反应物的化学式，右边写生成物的化学式。

$$HClO + Br_2 \longrightarrow HBrO_3 + HCl$$

② 标出氧化数有变化的元素，根据氧化数增加量与氧化数降低量必须相等的原则，确定氧化剂及还原剂前面的系数。

$$H\overset{+1}{Cl}O \longrightarrow H\overset{-1}{Cl} \quad \text{氧化数降低 2，则系数是 5}$$

$$\overset{0}{Br_2} \longrightarrow H\overset{+5}{Br}O_3 \quad \text{氧化数升高 10，则系数是 1}$$

$$5HClO + Br \longrightarrow 5HCl + 2HBrO_3$$

③ 在反应中加介质 H_2O 或 OH^- 或 H^+，并配平方程式。上式由于右边多 1 个 O 和 2 个 H 元素，所以左边加 H_2O，即：

$$5HClO + Br_2 + H_2O = 5HCl + 2HBrO_3$$

【例 6-1】 用氧化数法配平下面反应式。

$$CH_3OH + Cr_2O_7^{2-} \longrightarrow CO_2 + Cr^{3+}$$

解

$$\overset{+6}{Cr_2}O_7^{2-} \longrightarrow \overset{+3}{Cr^{3+}} \quad \text{氧化数降低6} \quad \times 1$$

$$\overset{-2}{C}H_3OH \longrightarrow \overset{+4}{C}O_2 \quad \text{氧化数升高6} \quad \times 1$$

$$CH_3OH + Cr_2O_7^{2-} \longrightarrow CO_2 + 2Cr^{3+}$$

上式右边少 6 个氧，可加 6 个 H_2O，此时多了 8 个氢离子，故在左边加 8 个 H^+ 即配平得：

$$CH_3OH + Cr_2O_7^{2-} + 8H^+ = CO_2\uparrow + 2Cr^{3+} + 6H_2O$$

氧化数法的优点是简便、快速，既适用于水溶液，也适用于非水体系中的氧化还原反应。

6.2 电极电势

6.2.1 原电池

氧化还原反应伴随着电子的转移，这一点可以进一步用实验来证明。见图 6-1，将锌片插入硫酸锌溶液中，将铜片插入硫酸铜溶液中，两种溶液用一个装满饱和氯化钾溶液和琼脂的倒置 U 形管（称为盐桥）连接起来，再用导线连接锌片和铜片，并在导线中间接一个电流计，使电流计的正极和铜片相连，负极和锌片相连，则看到电流计的指针发生偏转。这说明反应中的确有电子的转移，而且电子是沿着一定方向有规则地运动。这种借助于氧化还原反应将化学能转变为电能的装置称为原电池。

在铜锌原电池里，锌片上的锌原子失去电子变成锌离子，进入溶液中，因此锌片上有了过剩电子而成为负极，在负极上发生氧化反应；同时由于铜离子得到电子变成铜原子，沉积在铜片上。因此，铜片上有了多余的正电荷成为正极，在正极上发生了还原反应。则：

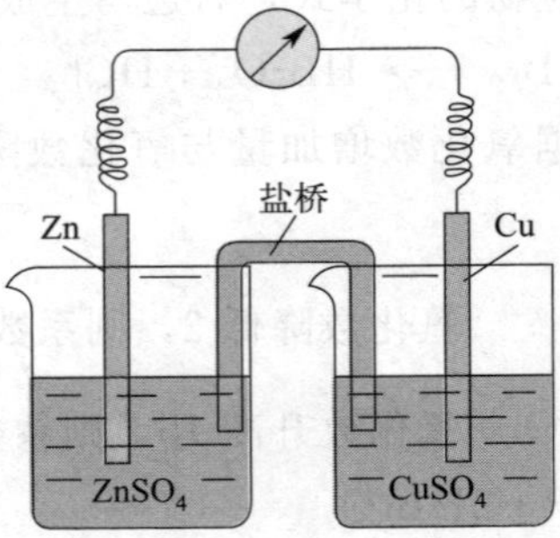

图 6-1 铜锌原电池

铜锌原电池原理

负极：　$Zn - 2e^- \longrightarrow Zn^{2+}$　　氧化反应

正极：　$Cu^{2+} + 2e^- \longrightarrow Cu$　　还原反应

在铜锌原电池里，电子由锌片定向地转移到铜片。当 Zn 原子失去电子变成 Zn^{2+} 进入溶液时，溶液中的 Zn^{2+} 增多而带正电，同时，Cu^{2+} 在铜片上获得电子变成 Cu 原子，$CuSO_4$ 溶液中的 Cu^{2+} 浓度减少而带负电。这种情况会阻碍电子由锌片向铜片流动。盐桥可以消除这种影响，盐桥中的负离子如 Cl^- 向 $ZnSO_4$ 溶液中扩散，正离子如 K^+ 向 $CuSO_4$ 溶液中扩散，以保持溶液的电中性，使氧化还原反应继续进行到 Cu^{2+} 几乎全部被还原为止。

在原电池中，组成原电池的导体（如铜片和锌片）称为电极，同时规定电子流出的电极称为负极，发生氧化反应；电子流入的电极称为正极，发生还原反应。如在 Cu-Zn 原电池中：

负极(Zn)：　$Cu(s) - 2e^- \longrightarrow Cu^{2+}(aq)$　　氧化反应

正极(Cu)：　$Zn^{2+}(aq) + 2e^- \longrightarrow Zn(s)$　　还原反应

Cu-Zn 原电池的电池反应为：

$$Zn(s) + Cu^{2+}(aq) \longrightarrow Zn^{2+}(aq) + Cu(s)$$

为了方便，通常用原电池符号表示原电池的组成：

$$(-)Zn \mid Zn^{2+}(c_1) \parallel Cu^{2+}(c_2) \mid Cu(+)$$

原电池符号书写规定为：

① 以（＋）表示原电池的正极，正极总是写在右边；以（－）表示原电池的负极，负极总是写在左边。

② 要注明物质的状态，气体要注明其分压，溶液中的物质应注明其浓度。如不注明，一般指 $1mol \cdot L^{-1}$ 或 100kPa。

原电池符号

③ 对于某些电极的电对自身不是金属导体时，则需外加一个能导电而又不参与电极反应的惰性电极，如 C（石墨）、Pt 等。

④“|”表示两相的界面。

⑤“‖”表示盐桥。

【例 6-2】 将下列氧化还原反应设计成原电池，并写出原电池符号。

$$Cu + 2Ag^+(c = 1.0mol \cdot L^{-1}) = Cu^{2+}(c = 0.10mol \cdot L^{-1}) + 2Ag$$

解 负极：　$Cu(s) - 2e^- \longrightarrow Cu^{2+}(aq)$

正极：$Ag^{+}(aq)+e^{-} \longrightarrow Ag(s)$

将负极放在左边，正极放在右边，两电极溶液之间用盐桥相连。

$$(-)Cu \mid Cu^{2+}(c=0.10) \parallel Ag^{+}(c=1.0) \mid Ag(+)$$

【例 6-3】 写出下列电池所对应的化学反应。

$$(-)Pt \mid Fe^{3+}, Fe^{2+} \parallel MnO_4^-, Mn^{2+}, H^+ \mid Pt(+)$$

解 负极：$Fe^{2+} - e^- = Fe^{3+}$ $\times 5$

正极：$MnO_4^- + 8H^+ + 5e^- = Mn^{2+} + 4H_2O$ $\times 1$

电池反应为 $MnO_4^- + 5Fe^{2+} + 8H^+ = Mn^{2+} + 5Fe^{3+} + 4H_2O$

6.2.2 电极电势与标准氢电极

(1) 电极电势产生

用导线连接 Cu-Zn 原电池的两个电极有电流产生，说明两电极之间存在着一定的电势差，这个电势差称为原电池的电动势，用符号 E 表示，单位为 V（伏）。若用φ表示电极电势（单位 V），则有：

$$E=\varphi_{(+)}-\varphi_{(-)} \tag{6-1}$$

Cu-Zn 原电池中，电子由锌极流向铜极，说明锌极的电极电势低于铜极的电极电势。下面以金属-金属离子溶液组成的电极为例，说明电极电势的产生。

金属晶体是由金属原子、金属离子和自由电子组成。当把金属放入其盐溶液中时，在金属与其盐溶液的接触面上存在着两种相反的倾向：一方面是金属表面的原子有把电子留在金属上而自身以离子状态进入溶液的倾向。金属越活泼，盐溶液越稀，这种倾向越大。另一方面是溶液中的金属离子也有从金属上获得电子而沉积于金属的倾向。金属越不活泼，溶液越浓，这种倾向越大。

这两种倾向同时存在，当速率相等时，即达到动态平衡。

$$M(s) \underset{沉积}{\overset{溶解}{\rightleftharpoons}} M^{n+}(aq)+ne^-$$

若溶解的倾向大于沉积的倾向，达到平衡时，在金属与溶液的界面上形成了金属带负电荷、金属周围的溶液带正电荷的双电层结构，见图 6-2(a)；如果沉积的倾向大于溶解的倾向，则在金属与溶液之间的界面上形成了金属带正电荷，金属周围的溶液带负电荷的双电层结构，见图 6-2(b)。无论上述那种倾向大或小，其结果总是在金属与其周围的溶液之间产生了一定的电势差，这种电势差就叫作电极电势。电极电势的大小主要取决于电极材料的本性，同时还与溶液浓度、温度、介质等因素有关。由于金属的溶解是氧化反应，金属离子的沉积是还原反应，故电极上的氧化还原反应是电极电势产生的根源。

电极电势的产生原理

(2) 标准氢电极与标准电极电势

电极电势的大小，反映了构成该电极的电对得失电子趋势的大小。如能定量测出电极电势，就可以定量地比较氧化剂和还原剂的相对强弱。但是，电极电势的绝对值无法测定，只能选取某一个电极作为参考标准，以求得其他各电极的相对电极电势值。目前国际上采用标准氢电极（SHE）作为标准电极，并规定它的电极电势为零。

标准氢电极是将镀有铂黑的铂片插入氢离子活度为 $1mol \cdot L^{-1}$ 的硫酸溶液中，并不断通入压力为 101.3 kPa 的氢气组成的电极，如图 6-3 所示。

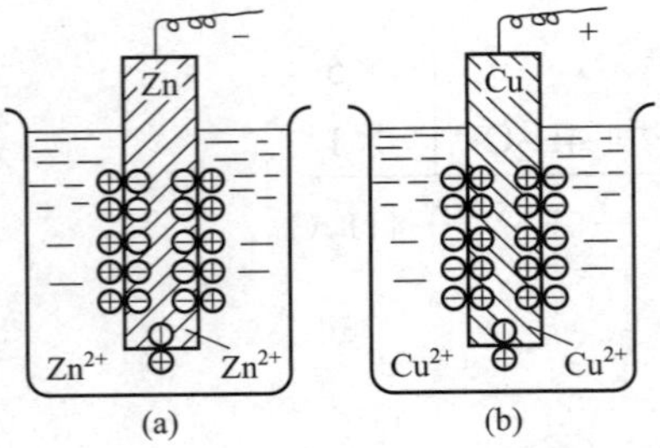

图 6-2 电极电势的产生

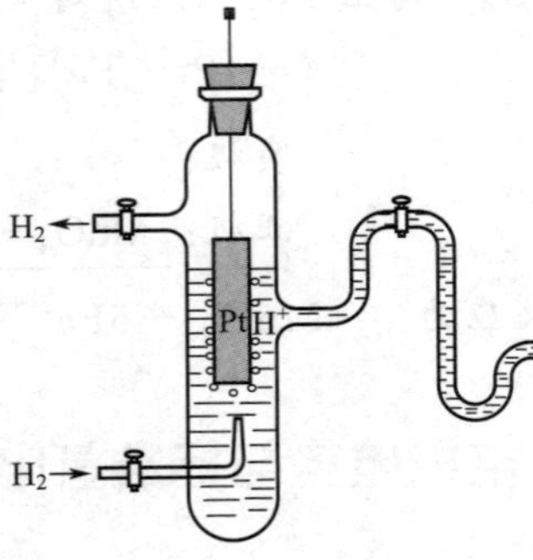

图 6-3 标准氢电极

电极反应：
$$2H^+(1mol \cdot L^{-1}) + 2e^- \rightleftharpoons H_2(101.3\ kPa)$$
$$\varphi^{\ominus}(H^+/H_2) = 0V$$

如果将其他电极（有关离子活度为 $1mol \cdot L^{-1}$，标准压力下）和标准氢电极连接组成原电池，测定该电池的电动势即可得各电极的电极电势，即标准电极电势，用符号 $\varphi^{\ominus}$ 表示。

例如，测定 298K 锌电极的标准电极电势 $\varphi^{\ominus}(Zn^{2+}/Zn)$，将标准锌电极与标准氢电极组成原电池，测其电动势 $E^{\ominus} = 0.763V$。由电流的方向可知，锌为负极，标准氢电极为正极。

电池符号为：
$$(-)Zn(s)|Zn^{2+}(1mol \cdot L^{-1}) \| H^+(1mol \cdot L^{-1})|H_2(101.3\ kPa), Pt(+)$$
$$E^{\ominus} = \varphi^{\ominus}(+) - \varphi^{\ominus}(-) = \varphi^{\ominus}(H^+/H_2) - \varphi^{\ominus}(Zn^{2+}/Zn)$$
$$\varphi^{\ominus}(Zn^{2+}/Zn) = -0.763V$$

运用同样方法，可测得其他电极的标准电极电势。附录 2 列出一些氧化还原电对的标准电极电势数值。

关于标准电极电势的几点说明：

① $\varphi^{\ominus}$ 没有加和性。不论半电池反应式中的系数乘以或除以任何实数，$\varphi^{\ominus}$ 不变。

$$Cl_2 + 2e^- \rightleftharpoons 2Cl^- \qquad \varphi^{\ominus} = 1.36V$$
$$1/2Cl_2 + e^- \rightleftharpoons Cl^- \qquad \varphi^{\ominus} = 1.36V$$

② $\varphi^{\ominus}$ 越小，电对中还原态物质失电子能力越强，还原能力越强，是较强的还原剂；$\varphi^{\ominus}$ 越大，电对中氧化态物质得电子能力越强，氧化能力越强，是较强的氧化剂。

③ $\varphi^{\ominus}$ 是水溶液体系的标准电极电势，对于非水溶液体系不能用 $\varphi^{\ominus}$ 比较物质的氧化还原能力。

（3）电极电势的有关计算

标准电极电势是在标准状态下测得的，其大小只与本性有关。但绝大多数氧化还原反应都是在非标准状态下进行的。如果把非标准状态下的氧化还原反应组成电池，其电极电势及电动势也是非标准状态的。影响电极电势的因素很多，除了电极本性外，主要有温度、反应物浓度、溶液的pH；若有气体参加反应，气体分压对电极电势也有影响。这些因素改变了，电极电势也将改变。德国化学家能斯特（W. Nernst）通过热力学的理论推导，将影响电极电势大小的诸多因素如电极物质的本性、溶液中相关物质的浓度或分压、介质和温度等因素之间的关系表示如下：

半电池反应：$Ox+ne^- \rightleftharpoons Red$

$$\varphi=\varphi^{\ominus}+\frac{RT}{nF}\ln\frac{[Ox]}{[Red]} \tag{6-2}$$

该方程称为能斯特（Nernst）方程。

式中 φ——任意状态时的电极电势，V；

$\varphi^{\ominus}$——标准状态时的电极电势，V；

R——气体常数；

n——半电池反应中电子的转移数；

F——法拉第常数，96487C/mol；

T——热力学温度 273.15+t℃，K；

[Ox]——氧化态浓度，mol·L^{-1}；

[Red]——还原态浓度，mol·L^{-1}。

当温度为298.15K时，将各常数代入上式，把自然对数换成常用对数，可简化为：

$$\varphi=\varphi^{\ominus}+\frac{0.0592}{n}\lg\frac{[Ox]}{[Red]} \tag{6-3}$$

应用能斯特方程式时需注意以下几点：

① 计算前，首先配平电极反应式。

② 若半电池反应式中氧化态、还原态物质前的系数不等于1时，则氧化态、还原态物质的浓度应以该系数为指数代入公式。

③ 若电极反应式中氧化态、还原态为纯固体或纯液体（包括水），不必代入方程式中；若为气体则用分压表示（气体分压代入公式时，应除以标准态压力101.3 kPa）。

④ 若电极反应中有H^+或OH^-参加反应，则这些离子的浓度也应写在方程式中。

【例 6-4】 计算298.15K时，当[Fe^{3+}]=1mol·L^{-1}，[Fe^{2+}]=0.0001mol·L^{-1}时，电对Fe^{3+}/Fe^{2+}的电极电势。

解 查附录2知 $Fe^{3+}+e^- \rightleftharpoons Fe^{2+}$，$\varphi^{\ominus}=0.771V$

298.15K时，根据能斯特公式：

$$\begin{aligned}\varphi&=\varphi^{\ominus}(Fe^{3+}/Fe^{2+})+\frac{0.0592}{n}\lg\frac{[Fe^{3+}]}{[Fe^{2+}]}\\&=0.771+\frac{0.0592}{1}\lg\frac{1}{0.0001}\\&=1.008(V)\end{aligned}$$

计算结果表明，氧化态物质的浓度越大，还原态物质的浓度越小，则电极电势就越高。

相反，如在此溶液里加入 NaF，则由于生成解离度很小的 FeF_3 等型体，使 Fe^{3+} 浓度降低，电极电势也跟着降低。

在许多电极反应中，H^+ 或 OH^- 参加了反应，溶液酸度变化常常显著影响电极电势。

【例 6-5】 已知电极反应 $MnO_4^- + 8H^+ + 5e^- \rightleftharpoons Mn^{2+} + 4H_2O$，$\varphi^\ominus = 1.507V$，$MnO_4^-$ 和 Mn^{2+} 浓度均为 $1mol \cdot L^{-1}$，计算 298.15K 时，pH=6 时此电极的电极电势。

解 298.15K 时，根据能斯特公式：

$$\varphi = \varphi^\ominus(MnO_4^-/Mn^{2+}) + \frac{0.0592}{5}\lg\frac{[MnO_4^-][H^+]^8}{[Mn^{2+}]}$$

$$= \varphi^\ominus(MnO_4^-/Mn^{2+}) + \frac{0.0592}{5}\lg(10^{-6})^8$$

$$= 0.9391(V)$$

计算结果表明，溶液 pH 值越大，电极电势值越小，MnO_4^- 的氧化能力越弱。反之，pH 值越小，即溶液的酸度越大，电极电势越大，MnO_4^- 的氧化能力越强。

6.2.3 电极电势的应用

标准电极电势是电化学中极为重要的数据，应用它可以定量比较氧化剂及还原剂的强弱，判断标准状态下氧化还原反应的方向和次序等。

(1) 比较氧化剂及还原剂的强弱

在标准状态下氧化剂和还原剂的相对强弱，可直接比较 $\varphi^\ominus$ 值的大小。$\varphi^\ominus$ 大，电对中氧化态物质的氧化能力强，是强氧化剂；而对应的还原态物质的还原能力弱，是弱还原剂。反之亦然。

【例 6-6】 比较标准状态下，下列电对物质氧化还原能力的相对大小。

$$\varphi^\ominus(Cl_2/Cl^-) = 1.36V；\varphi^\ominus(I_2/I^-) = 0.53V$$

解 比较上述电对 $\varphi^\ominus$ 的大小可知，氧化态物质的氧化能力相对大小为：$Cl_2 > I_2$。还原态物质的还原能力相对大小为：$I^- > Cl^-$。

值得注意的是，标准电极电势 $\varphi^\ominus$ 的大小只可用于判断标准状态下氧化剂、还原剂氧化还原能力的相对强弱。若电对处于非标准状态时，应根据能斯特公式计算出 φ 值，然后用 φ 值大小来判断物质的氧化性和还原性的强弱。

(2) 判断氧化还原反应进行的方向

两种物质之间能否发生氧化还原反应，取决于它们的电极电势的差别。氧化还原反应的自发进行方向总是强的氧化剂从强的还原剂那里夺取电子，变成弱的还原剂和弱的氧化剂，即：

$$强氧化剂1 + 强还原剂2 = 弱还原剂1 + 弱氧化剂2$$

因此，利用标准电极电势表，可以判断标准状态下氧化还原反应自发进行的方向。

【例 6-7】 判断 $2Fe^{2+} + Br_2 \rightleftharpoons 2Fe^{3+} + 2Br^-$ 反应在标准状态下的反应方向。

解 将此氧化还原反应拆成两个半反应，并查出它们的标准电极电势：

$$Fe^{2+} - e^- \rightleftharpoons Fe^{3+} \qquad \varphi^\ominus(Fe^{3+}/Fe^{2+}) = 0.771V$$
$$Br_2 + 2e^- \rightleftharpoons 2Br^- \qquad \varphi^\ominus(Br_2/Br^-) = 1.087V$$

由于 $\varphi^\ominus(Br_2/Br^-) > \varphi^\ominus(Fe^{3+}/Fe^{2+})$，所以氧化能力 $Br_2 > Fe^{3+}$，还原能力 $Br^- < Fe^{2+}$，因此，Br_2 是比 Fe^{3+} 更强的氧化剂，Fe^{2+} 是比 Br^- 更强的还原剂。故 Br_2 能将 Fe^{2+} 氧化，该反应自发向右进行。

由此可得出结论：氧化还原反应就是由较强的氧化剂与较强的还原剂作用转化为较弱的还原剂和较弱的氧化剂的过程。

不过，一般说来 $\varphi^\ominus$ 值只能用来判断标准态下氧化还原反应的方向，不能直接用于非标准态下的氧化还原反应，因为氧化剂和还原剂的浓度、溶液的酸度、沉淀的生成和配合物的形成等对氧化还原电对的电极电势有影响，故它们都有可能影响反应进行的方向。

（3）判断氧化还原反应进行的程度

滴定分析要求化学反应必须定量地进行，尽可能地反应完全。一个化学反应的完成程度可从该反应的平衡常数大小定量地判断。298 K 时，任一氧化还原反应的标准平衡常数 $K^\ominus$ 和标准电动势 $E^\ominus$ 之间的关系为：

$$\lg K^\ominus = \frac{nE^\ominus}{0.0592} \tag{6-4}$$

n 为两电对电子转移数的最小公倍数。

该式表明，在一定温度下，氧化还原反应的平衡常数与标准电池电动势有关，与反应物的浓度无关。$E^\ominus$ 越大，平衡常数就越大，反应进行越完全。因此，可以用 $K^\ominus$ 的大小来估计反应进行的程度。一般来说，$E^\ominus \geqslant 0.4V$ 的氧化还原反应，其平衡常数均大于 10^6，表明反应进行的程度已相当完全了。$K^\ominus$ 值大小可以说明反应进行的程度，但不能决定反应速率。

【例 6-8】 在标准态下，Ag^+ 与 Fe^{2+} 的反应能否进行完全？计算反应的平衡常数。

解 查附录 2 可知，标准态下 $\varphi^\ominus(Ag^+/Ag) = 0.7995V$，$\varphi^\ominus(Fe^{3+}/Fe^{2+}) = 0.771V$

$$\lg K^\ominus = \frac{nE^\ominus}{0.0592} = \frac{1 \times (0.7995 - 0.771)}{0.0592} = 0.4814$$
$$K^\ominus = 3.03$$

此平衡常数很小，故反应进行得很不完全。

（4）判断氧化还原反应进行的次序

在不考虑动力学因素的情况下，当一种氧化剂可以氧化同一体系中的几种还原剂时，首先氧化最强的还原剂（电极电势最低者）。同理，同一体系中一种还原剂可以还原几种氧化剂时，首先还原最强的氧化剂（电极电势最高者）。

例如，在含有 Fe^{2+} 和 Sn^{2+} 的溶液中，滴入 $KMnO_4$ 溶液时，首先发生什么反应呢？查表可知：

$$\left.\begin{array}{l}\left.\begin{array}{l}\varphi^\ominus(MnO_4^-/Mn^{2+}) = 1.51V \\ \varphi^\ominus(Fe^{3+}/Fe^{2+}) = 0.77V\end{array}\right\}\text{相差 } 0.74V \\ \varphi^\ominus(Sn^{4+}/Sn^{2+}) = 0.15V\end{array}\right\}\text{相差 } 1.36V$$

从标准电极电势看，Sn^{2+} 的还原能力比较强，$KMnO_4$ 首先氧化 Sn^{2+}，只有将 Sn^{2+} 完全氧化后才能氧化 Fe^{2+}。

必须指出，以上判断只有在有关的氧化还原反应速率足够快的情况下才是正确的。

6.3 氧化还原滴定法

氧化还原滴定法通常根据氧化剂的名称来命名，如高锰酸钾法、重铬酸钾法、碘量法、溴酸钾法等。

在氧化还原滴定过程中，随着滴定剂的加入，溶液中各电对的电极电势不断发生变化，这种变化和其他类型的滴定一样，呈现出规律性的变化，可用滴定曲线描述，也可根据指示剂的变色来确定滴定终点。常用的指示剂有：自身指示剂（如高锰酸钾）、专属指示剂（如淀粉）、氧化还原指示剂（如二苯胺磺酸钠）。

6.3.1 高锰酸钾法

(1) 概述

以 $KMnO_4$ 为滴定剂的氧化还原滴定法称为高锰酸钾法。$KMnO_4$ 是一种强氧化剂。它的氧化能力和还原产物与溶液的酸度有关，见表 6-1。

表 6-1 $KMnO_4$ 的氧化性与溶液酸度的关系

介质	反应方程式	$\varphi^{\ominus}/V$
强酸性	$MnO_4^- + 8H^+ + 5e^- \rightleftharpoons Mn^{2+} + 4H_2O$	1.507
弱酸性、中性、弱碱性	$MnO_4^- + 2H_2O + 3e^- \rightleftharpoons MnO_2\downarrow + 4OH^-$	0.59
强碱性	$MnO_4^- + e^- \rightleftharpoons MnO_4^{2-}$	0.564

由此可见，酸度的控制对高锰酸钾法非常重要。高锰酸钾法一般都在强酸性溶液中进行，采用 H_2SO_4 而不用 HCl 和 HNO_3。在中性或弱酸、碱性介质中，MnO_4^- 的还原产物为褐色的 MnO_2 沉淀，溶液变浑浊，终点不易判断。但由于在碱性条件下其反应速率较快，所以高锰酸钾法测定有机物一般在碱性介质中进行。

$KMnO_4$ 法的优点是 $KMnO_4$ 氧化能力强，应用广泛，本身呈紫红色，滴定时不需另加指示剂。其缺点是 $KMnO_4$ 试剂常含有少量杂质，易与水和空气中的还原性物质起反应，因此标准溶液不够稳定，标定后不宜长期使用。又由于 $KMnO_4$ 氧化能力强，可以与很多还原性物质发生反应，干扰比较严重。

高锰酸钾溶液的配制与标定

(2) $KMnO_4$ 溶液的配制和标定

市售 $KMnO_4$ 常含有少量 MnO_2 和其他杂质，$KMnO_4$ 溶液还能自行分解，热、光、酸、碱等外界条件的变化都会促进其分解，因而 $KMnO_4$ 标准溶液不能直接配制。为得到较稳定的 $KMnO_4$ 溶液，通常按下列方法配制和保存。

① 可称取稍多于理论量的 $KMnO_4$，并溶解在一定体积的蒸馏水中。

② 将配制好的溶液加热煮沸，冷却后贮存于棕色瓶中，放置数天，使溶液中可能存在的还原性物质完全氧化。

③ 用微孔玻璃漏斗过滤除去析出的 MnO_2 沉淀。

④ 将过滤后的 $KMnO_4$ 溶液贮存于棕色瓶中，存放于暗处，以待标定。使用经久放置的 $KMnO_4$ 溶液时，应重新标定其浓度。

标定 $KMnO_4$ 溶液的基准物质相当多，如 $(NH_4)_2Fe(SO_4)_2$、$Na_2C_2O_4$、$H_2C_2O_4 \cdot 2H_2O$、As_2O_3 和纯金属铁丝等。其中以 $Na_2C_2O_4$ 较为常用，因为它容易提纯，性质稳定，不含结晶水。$Na_2C_2O_4$ 在 105 ～ 110℃烘干约 2 h，冷却后就可以使用。

在 H_2SO_4 溶液（保持 H^+ 浓度为 0.5 ～ $1mol \cdot L^{-1}$）中，MnO_4^- 和 $C_2O_4^-$ 的反应如下：

$$5C_2O_4^{2-}+2MnO_4^-+16H^+ \xlongequal{} 2Mn^{2+}+10CO_2\uparrow+8H_2O$$

由于在室温下反应缓慢，为使该反应能定量地、较快地进行，需控制如下的滴定条件：

① 温度　该反应合适的温度为 70 ～ 85℃，温度不宜过高，若高于 90℃，会使部分 $H_2C_2O_4$ 发生分解。

② 酸度　$KMnO_4$ 的还原产物与溶液的酸度有关。滴定开始时，一般将酸的浓度控制在 $0.5 \sim 1.0mol \cdot L^{-1}$。

③ 滴定速度　由于 MnO_4^- 和 $C_2O_4^{2-}$ 的反应是自动催化反应，生成的 Mn^{2+} 就是此反应的催化剂。滴定开始时，加入的第一滴 $KMnO_4$ 溶液褪色缓慢，所以开始滴定时，滴定速度要慢些，在滴入的 $KMnO_4$ 紫红色没有褪去以前，不要加入第二滴，否则加入的 $KMnO_4$ 溶液来不及与 $C_2O_4^{2-}$ 反应，而在热的酸性溶液中发生分解。

④ 滴定终点　$KMnO_4$ 法滴定终点是不太稳定的，这是由于空气中的还原性气体及尘埃等杂质可以使 $KMnO_4$ 缓慢分解，粉红色消失，故 30s 不褪色即可认为已达终点。

（3）高锰酸钾法应用示例

① H_2O_2 的测定　在酸性溶液中，可用 $KMnO_4$ 溶液直接滴定 H_2O_2，其反应为：

$$5H_2O_2+2MnO_4^-+6H^+ \rightleftharpoons 2Mn^{2+}+5O_2\uparrow+8H_2O$$

因为 H_2O_2 易分解，不能加热，与用 $KMnO_4$ 直接滴定草酸一样，开始时反应较慢，在反应产生 Mn^{2+} 后，反应加速。许多还原性物质，如 Fe^{2+}、As(Ⅲ)、Sb(Ⅲ)、NO_2^- 等都可用 $KMnO_4$ 标准溶液直接滴定。

催化剂对化学反应速率的影响

H_2O_2 的质量分数可按下式计算：

$$w_{H_2O_2}=\frac{5}{2}\times\frac{c_{KMnO_4}V_{KMnO_4}M_{H_2O_2}}{m_s}\times10^{-3}$$

② Ca^{2+} 的测定　Ca^{2+} 不能直接被氧化，采用间接滴定法测定 Ca^{2+}。将 Ca^{2+} 定量地沉淀为 CaC_2O_4，经过过滤、洗涤后的 CaC_2O_4 溶于稀的热 H_2SO_4 溶液，用 $KMnO_4$ 标准溶

液滴定试液中的 $H_2C_2O_4$，反应如下：

$$Ca^{2+}+C_2O_4^{2-} \xlongequal{} CaC_2O_4\downarrow$$

$$CaC_2O_4+2H^+ \xlongequal{} Ca^{2+}+H_2C_2O_4$$

$$5H_2C_2O_4+2MnO_4^-+6H^+ \xlongequal{} 2Mn^{2+}+10CO_2\uparrow+8H_2O$$

Ca^{2+} 的质量分数可按下式计算：

$$w_{Ca}=\frac{5}{2}\times\frac{c_{KMnO_4}V_{KMnO_4}M_{Ca}}{m_s}\times10^{-3}$$

根据 Ca^{2+} 与 $C_2O_4^{2-}$ 生成 1∶1 的 CaC_2O_4 沉淀，由滴定 $H_2C_2O_4$ 所消耗的 $KMnO_4$ 的量计算 Ca^{2+} 的含量。凡能与 $C_2O_4^{2-}$ 定量地生成沉淀的金属离子，都可以用上述方法测定，如 Th^{4+} 和稀土元素的测定。

【例 6-9】 准确称取 0.4100g 已于 105℃ 烘干的 $Na_2C_2O_4$ 基准试剂，溶于水后移至 250mL 容量瓶，稀释至标线摇匀。移取 50.00mL 溶液，经 H_2SO_4 酸化后，用 $KMnO_4$ 溶液滴定至终点，消耗 23.18mL，计算 $KMnO_4$ 溶液的浓度。

解 $$5C_2O_4^{2-}+2MnO_4^-+16H^+ \xlongequal{} 2Mn^{2+}+10CO_2\uparrow+8H_2O$$

$$n_{KMnO_4}=\frac{2}{5}n_{Na_2C_2O_4}$$

$$c_{KMnO_4}V_{KMnO_4}=\frac{2}{5}\times\frac{m_{Na_2C_2O_4}}{M_{Na_2C_2O_4}}$$

$$c_{KMnO_4}=\frac{2}{5}\times\frac{m_{Na_2C_2O_4}}{V_{KMnO_4}M_{Na_2C_2O_4}}$$

$$=\frac{2}{5}\times\frac{0.4100\times\frac{50.00}{250.0}}{23.18\times10^{-3}\times134.0}=0.01056(mol\cdot L^{-1})$$

【例 6-10】 陨石中的铁含量可以用 $KMnO_4$ 法测定。将 0.4185g 试样溶解在酸中，用还原剂把游离的 Fe^{3+} 还原为 Fe^{2+}。用 $0.02500mol\cdot L^{-1}$ 的 $KMnO_4$ 标准溶液来滴定 Fe^{2+}，需要 41.27mL 才能达到终点。求陨石中 Fe_2O_3 的质量分数。

解 $$MnO_4^-+5Fe^{2+}+8H^+ \xlongequal{} Mn^{2+}+5Fe^{3+}+4H_2O$$

$$n_{Fe^{2+}}=5n_{KMnO_4}$$

$$w_{Fe_2O_3}=\frac{5c_{KMnO_4}V_{KMnO_4}}{m_s}\times\frac{M_{Fe_2O_3}}{2}$$

$$=\frac{5\times0.02500\times41.27\times10^{-3}}{0.4185}\times\frac{159.69}{2}=0.9842$$

6.3.2 重铬酸钾法

(1) 概述

与 $KMnO_4$ 法相比，$K_2Cr_2O_7$ 法的优点是：①$K_2Cr_2O_7$ 容易提纯，在 140 ～250℃ 干燥

后，可以直接称量配制标准溶液；② $K_2Cr_2O_7$ 标准溶液非常稳定，可以长期保存；③$K_2Cr_2O_7$ 的氧化能力稍弱于 $KMnO_4$，与大多数有机物反应较慢，受其他还原性物质的干扰也比 $KMnO_4$ 法少。

在酸性溶液中与还原剂作用时，$Cr_2O_7^{2-}$ 被还原为 Cr^{3+}：

$$Cr_2O_7^{2-}+14H^++6e^- \rightleftharpoons 2Cr^{3+}+7H_2O \qquad \varphi^{\ominus}=1.33V$$

$K_2Cr_2O_7$ 的还原产物 Cr^{3+} 呈绿色，终点时无法辨别出过量的 $K_2Cr_2O_7$ 的黄色，因而须加入指示剂，常用二苯胺磺酸钠作为指示剂。

（2）重铬酸钾法应用实例

试样中铁含量可用 $K_2Cr_2O_7$ 法测定。$K_2Cr_2O_7$ 法测定铁是基于下列反应：

$$Cr_2O_7^{2-}+6Fe^{2+}+14H^+ \rightleftharpoons 2Cr^{3+}+6Fe^{3+}+7H_2O$$

Fe^{2+} 是测定形式，所以试样在测定前应先定量制备成 Fe^{2+} 试液。滴定反应是在 H_2SO_4-H_3PO_4 混合酸介质中进行的，以二苯胺磺酸钠作指示剂，终点时溶液颜色由绿色突变为紫色。试样中铁的含量可按下式进行计算：

$$w_{Fe}=\frac{6c_{Cr_2O_7^{2-}}V_{Cr_2O_7^{2-}}M_{Fe}}{m_s}\times10^{-3}$$

为减小终点误差，常于试液中加入 H_3PO_4，使 Fe^{3+} 生成无色的稳定的 $Fe(HPO_4)_2^-$，降低了 Fe^{3+}/Fe^{2+} 电对的电势，因而滴定突跃范围增大。此外，由于生成无色的 $Fe(HPO_4)_2^-$，消除了 Fe^{3+} 的黄色对观察终点的影响。

【例 6-11】 0.1000g 工业甲醇，在 H_2SO_4 溶液中与 25.00mL 0.01667mol·L^{-1} $K_2Cr_2O_7$ 溶液作用。反应完成后以 0.1000mol·L^{-1} $(NH_4)_2Fe(SO_4)_2$ 溶液滴定剩余的 $K_2Cr_2O_7$，用去 10.00mL，求试样中甲醇的质量分数。

解 $K_2Cr_2O_7$ 与甲醇的反应为：

$$CH_3OH+Cr_2O_7^{2-}+8H^+ \rightleftharpoons CO_2+2Cr^{3+}+6H_2O$$

过量的 $K_2Cr_2O_7$ 与 Fe^{2+} 的反应为：

$$Cr_2O_7^{2-}+6Fe^{2+}+14H^+ \rightleftharpoons 2Cr^{3+}+6Fe^{3+}+7H_2O$$

与 CH_3OH 作用的 $K_2Cr_2O_7$ 的物质的量应为加入 $K_2Cr_2O_7$ 的总物质的量减去与 Fe^{2+} 作用的 $K_2Cr_2O_7$ 的物质的量。

由反应可知： $$n_{CH_3OH}=n_{Cr_2O_7^{2-}}=\frac{1}{6}n_{Fe^{2+}}$$

$$w_{CH_3OH}=\frac{(c_{K_2Cr_2O_7}V_{K_2Cr_2O_7}-\frac{1}{6}c_{Fe^{2+}}V_{Fe^{2+}})M_{CH_3OH}}{m_s}$$

$$=\frac{(0.01667\times25.00-\frac{1}{6}\times0.1000\times10.00)\times10^{-3}\times32.04}{0.1000}$$

$$=0.08013$$

6.3.3 碘量法

(1) 概述

碘量法是利用I_2的氧化性和I^-的还原性来进行滴定的方法。其半反应为：

$$I_2 + 2e^- \rightleftharpoons 2I^-$$

由于固体I_2在水中溶解度很小（$0.00133mol \cdot L^{-1}$），故应用时通常将I_2溶解在KI溶液中，形成I_3^-（为方便起见，一般简写为I_2）。其半反应为：

$$I_3^- + 2e^- \rightleftharpoons 3I^- \qquad \varphi^{\ominus} = 0.545V$$

由I_2/I^-电对的$\varphi^{\ominus}$可知，I_2是一种较弱的氧化剂，它只能与一些较强的还原剂作用；I^-为中等强度的还原剂，可被一般氧化剂（如$K_2Cr_2O_7$、KIO_3、Cu^{2+}、Br_2）定量氧化而析出I_2。因此，碘量法可分为直接碘量法和间接碘量法。

① 直接碘量法　利用I_2的氧化性，以淀粉为指示剂，用I_2标准溶液直接滴定S^{2-}、SO_3^{2-}、As(Ⅲ）等还原性物质。由于I_2的氧化能力不强，能被I_2氧化的物质不多，而且受溶液H^+浓度的影响很大，例如在碱性溶液中发生下列歧化反应：

$$3I_2 + 6OH^- \rightleftharpoons IO_3^- + 5I^- + 3H_2O$$

这会给测定带来误差。同时，由于I_2标准溶液不易配制和贮存，所以直接碘量法的应用受到限制。

② 间接碘量法　利用I^-的还原性，用电极电势比它高的氧化剂在一定条件下将其定量氧化为I_2，生成的I_2再用$Na_2S_2O_3$标准溶液滴定。其反应为：

$$2I^- \rightleftharpoons I_2 + 2e^-$$

$$I_2 + 2S_2O_3^{2-} \rightleftharpoons 2I^- + S_4O_6^{2-}$$

由于能与I^-作用定量析出I_2的氧化性物质很多，因此间接碘量法应用更为广泛，可以间接测定Cu^{2+}、$KMnO_4$、$K_2Cr_2O_7$、H_2O_2、IO_3^-、BrO_3^-、NO_2^-等多种氧化性物质。

(2) 间接碘量法的测定条件

为获得准确结果，应用间接碘量法时，必须注意以下条件：

① 控制溶液的酸度　$S_2O_3^{2-}$和I_2的反应迅速、完全，但必须在中性或弱酸性溶液中进行。在碱性溶液中$S_2O_3^{2-}$和I_2将发生如下的副反应：

$$S_2O_3^{2-} + 4I_2 + 10OH^- \rightleftharpoons 2SO_4^{2-} + 8I^- + 5H_2O$$

而且I_2在碱性溶液中还会发生歧化反应。

在强酸性溶液中，$Na_2S_2O_3$会发生分解。

$$S_2O_3^{2-} + 2H^+ \rightleftharpoons SO_2\uparrow + S\downarrow + H_2O$$

同时I^-在酸性溶液中容易被空气里的氧所氧化。

$$4I^- + 4H^+ + O_2 \rightleftharpoons 2I_2 + 2H_2O$$

② 防止I_2的挥发和I^-被氧化　I_2易挥发和I^-易被氧化是误差的主要来源。为此：a. 必须加入过量的KI（比理论量大2～3倍），使I_2形成I_3^-而增大I_2的溶解度，降低I_2的

挥发；b. 反应在室温下进行，温度不能太高；c. 应避免阳光直射，同时使用带磨口玻璃塞的碘瓶；d. 滴定时不要过分摇动，操作宜迅速，以减少 I^- 与空气的接触；e. 淀粉指示剂应在接近终点时加入，若加入过早，则大量 I_2 与淀粉结合成蓝色物质，这一部分 I_2 就不容易与 $Na_2S_2O_3$ 反应，而产生误差。

（3）标准溶液的配制和标定

碘量法经常使用 $Na_2S_2O_3$ 和 I_2 两种标准溶液。

① $Na_2S_2O_3$ 标准溶液的配制和标定　结晶 $Na_2S_2O_3 \cdot 5H_2O$ 容易风化，一般都含有少量 S、Na_2SO_3、NaCl 等杂质，因此不能用直接法配制标准溶液。$Na_2S_2O_3$ 溶液不稳定，其浓度容易改变。造成 $Na_2S_2O_3$ 分解的原因有微生物、CO_2、空气中的 O_2 等。

$$Na_2S_2O_3 = Na_2SO_3 + S\downarrow$$
$$S_2O_3^{2-} + CO_2 + H_2O = HSO_3^- + HCO_3^- + S\downarrow$$
$$2Na_2S_2O_3 + O_2 = 2Na_2SO_4 + 2S\downarrow$$

因此配制 $Na_2S_2O_3$ 溶液时，为了减少溶解在水中的 CO_2 和杀死水中的细菌，应使用新煮沸、冷却的蒸馏水，并加入少量 Na_2CO_3 使溶液呈碱性，以抑制细菌的生长。此外，水中微量的 Cu^{2+} 和 Fe^{2+} 也能促使 $Na_2S_2O_3$ 溶液分解，日光也能促进它的分解。所以，$Na_2S_2O_3$ 溶液应贮存于棕色瓶中，放置暗处 8 ～ 14 天后再标定。这样配制的溶液较稳定，但也不宜长期保存，使用一段时间后应重新标定。如果发现溶液变浑浊，表示有硫析出。这种情况下溶液浓度变化很快，应将其过滤后再标定，或者另配溶液。

标定 $Na_2S_2O_3$ 溶液的基准物质有 KIO_3、$KBrO_3$、$K_2Cr_2O_7$ 等，尤以 $K_2Cr_2O_7$ 最常用。标定时，移取一定量的基准物标准溶液，在弱酸性溶液中与过量 KI 作用，析出的 I_2 用 $Na_2S_2O_3$ 溶液滴定。

$$Cr_2O_7^{2-} + 6I^- + 14H^+ = 2Cr^{3+} + 3I_2 + 7H_2O$$
$$I_2 + 2S_2O_3^{2-} = 2I^- + S_4O_6^{2-}$$

② I_2 标准溶液的配制和标定　用升华法制得的纯碘，可用直接法配制标准溶液。但由于碘的挥发性，不宜在分析天平上称量，故通常用市售的 I_2 配制一个近似浓度的溶液，然后再进行标定。I_2 在水中溶解度很小，易溶于 KI 溶液，所以配制时应将 I_2 加入浓 KI 溶液，形成 I_3^-，以提高 I_2 的溶解度和降低 I_2 的挥发。

日光能促进 I^- 的氧化，遇热能使 I_2 挥发，这些都会使碘溶液的浓度改变。碘标准溶液应保存在棕色瓶内，并放置暗处，贮存和使用碘标准溶液应避免与橡胶制品接触。

标定 I_2 溶液的基准物质常用的是 As_2O_3，As_2O_3 难溶于水，但可溶于碱溶液，生成亚砷酸盐。

$$As_2O_3 + 6OH^- = 2AsO_3^{3-} + 3H_2O$$

AsO_3^{3-} 与 I_2 的反应为：

$$AsO_3^{3-} + I_2 + H_2O = AsO_4^{3-} + 2I^- + 2H^+$$

（4）碘量法应用示例

① 漂白粉中有效氯的测定　漂白粉的主要成分是 $Ca(ClO)_2$，另外还有 $CaCl_2$、$Ca(ClO_3)_2$ 及 CaO 等。漂白粉的质量以能释放出来的氯量作为标准，称为有效氯，以 w_{Cl}

表示。它的含量一般用碘量法测定。

测定漂白粉中有效氯的方法为：溶液用稀 H_2SO_4 酸化后，在试样溶液中加入过量的 KI，生成的 I_2 用 $Na_2S_2O_3$ 标准溶液滴定，反应为

$$ClO^- + 2I^- + 2H^+ \longrightarrow I_2 + Cl^- + H_2O$$

$$I_2 + 2S_2O_3^{2-} \longrightarrow 2I^- + S_4O_6^{2-}$$

有效氯的计算公式为：

$$w_{Cl_2} = \frac{1}{2} \times \frac{c_{Na_2S_2O_3} V_{Na_2S_2O_3} M_{Cl_2}}{m_s} \times 10^{-3}$$

② 铜合金中铜含量的测定　试样可以用 H_2O_2 和 HCl 分解（也可以用 HNO_3 分解，但低价氮的氧化物可氧化 I^-，故需用浓 H_2SO_4 蒸发除去）。

$$Cu + 2HCl + H_2O_2 \longrightarrow CuCl_2 + 2H_2O$$

过量的 H_2O_2 通过煮沸除去，调节溶液的酸度至 pH 值在 3.2 ～ 4.0，加入 KI，析出 I_2。

$$2Cu^{2+} + 4I^- \longrightarrow 2CuI\downarrow + I_2$$

生成的 I_2 用 $Na_2S_2O_3$ 标准溶液滴定。上述反应是可逆的，为了促使反应完全，应加入过量的 KI。

测定结果可按下式计算：

$$w_{Cu} = \frac{c_{Na_2S_2O_3} V_{Na_2S_2O_3} M_{Cu}}{m_s} \times 10^{-3}$$

该方法也适用于测定铜矿、炉渣、电镀液以及胆矾等试样中的铜。

【例 6-12】 称取制造油漆的填料红丹（Pb_3O_4）0.1000g，用盐酸溶解，加热后加入 0.02000mol·L^{-1} $K_2Cr_2O_7$ 溶液 25.00mL，析出 $PbCrO_4$：

$$2Pb^{2+} + Cr_2O_7^{2-} + H_2O \longrightarrow 2PbCrO_4\downarrow + 2H^+$$

冷却后过滤，洗涤，将 $PbCrO_4$ 沉淀用盐酸溶解，加入 KI 溶液，以淀粉为指示剂，用 0.1000mol·L^{-1} $Na_2S_2O_3$ 溶液滴定时，用去 12.00mL。求试样中 Pb_3O_4 的质量分数（提示：$Pb_3O_4 + 8HCl \longrightarrow 3PbCl_2 + Cl_2 + 4H_2O$）。

解　根据题意，$PbCrO_4$ 沉淀溶解后又重新生成 $H_2Cr_2O_7$，由反应方程式可得如下关系：

$$Pb_3O_4 \sim 3PbCrO_4 \sim \frac{3}{2}H_2Cr_2O_7 \sim \frac{3}{2} \times 6\ Na_2S_2O_3$$

$$w_{Pb_3O_4} = \frac{c_{Na_2S_2O_3} V_{Na_2S_2O_3} M_{Pb_3O_4}}{9 \times m_s} \times 10^{-3}$$

$$= \frac{0.1000 \times 12.00 \times 10^{-3} \times 685.6}{9 \times 0.1000} = 0.9141$$

拓展资料扫一扫

高级氧化技术

电子课件扫一扫

氧化还原滴定技术

目标检测

一、选择题

1. 为标定 $KMnO_4$ 溶液的浓度，宜选择的基准物是（　　）。

A. $Na_2S_2O_3$　　B. Na_2SO_3　　C. $FeSO_4 \cdot 7H_2O$　　D. $Na_2C_2O_4$

2. 在用 $K_2Cr_2O_7$ 法测定 Fe 时，加入 H_3PO_4 的主要目的是（　　）。

A. 提高酸度，使滴定反应趋于完全

B. 提高化学计量点前 Fe^{3+}/Fe^{2+} 电对的电位，使二苯胺磺酸钠不致提前变色

C. 降低化学计量点前 Fe^{3+}/Fe^{2+} 电对的电位，使二苯胺磺酸钠在突跃范围内变色

D. 有利于形成 Hg_2Cl_2 白色丝状沉淀

3. 氧化还原滴定的主要依据是（　　）。

A. 滴定过程中氢离子浓度发生变化

B. 滴定过程中金属离子浓度发生变化

C. 滴定过程中电极电势发生变化

D. 滴定过程中有配合物生成

4. 用氧化还原法测定氯化钡的含量时，先将 Ba^{2+} 沉淀为 $Ba(IO_3)_2$，过滤后溶解于酸，加入过量 KI，用 $Na_2S_2O_3$ 标准溶液滴定，则 $BaCl_2$ 与 $Na_2S_2O_3$ 之间的计量关系是（　　）。

A. $\dfrac{n_{BaCl_2}}{n_{Na_2S_2O_3}}=\dfrac{1}{2}$　　B. $\dfrac{n_{BaCl_2}}{n_{Na_2S_2O_3}}=\dfrac{1}{4}$

C. $\dfrac{n_{BaCl_2}}{n_{Na_2S_2O_3}}=\dfrac{1}{3}$　　D. $\dfrac{n_{BaCl_2}}{n_{Na_2S_2O_3}}=\dfrac{1}{12}$

5. 碘量法测定 $CuSO_4$ 含量的过程中，加入过量 KI 的作用是（　　）。

A. 还原剂、沉淀剂和配位剂　　B. 缓冲剂、配位剂和预处理剂

C. 沉淀剂、指示剂和催化剂　　D. 氧化剂、配位剂和掩蔽剂

6. 用 $KMnO_4$ 标准溶液测定 H_2O_2 时，滴定至粉红色为终点。滴定完成后 5min 发现溶液粉红色消失，其原因是（　　）。

A. H_2O_2 未反应完全　　B. 实验室还原性气体使之褪色

C. $KMnO_4$ 部分生成了 MnO_2　　D. $KMnO_4$ 标准溶液浓度太稀

7. 标定 $Na_2S_2O_3$ 溶液浓度时，不直接用 $K_2Cr_2O_7$ 滴定 $Na_2S_2O_3$ 溶液的原因是

（　　）。

A. 反应没有确定的计量关系　　B. 没有合适的指示剂

C. 反应速率过慢　　D. $K_2Cr_2O_7$ 氧化能力不足

8. 下列各半反应中，发生还原过程的是（　　）。

A. $Fe \longrightarrow Fe^{2+}$　　B. $Co^{3+} \longrightarrow Co^{2+}$

C. $NO \longrightarrow NO_3^-$　　D. $H_2O_2 \longrightarrow O_2$

9. 在使用 $Na_2C_2O_4$ 基准物质标定 $KMnO_4$ 溶液浓度时，加热溶液的目的是（　　）。

A. 赶掉溶液中的溶解氧　　B. 赶掉反应中生成的 CO_2

C. 使草酸钠较容易分解　　D. 加快 $KMnO_4$ 与 $Na_2C_2O_4$ 反应的速率

10. 配制 Fe^{2+} 标准溶液时，为防止 Fe^{2+} 被氧化，应加入（　　）。

A. HCl　　B. H_3PO_4　　C. HF　　D. 金属铁

二、简答题

1. 常用的氧化还原滴定法有哪些？用于这些方法的指示剂有哪几类？

2. 为什么不能用直接法配制 $KMnO_4$ 标准溶液？配制和保存 $KMnO_4$ 标准溶液时应注意什么问题？

3. 碘量法的误差来源有哪些？配制、标定和保存 $Na_2S_2O_3$ 及 I_2 标准溶液时，应注意哪些问题？

三、计算题

1. 10.00mL 市售 H_2O_2（相对密度 $1.010g \cdot mL^{-1}$）需用 36.82mL $0.02400mol \cdot L^{-1}$ $KMnO_4$ 溶液滴定，计算溶液中 H_2O_2 的质量分数。

2. 称取软锰矿试样 0.4012g，以 0.4488g $Na_2C_2O_4$ 处理，滴定剩余的 $Na_2C_2O_4$ 需消耗 $0.01012mol \cdot L^{-1}$ $KMnO_4$ 标准溶液 30.20mL，计算试样中 MnO_2 的质量分数（提示：$Na_2C_2O_4$ 处理反应为 $MnO_2 + C_2O_4^{2-} + 4H^+ \longrightarrow Mn^{2+} + 2CO_2 + 2H_2O$）。

3. 将 1.000g 钢样中铬氧化成 $Cr_2O_7^{2-}$。加入 25.00mL $0.1000mol \cdot L^{-1}$ $FeSO_4$ 标准溶液。然后用 $0.01800mol \cdot L^{-1}$ $KMnO_4$ 标准溶液 7.00mL 回滴过量 $FeSO_4$。计算钢中铬的质量分数。

4. 为了用 KIO_3 作基准物标定 $Na_2S_2O_3$ 溶液，称取 0.1500g KIO_3 与过量 KI 作用。析出的碘用 $Na_2S_2O_3$ 溶液滴定，用去 24.00mL。此 $Na_2S_2O_3$ 标准溶液的浓度为多少（提示：$IO_3^- + 5I^- + 6H^+ \longrightarrow 3I_2 + 3H_2O$）？

5. 某试剂厂生产试剂 $FeCl_3 \cdot 6H_2O$，国家规定其二级品含量不少于 99.00%，三级品含量不少于 98.00%。为了检查质量，称取 0.5000g 试样，溶于水，加入浓 HCl 溶液 3mL 和 KI 试剂 2g，最后用 $0.1000mol \cdot L^{-1}$ $Na_2S_2O_3$ 标准溶液 18.17mL 滴定至终点。该试剂属于哪一级？

6. 现有硅酸盐 1.000g，用重量分析法测定其中铁及铝时，得 Fe_2O_3 + Al_2O_3 共重 0.5000g。将试样所含的铁还原后，用 $0.03533mol \cdot L^{-1}$ $K_2Cr_2O_7$ 溶液滴定时用去 25.00mL。试样中 Fe_2O_3 及 Al_2O_3 的质量分数各为多少？

四、设计题

设计用氧化还原滴定法测定试液中 Ba^{2+} 的浓度的方案，请用简单流程图表示分析过程，并指出主要条件、滴定剂、指示剂以及相应的计量关系和计算公式。

习题及参考答案

技能训练一

双氧水中过氧化氢含量的测定

过氧化氢含量的测定

一、实训目的

1. 掌握 $KMnO_4$ 溶液的配制与标定方法，了解自催化反应。
2. 学习 $KMnO_4$ 法测定 H_2O_2 的原理和方法。
3. 了解 $KMnO_4$ 自身指示剂的特点。

二、实训原理

在稀硫酸溶液中，H_2O_2 在室温下能定量、迅速地被高锰酸钾氧化，因此，可用高锰酸钾法测定其含量，有关反应式为

$$5H_2O_2+2MnO_4^-+6H^+ \xlongequal{} 2Mn^{2+}+5O_2\uparrow+8H_2O$$

该反应在开始时比较缓慢，滴入的第一滴 $KMnO_4$ 溶液不容易褪色，待生成少量 Mn^{2+} 后，由于 Mn^{2+} 的催化作用，反应速率逐渐加快。化学计量点后，稍微过量的滴定剂 $KMnO_4$（约 $10^{-6}mol\cdot L^{-1}$）呈现微红色指示终点的到达。根据 $KMnO_4$ 标准溶液的浓度和滴定所消耗的体积，可算出试样中 H_2O_2 的含量。

$KMnO_4$ 溶液的浓度可用基准物质 As_2O_3、纯铁丝或 $Na_2C_2O_4$ 等标定。若以 $Na_2C_2O_4$ 标定，其反应式为

$$5C_2O_4^{2-}+2MnO_4^-+16H^+ \xlongequal{} 2Mn^{2+}+10CO_2\uparrow+8H_2O$$

过氧化氢在工业、生物、医药等方面应用广泛。它可用于漂白毛、丝织物及消毒杀菌；纯 H_2O_2 能做火箭燃料的氧化剂；工业上可利用 H_2O_2 的还原性除去氯气；在生物方面，则可利用过氧化氢酶对 H_2O_2 分解反应的催化作用，来测量过氧化氢酶的活性。由于过氧化氢有着这样广泛的应用，故常需测定它的含量。

三、仪器与试剂

仪器　酸式滴定管，容量瓶，电子分析天平等。

试剂　$Na_2C_2O_4$ 基准试剂（在 105～115℃条件下烘干 2h 备用），H_2SO_4 溶液（$3mol\cdot L^{-1}$），$KMnO_4$ 溶液（$0.02mol\cdot L^{-1}$），H_2O_2 溶液，市售 30% H_2O_2。

四、实训过程

1. $KMnO_4$溶液的标定

用差减法准确称取0.15～0.2g $Na_2C_2O_4$基准物质3份，分别置于250mL锥形瓶中，向其中各加入30mL蒸馏水使之溶解，再各加入15mL 3mol·L^{-1} H_2SO_4溶液，然后将锥形瓶置于水浴上加热至70～85℃（刚好冒蒸气），趁热用待标定的$KMnO_4$溶液滴定至溶液呈微红色并保持30s不褪色即为终点。平行滴定3份，根据消耗的$KMnO_4$溶液的体积和$Na_2C_2O_4$的量，计算$KMnO_4$溶液的浓度。

2. H_2O_2含量的测定

用吸量管吸取1.00mL原装H_2O_2于250mL容量瓶中，加蒸馏水稀释至刻度，摇匀。移取25.00mL该稀溶液3份，分别置于250mL锥形瓶中，各加30mL H_2O和30mL 3mol·L^{-1} H_2SO_4溶液，然后用已标定的$KMnO_4$标准溶液滴定至溶液呈微红色并在30s内不消失，即为终点。如此平行滴定3份，根据$KMnO_4$标准溶液的浓度和滴定消耗的体积计算H_2O_2试样的质量浓度。

五、数据记录及处理

将数据及其处理结果填入表6-2中。

表6-2 H_2O_2含量的测定

项目＼次数	1	2	3
$m_{Na_2C_2O_4}$/g			
V_{KMnO_4}/mL			
c_{KMnO_4}/mol·L^{-1}			
$\overline{c}_{KMnO_4}$/mol·L^{-1}			
$V_{H_2O_2}$/mL			
V_{KMnO_4}/mL			
$\rho_{H_2O_2}$/g·L^{-1}			
$\overline{\rho}_{H_2O_2}$/g·L^{-1}			
相对偏差/%			

六、注释

由于H_2O_2与$KMnO_4$溶液开始反应速率很慢，$KMnO_4$紫色不易褪去，可以先滴加2～3滴1mol·L^{-1} $MnSO_4$溶液为催化剂，以加快反应速率。

七、思考题

1. 配制$KMnO_4$溶液应注意些什么？用基准物质$Na_2C_2O_4$标定$KMnO_4$时，应在什么条件下进行？

2. 用 $KMnO_4$ 法测定 H_2O_2 含量时，能否用 HNO_3 溶液、HCl 溶液或 HAc 溶液来调节溶液酸度？为什么？

3. 用 $KMnO_4$ 法测定 H_2O_2 含量时，能否在加热条件下滴定？为什么？

4. 配制 $KMnO_4$ 溶液时，过滤后的滤器上黏附的物质是什么？应选用什么试剂清洗好？

技能训练二

铜合金中铜含量的测定

一、实训目的

1. 掌握 $Na_2S_2O_3$ 的配制和标定方法。
2. 了解间接碘量法测定铜的原理。
3. 学习铜合金试样的溶解方法。

二、实训原理

铜合金种类很多，主要有黄铜和各种青铜，铜合金中铜含量的测定一般采用间接碘量法。在弱酸性条件下，Cu^{2+} 可以与过量的 KI 反应，生成 CuI，析出与 Cu^{2+} 相当的 I_2，以淀粉为指示剂，用 $Na_2S_2O_3$ 标准溶液滴定。反应式为：

$$2Cu^{2+}+5I^{-} = 2CuI\downarrow+I_3^{-}$$

$$I_2+2S_2O_3^{2-} = 2I^{-}+S_4O_6^{2-}$$

过量的KI可使 Cu^{2+} 完全还原，I^- 不仅是 Cu^{2+} 的还原剂，还是 Cu^+ 的沉淀剂和 I_2 的配位剂。既提高了 Cu^{2+}/Cu^+ 电对的条件电势，有利于反应进行；又使 I_2 生成 I_3^- 以防止 I_2 的挥发，减少 I_2 的损失。

间接碘量法测定 Cu^{2+} 时，必须在弱酸性或中性介质中进行。若试样中同时含有 Fe^{3+} 时，也可将 I^- 氧化为 I_2，干扰 Cu^{2+} 的测定。通常用 NH_4HF_2 控制溶液的 pH 为 3.0～4.0，而且，同时将 Fe^{3+} 转化为 FeF_6^{3-} 而掩蔽，以消除其对 Cu^{2+} 测定的干扰。

CuI 沉淀表面易吸附少量 I_2，而这部分 I_2 不与淀粉作用，使淀粉指示剂的蓝色提前消失。为此，在临近终点时加入 KSCN，使 CuI 转化为溶解度更小的 CuSCN，而 CuSCN 沉淀不吸附 I_2，从而使被 CuI 吸附的那部分 I_2 释放出来，使测定的准确度提高。

三、仪器与试剂

仪器　电子分析天平，酸式滴定管，容量瓶等。

试剂　$0.1mol\cdot L^{-1}$ $Na_2S_2O_3$ 溶液，$100g\cdot L^{-1}$ KI 溶液，$100g\cdot L^{-1}$ KSCN 溶液，$1mol\cdot L^{-1}$ H_2SO_4 溶液，$5g\cdot L^{-1}$ 淀粉指示剂，30% H_2O_2，Na_2CO_3 固体，$0.01667mol\cdot L^{-1}$ $K_2Cr_2O_7$ 标准溶液，$6mol\cdot L^{-1}$ HCl，$4mol\cdot L^{-1}NH_4HF_2$，HAc (1+1)，氨水 (1+1)，铜合金试样。

四、实训过程

1. $0.1mol\cdot L^{-1}$ $Na_2S_2O_3$ 溶液的配制

称取 13g $Na_2S_2O_3\cdot 5H_2O$ (AR) 置于 250mL 烧杯中，加入新煮沸并冷却的蒸馏水溶解，加入 Na_2CO_3 约 0.1g，转入棕色试剂瓶中，用相同蒸馏水稀释至 500mL，放置一周再标定。

2. 0.01667mol·L^{-1} $K_2Cr_2O_7$ 标准溶液的配制

准确称取烘干后的基准物质 $K_2Cr_2O_7$ 0.6129g，置于烧杯中，加水溶解，然后定量转移至250mL容器瓶中，加水稀释至刻度，摇匀。

3. 0.1mol·L^{-1} $Na_2S_2O_3$ 溶液的标定

准确移取 $K_2Cr_2O_7$ 标准溶液25.00mL于250mL碘量瓶中，加5mL 6mol·L^{-1} HCl，加KI固体2g，迅速盖上塞子，摇匀，水封，暗处放置5min。然后用100mL水稀释，用 $Na_2S_2O_3$ 溶液滴定至浅黄绿色时，加入2mL 5g·L^{-1} 的淀粉指示剂，继续滴定至蓝色完全消失而显亮绿色，即为终点，平行测定3次，计算 $Na_2S_2O_3$ 标准溶液的浓度。

4. 铜合金中铜含量的测定

准确称取黄铜试样（质量分数为80%～90%）0.10～0.15g，置于250mL锥形瓶中，加入10mL（1+1）HCl溶液，滴加约2mL 30% H_2O_2，加热使试样溶解完全后，继续加热使 H_2O_2 完全分解，然后煮沸1～2min。冷却后，加60mL水，滴加（1+1）氨水直到溶液中刚刚有稳定的沉淀出现，然后加入8mL（1+1）HAc、10mL NH_4HF_2 缓冲溶液、10mL KI溶液，用0.1mol·L^{-1} $Na_2S_2O_3$ 溶液滴定至浅黄色。再加3mL 5g·L^{-1} 淀粉指示剂，滴定至浅蓝色后，加入10mL NH_4SCN 溶液，继续滴定至蓝色消失。根据 $Na_2S_2O_3$ 标准溶液的浓度及消耗的体积计算Cu的含量（质量分数）。

五、数据记录及处理

将数据及其处理结果填入表6-3中。

表6-3 铜合金中铜含量的测定

项目 \ 次数	1	2	3
$m_{K_2Cr_2O_7}$/g			
$V_{K_2Cr_2O_7}$/mL			
$V_{Na_2S_2O_3}$/mL			
$c_{Na_2S_2O_3}$/mol·L^{-1}			
$\bar{c}_{Na_2S_2O_3}$/mol·L^{-1}			
$m_{铜合金}$/g			
$V_{Na_2S_2O_3}$/mL			
w_{Cu}/%			
$\overline{w}_{Cu}$/%			

六、注释

1. 本实训所用试剂种类较多，加入先后顺序不可颠倒。

2. 淀粉应在临近终点时加入，否则，大量碘与淀粉生成蓝色配位化合物，终点难以观察。

3. KSCN溶液只能在临近终点时加入，否则，溶液中大量存在的 I_2 可能氧化 SCN^-，从而影响测定的准确度。

七、思考题

1. 间接碘量法为什么在弱酸性或中性溶液中进行？能否在强酸性或碱性溶液中进行？

2. 本实验中为何要加入KSCN溶液和淀粉溶液？为何又不能过早地加入？

3. 配制$Na_2S_2O_3$溶液时，为什么用新煮沸放冷的蒸馏水？为什么加Na_2CO_3？能否先将$Na_2S_2O_3$溶于蒸馏水之后再煮沸？为什么？

4. 以$K_2Cr_2O_7$为基准物标定$Na_2S_2O_3$标准溶液浓度时，为何要加入过量KI和HCl溶液？为何要在暗处放置5min？滴定前为何要加水稀释？

综合实训

黄连素片中盐酸小檗碱的测定

一、实训目的

1. 掌握黄连素片中盐酸小檗碱的测定的原理和方法。

2. 掌握碘量法。

二、实训原理

市售的黄连素片（糖衣片、胶囊）主要成分是盐酸小檗碱（$C_{20}H_{18}ClNO_4 \cdot 2H_2O$，$M_r=407.85$），又称盐酸黄连素，是一种常用的杀菌药物。主要治疗胃肠炎、眼结膜炎、化脓性中耳炎等。它具有还原性，且能和$K_2Cr_2O_7$定量反应生成沉淀，反应的计量关系为$n_{K_2Cr_2O_7}:n_{C_{20}H_{18}ClNO_4}=1:2$，由于$K_2Cr_2O_7$的还原产物$Cr^{3+}$呈绿色，终点无法辨别出过量的$K_2Cr_2O_7$的黄色，而且又没有合适的指示剂，因而可先加入一定量且过量的$K_2Cr_2O_7$标准溶液，使盐酸小檗碱完全反应，剩余的$K_2Cr_2O_7$标准溶液再用间接碘量法以硫代硫酸钠标准溶液进行滴定，以淀粉为指示剂。根据硫代硫酸钠溶液的用量可求出过量的标准重铬酸钾的物质的量，进而可测出黄连素片中盐酸小檗碱的含量。

$$Cr_2O_7^{2-}+6I^-+14H^+ \xlongequal{} 2Cr^{3+}+3I_2+7H_2O$$

$$I_2+2S_2O_3^{2-} \xlongequal{} 2I^-+S_4O_6^{2-}$$

$$w_{盐酸小檗碱}=\frac{2(6\times c_{K_2Cr_2O_7}V_{K_2Cr_2O_7}-c_{Na_2S_2O_3}V_{Na_2S_2O_3})M_{盐酸小檗碱}}{m_s\times 1000}$$

三、仪器与试剂

仪器　酸式滴定管，电子分析天平。

试剂　基准物质$K_2Cr_2O_7$，$200g\cdot L^{-1}$ KI溶液，$5g\cdot L^{-1}$淀粉指示剂，$0.1mol\cdot L^{-1}$ $Na_2S_2O_3$滴定液。

四、实训过程

1. $0.02000mol\cdot L^{-1}$ $K_2Cr_2O_7$标准溶液的配制

$K_2Cr_2O_7$预先在120℃烘干2h，准确称取1.4709g，置于烧杯中，加水溶解，然后定量转移至250mL容量瓶中，加水稀释至刻度，摇匀。

2. 0.1mol·L^{-1} $Na_2S_2O_3$ 溶液的标定

准确移取 $K_2Cr_2O_7$ 标准溶液 10.00mL 于碘量瓶中，加入 3mL 6mol·L^{-1} HCl 溶液，5mL 200g·L^{-1}KI 溶液，摇匀，放在暗处 5min，待反应完全后，加入 50mL 蒸馏水，用待标定的 $Na_2S_2O_3$ 溶液滴定至淡黄色，然后加入 1mL 5g·L^{-1} 淀粉指示剂，继续滴定至溶液呈现亮绿色为终点。计算 $c_{Na_2S_2O_3}$。

3. 黄连素片中盐酸小檗碱的测定

根据盐酸小檗碱溶于热水的特点，取若干黄连素片（糖衣片剥去糖衣，胶囊取其内容物），研细，准确称取本品粉末 0.2g 置于烧杯中，加沸水 50mL 使之溶解，放冷，转移至 100mL 容量瓶中，准确加入 0.02000mol·L^{-1} 重铬酸钾滴定液 10.00mL，加水至刻度，振摇 5min，用干燥滤纸进行干过滤，滤液即为氧化还原滴定的试液。准确移取 25.00mL 上述溶液于碘量瓶中，然后加入 3mL 6mol·L^{-1} 的 HCl 溶液，再加入 5mL KI 溶液，摇匀后放到暗处 5min，待反应完全后加 50mL 蒸馏水，立即用 $Na_2S_2O_3$ 标准溶液滴定至近终点（即溶液呈黄色），加入 5g·L^{-1} 的淀粉溶液 1mL，继续用 $Na_2S_2O_3$ 标准溶液滴定至溶液呈亮绿色为终点。将滴定结果用空白试液校正。平行测定 3 次，计算试样中盐酸小檗碱的含量。

五、数据记录及处理

将数据及其处理结果填入表 6-4 中。

表 6-4 盐酸小檗碱含量的测定

项目 \ 次数	1	2	3
$c_{K_2Cr_2O_7}$/mol·L^{-1}			
$V_{K_2Cr_2O_7}$/mL			
$c_{Na_2S_2O_3}$/mol·L^{-1}			
$V_{Na_2S_2O_3}$/mL			
$w_{盐酸小檗碱}$/%			
$\overline{w}_{盐酸小檗碱}$/%			

六、注释

本实训主要误差来源是：①I_2 易挥发；②I^- 在酸性条件下易被空气氧化。因此，加入过量的 KI 生成 I_3^-，减少 I_2 的挥发；避免光照；控制溶液的酸度。

七、思考题

1. $K_2Cr_2O_7$ 与 KI 反应时，为什么必须置于暗处且须放置 5min?

2. 测定盐酸小檗碱含量时，如何做空白试验？如何用空白试验结果对测定结果进行校正？

第 7 章

配位滴定技术

章节导入

配位化合物和配位化学已经渗透到各个领域，配位滴定法在工、农业生产和医药卫生等方面都有广泛的应用。如水的硬度测定、某些药物的含量测定、钙质牙膏中钙的含量检测、矿石中金属含量的测定、水泥主要成分含量测定及奶粉中钙含量测定等可用配位滴定法来检测。众所周知，水的硬度是衡量水质好坏的一个重要指标，我国《生活饮用水卫生标准》规定：生活饮用水总硬度不得超过 $450mg \cdot L^{-1}$。那么我们平时喝的水硬度是否符合标准呢？检测技术和方法将在本章节中详细介绍。

素质目标

通过学习与生产生活息息相关的案例，着重培养严谨的科学态度、精益求精的岗位职业操守以及运用所学知识更好地服务社会的能力。

7.1 配合物与螯合物

7.1.1 配合物

(1) 配合物的组成

配位化合物是由可以提供孤对电子的一定数目的离子或分子（统称为配体）和接受孤对电子的原子或离子（统称形成体），按一定的组成和空间构型所形成的化合物，简称配合物。其中配体和形成体间是以配位键相结合的。

由一定数目的配体以配位键结合在形成体周围所形成的结构单元称为配位单元，配位单元可以是中性分子，如 $[Co(NH_3)_3Cl_3]$；也可以是带电荷的配离子，如 $[Cu(NH_3)_4]^{2+}$、

$[Fe(CN)_6]^{4-}$。凡是含有配位单元的化合物均属于配合物。

研究表明，由配离子形成的配合物是由内界和外界两部分组成的。内界是配合物的特征部分，由配体和形成体组成，通常写在方括号内。方括号以外的其他部分构成配合物的外界。例如，在$[Cu(NH_3)_4]SO_4$、$K_4[Fe(CN)_6]$中，$[Cu(NH_3)_4]^{2+}$和$[Fe(CN)_6]^{4-}$是配合物的特征部分，是配合物的内界；方括号以外的其他部分（SO_4^{2-}、K^+）构成配合物的外界。内界所带电荷与外界所带电荷相抵消，整个配合物分子不带电。配合物$[Cu(NH_3)_4]SO_4$、$K_4[Fe(CN)_6]$的组成如图 7-1 所示。

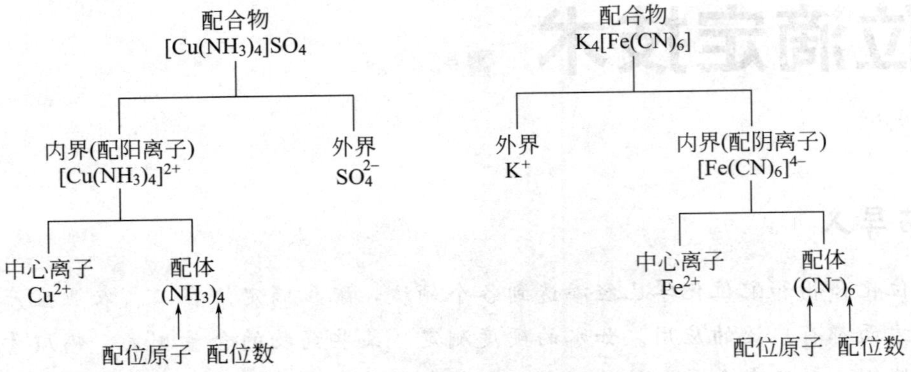

图 7-1 配合物组成示意图

但中性分子的配合物如 $[Ni(CO)_4]$、$[Fe(CO)_5]$、$[Co(NH_3)_3Cl_3]$等没有外界。

① 形成体（中心原子或中心离子） 配合物中具有接受孤对电子的空轨道的原子（或离子）称为中心原子（或离子），位于配合物的中心，称为配合物的形成体，如 $[Cu(NH_3)_4]$ SO_4 中的 Cu^{2+}、$K_4[Fe(CN)_6]$ 中的 Fe^{2+}。形成体通常是金属离子或原子，也有少数是非金属离子（如 $[SiF_6]^{2-}$ 中的 Si^{4+}）。

② 配体和配位原子 结合在中心原子（或离子）周围的一些含有孤对电子的中性分子或阴离子称为配位体，简称配体。图 7-1 中的 NH_3 和 CN^- 即为配体。中心离子和配体以配位键结合成配离子，称配合物的内配位层或内层，也称为内界，通常写在方括号内，如 $[Cu(NH_3)_4]^{2+}$、$[Fe(CN)_6]^{4-}$。方括号外的部分称为外层或外界，如 SO_4^{2-} 和 K^+。

在配位体中，与中心原子（或离子）成键的原子称为配位原子，如 $[Cu(NH_3)_4]^{2+}$ 中的配位体 NH_3 是由 N 原子与 Cu^{2+} 成键的，配位原子是 N； $[Fe(CN)_6]^{4-}$ 中配位原子是 CN^- 中的 C 而不是 N。常见的配位原子有 O、N、S、C 及卤素原子。只有一个配位原子的配体称为单齿配体，如 NH_3；含有两个或两个以上配位原子的配体称为多齿配体，如乙二胺（$H_2N\text{-}CH_2CH_2\text{-}NH_2$，简称 en）中的两个 N 原子都可以作为配位原子，是二齿配位体；乙二胺四乙酸（简称 EDTA）含六个配位原子，则是六齿配位体。

有些配体虽然也具有两个或多个配位原子，但在形成配合物时，仅用一个原子与中心原子以配位键相连，这类配体称为异性双基配体。例如 SCN^-的 N 和 S 原子上都有孤对电子，都可以作为配位原子，当它与 Fe^{3+} 形成配离子时，是以 N 原子配位，即 $[Fe(NCS)_6]^{3-}$；而与 Ag^+、Hg^{2+} 形成配离子时，则以 S 原子配位，即 $[Ag(SCN)_2]^-$、$[Hg(SCN)_4]^{2-}$。异性双基配体属于单齿配体。

③ 配位数 在配位化合物中与中心原子（或离子）成键的配位原子数目叫作该中心原子（或离子）的配位数。如 $[Cu(NH_3)_4]^{2+}$ 中有四个 N 原子与 Cu^{2+} 成键，Cu^{2+} 的配位数为 4；$[Fe(CN)_6]^{4-}$ 中有 6 个 C 原子与 Fe^{2+} 成键，Fe^{2+} 的配位数为 6。但中心原子（或离子）的配位数会随配位体体积大小及形成配合物时的条件（如温度、浓度）不同而变化。影响配位数的因素很多，但主要取决于中心原子（或离子）和配体的性质。

④ 配位单元的电荷 配位单元的电荷数等于形成体和配体二者电荷的代数和。例如，在 $[Fe(CN)_6]^{4-}$ 配离子中，中心离子为 Fe^{2+}，配位体为 CN^-，配离子电荷为 $(+2)+6\times(-1)=-4$。在含有配离子的配位化合物中，由于配合物分子是电中性的，因此可以根据外界离子的总电荷来确定配离子的电荷。例如，在 $K_3[Fe(CN)_6]$ 中配离子的电荷为−3。

（2）配合物的命名

配合物种类繁多，组成复杂，命名也很复杂，在此仅介绍常见配合物的命名。

① 配离子的命名 配离子是指配合物的内界，即配合物方括号内的部分，包含中心原子（或离子）和配体。其命名次序为：配体数目→配位体（不同配位体名称之间可用中圆点“·”分开）→合→中心离子的名称（氧化数，用罗马数字表示）。

例如：$[Ag(NH_3)_2]^+$ 二氨合银(Ⅰ)配离子

$[HgI_4]^{2-}$ 四碘合汞(Ⅱ)配离子

$[Co(NH_3)_5H_2O]^{3+}$ 五氨·一水合钴(Ⅲ) 配离子

② 含配阴离子配合物的命名 含配阴离子的配合物可看作内界是阴离子而外界是阳离子的盐类，按盐的命名方法命名，即自右向左命名为：配离子→酸→外界。

例如：$K_2[HgI_4]$ 四碘合汞(Ⅱ)酸钾

$K_4[Fe(CN)_6]$ 六氰合铁(Ⅱ)酸钾

$H_2[PtCl_6]$ 六氯合铂(Ⅳ)酸

③ 含配阳离子配合物的命名 含配阳离子的配合物可看作内界是阳离子而外界是阴离子的盐类，按盐的命名方法命名，即自右向左命名为：外界→配离子。

例如：$[Co(NH_3)_5H_2O]Cl_3$ 三氯化五氨·一水合钴(Ⅲ)

$[Zn(NH_3)_4]SO_4$ 硫酸四氨合锌（Ⅱ）

④ 没有外界的配合物的命名 没有外界的配合物的命名与配离子的命名规则相似，但中心原子的氧化数可不必标明，后面也不要写配阳离子或配阴离子。

例如：$[Ni(CO)_4]$ 四羰基合镍

$[PtCl_4(NH_3)_2]$ 四氯·二氨合铂

当配合物中有多种配体，命名时先阴离子，后中性分子，中间加圆点分开。当阴离子不止一种时，先简单，再复杂，最后命名有机酸根离子。

例如：$K[PtCl_3NH_3]$ 三氯·一氨合铂(Ⅱ) 酸钾

$[CoCl(SCN)(en)_2]Cl$ 一氯化一氯·一硫氰酸根·二乙二胺合钴(Ⅲ)

若中性分子不止一种时，按配位原子元素符号的英文字母顺序排列。

例如：$[Co(NH_3)_5H_2O]Cl_3$ 三氯化五氨·一水合钴(Ⅲ)

有些配合物还常用习惯名称或俗名。

例如：$K_4[Fe(CN)_6]$ 亚铁氰化钾，俗称黄血盐

$K_3[Fe(CN)_6]$ 铁氰化钾，俗称赤血盐

$[Ag(NH_3)_2]^+$ 银氨离子

$[Cu(NH_3)_4]^{2+}$ 铜氨离子

7.1.2 螯合物

（1）螯合物的基本概念

当多齿配体中的多个配位原子同时与中心离子键合时，可形成具有环状结构的配合物，这类具有环状结构的配合物称为螯合物。

对于螯合物来说，当形成五元环或六元环时，环的张力较小，螯合物稳定性较高。故螯合物形成的条件一般为：①能形成稳定的五元环或六元环。②螯合物中 2 个配位原子之间一般要相隔 2～3 个原子。

例如，Cu^{2+} 与双齿配位体乙二胺（en）反应：

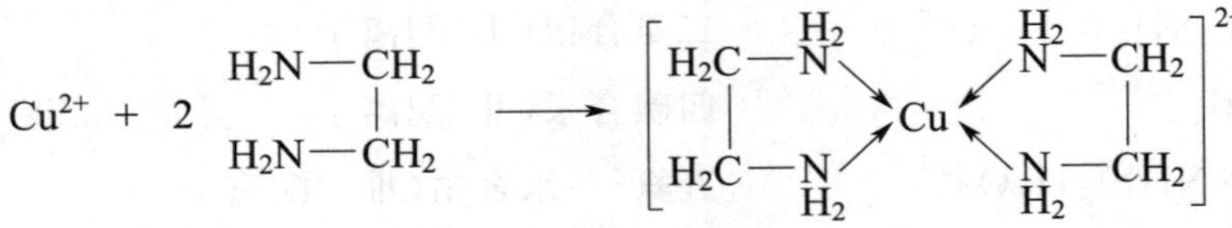

形成具有 2 个五元环的螯合物 $[Cu(en)_2]^{2+}$。

（2）螯合剂

能和形成体形成螯合物的含有多齿配体的配位剂称为螯合剂。一般常见的螯合剂是含有 O、N、P、S 等配位原子的有机化合物。一个螯合剂提供的配原子可以相同，如乙二胺分子中的两个 N 原子；也可以不同，如乙二胺四乙酸（简称 EDTA）是具有 6 个配位原子（两个 N 原子，四个 O 原子）的螯合剂。

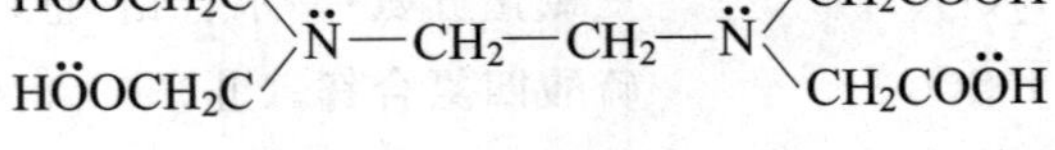

乙二胺四乙酸

它与 Ca^{2+} 形成螯合物的环状结构示意图见图 7-2。

最常见的螯合剂是氨羧配位剂，其中最主要和应用最广泛的氨羧配位剂是氨基乙二酸类有机化合物，如乙二胺四乙酸，其分子中同时含有氨基 N 和羧基 O 两种配位能力很强的配原子。氨基 N 能与 Co、Ni、Zn、Cu、Cd、Hg 等配位，羧基 O 几乎能与所有高价金属离子配位。氨羧配位剂兼有氨基 N 和羧基 O 的配位能力，所以几乎能与所有金属离子配位。

氨羧配位剂中常见的有氨三乙酸、乙二胺四乙酸及其二钠盐（二者通常都简写为 EDTA）、乙二醇二乙醚二胺四乙酸（简写为 EGTA）、乙二胺四丙酸（简写为 EDTP）等。

（3）螯合物的特性

在中心离子相同、配位原子相同的情况下，形成螯合物比形成配合物稳定，在水中解离

程度也更小。例如：$[Cu(en)_2]^{2+}$、$[Zn(en)_2]^{2+}$配离子要比相应的$[Cu(NH_3)_4]^{2+}$、$[Zn(NH_3)_4]^{2+}$配离子稳定得多。

螯合物中所含的五元环或六元环的数目越多，其稳定性越高、如 EDTA 与中心离子形成的螯合物中，有五个环，稳定性很高。Ca^{2+} 为ⅡA 族金属离子，与一般配位体不易形成配合物，或形成的配合物很不稳定，但 Ca^{2+} 与 EDTA 能形成很稳定的螯合物（见图 7-2）。该反应可用于测定水中 Ca^{2+} 的含量。

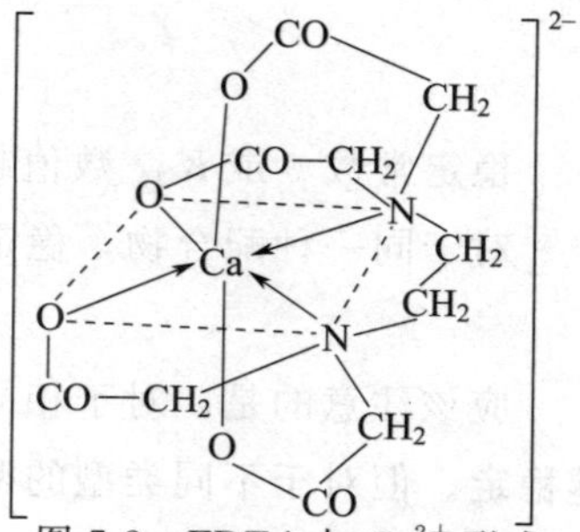

图 7-2　EDTA 与 Ca^{2+} 形成螯合物的结构示意图

某些螯合物呈特征的颜色，可用于金属离子的定性鉴定或定量测定。

7.2　配位平衡

7.2.1　配位平衡常数

（1）稳定常数和不稳定常数

配合物中配离子与外界离子以离子键结合，在水溶液中能完全解离，生成配离子和外界离子。而配离子内部的中心原子与配体之间是以配位键结合，在水溶液中很难解离。例如，在 $CuSO_4$ 水溶液中，加入氨水形成配合物，其外界 SO_4^{2-} 完全解离，加入 $BaCl_2$ 试液马上产生 $BaSO_4$ 沉淀；而在上述水溶液中，若加入稀 NaOH 溶液却不见有 $Cu(OH)_2$ 沉淀生成。这说明溶液中 Cu^{2+} 浓度较小，离子积小于溶度积。但如果加入 Na_2S 试液，立即有黑色 CuS 沉淀生成［$K_{sp,Cu(OH)_2}=2.2\times10^{-20}$，$K_{sp,CuS}=6.3\times10^{-36}$］。这证明溶液中还是有 Cu^{2+}存在。实际上，配离子在水溶液中的表现与弱电解质相似，能部分解离。例如：

$$[Cu(NH_3)_4]^{2+} \underset{配位}{\overset{解离}{\rightleftharpoons}} Cu^{2+} + 4NH_3$$

该解离反应（配位反应的逆反应）是可逆的，一定条件下达到平衡状态，称为配离子的解离平衡，也称为配位平衡。

对于上述解离平衡，根据平衡移动原理可得其解离平衡常数即不稳定常数，用 $K_{不稳}$ 表示：

$$K_{不稳}=\frac{[Cu^{2+}][NH_3]^4}{\{[Cu(NH_3)_4]^{2+}\}}$$

$K_{不稳}$数值越大表示配离子在溶液中越易解离，配离子越不稳定。

也可以用配离子的生成来表示配合物的稳定性。例如：

$$Cu^{2+} + 4NH_3 \underset{解离}{\overset{配位}{\rightleftharpoons}} [Cu(NH_3)_4]^{2+}$$

上述配离子的生成反应的平衡常数即生成常数又称为稳定常数，用β或 $K_{稳}$ 表示：

$$K_{稳}=\beta=\frac{\{[Cu(NH_3)_4]^{2+}\}}{[Cu^{2+}][NH_3]^4}$$

稳定常数 β 或 $K_{稳}$ 数值越大，表示配离子越稳定。

对于同一种配合物，稳定常数 β 或 $K_{稳}$ 与 $K_{不稳}$ 互为倒数，即：

$$\beta=1/K_{不稳}$$

应该注意的是，对于相同类型的配合物（即最高配位数相同），$K_{稳}$ 或 β 越大，配合物越稳定。但对于不同类型的配合物（即最高配位数不同），就不能简单地由 $K_{稳}$ 或 β 比较它们的稳定性。例如：

$[Ag(NH_3)_2]^+$　　$\lg\beta=7.23$

$[Ag(CN)_2]^-$　　$\lg\beta=18.74$

可见，$[Ag(CN)_2]^-$ 比 $[Ag(NH_3)_2]^+$ 稳定得多。

（2）逐级稳定常数和累积稳定常数

在配合物的水溶液中，配离子的生成一般是分步进行的，因此溶液中存在一系列的配位平衡。每一步反应都有一个相应的平衡常数，称为配合物的逐级稳定常数或逐级解离常数。以 $[Ag(NH_3)_2]^+$ 的生成为例。逐级平衡为：

$$Ag^++NH_3 \rightleftharpoons [Ag(NH_3)]^+ \qquad (1)$$

$$\beta_1=\frac{\{[Ag(NH_3)]^+\}}{[Ag^+][NH_3]}$$

$$[Ag(NH_3)]^++NH_3 \rightleftharpoons [Ag(NH_3)_2]^+ \qquad (2)$$

$$\beta_2=\frac{\{[Ag(NH_3)_2]^+\}}{\{[Ag(NH_3)]^+\}[NH_3]}$$

总的生成反应＝反应（1）＋反应（2），即：

$$Ag^++2NH_3 \rightleftharpoons [Ag(NH_3)_2]^+$$

根据多重平衡规则，逐级稳定常数的乘积等于该配离子的累积稳定常数。对于 $[Ag(NH_3)_2]^+$ 则为：

$$\beta=\beta_1\beta_2=\frac{\{[Ag(NH_3)_2]^+\}}{[Ag^+][NH_3]^2}$$

同样可推得总的解离常数与逐级解离常数的关系为：

$$K_{不稳}=K_{不稳1}K_{不稳2}$$

7.2.2 配位平衡的移动

配位平衡的移动同样遵循化学平衡移动的规律，当增加配体浓度时，平衡会沿着生成配离子的方向移动，即抑制了配离子的解离，增强了配离子的稳定性。此外，溶液的酸碱性、沉淀反应、氧化还原反应等对配位平衡也会产生影响。

（1）配位平衡与酸碱平衡

配离子中的配体若为弱碱（如 F^-、CN^-、SCN^-、CO_3^{2-}、$C_2O_4^{2-}$、NH_3 等），当溶液酸碱度发生改变时可以使配位平衡发生移动。当溶液中 H^+ 浓度增加时，H^+ 与弱碱性配体结合生成弱电解质分子或离子，从而降低配体的浓度，使配位平衡向解离的方向移动。例如，$[FeF_6]^{3-}$ 溶液中存在着下列平衡：

$$[FeF_6]^{3-} \rightleftharpoons Fe^{3+} + 6F^-$$

$$[FeF_6]^{3-} + 6H^+ \rightleftharpoons Fe^{3+} + 6HF$$

当溶液中加入 H^+ 时，H^+ 与 F^- 生成弱酸 HF，从而降低了 F^- 的浓度，使平衡右移，促使 $[FeF_6]^{3-}$ 配离子解离。当溶液中 $[H^+] > 0.5mol \cdot L^{-1}$ 时，几乎能使 $[FeF_6]^{3-}$ 配离子全部解离。

这种因 H^+ 浓度增加而导致配合物稳定性降低的现象称为酸效应。利用酸效应，可通过缓冲溶液控制 pH 来提高反应的选择性。

又如乙二胺四乙酸（EDTA，用化学式 H_4Y 表示）与金属离子的配合反应：

$$M^{n+} + H_4Y \rightleftharpoons MY^{n-4} + 4H^+$$

当溶液中 H^+ 浓度增加时，平衡向左移动，配合物发生解离；反之降低溶液的酸度（H^+ 浓度减小）时，配合物的稳定性相应增加。例如，Zn^{2+}、Ca^{2+} 均可与 EDTA 生成螯合物，但这两种螯合物的稳定性不同。若控制溶液的 pH 在 4～5，则 EDTA 只与 Zn^{2+} 反应，而不与 Ca^{2+} 作用，从而可在 Zn^{2+}、Ca^{2+} 共存的条件下，达到测定 Zn^{2+} 含量的目的。

相反，当溶液中 H^+ 浓度降低到一定程度时，金属离子便发生水解，这种现象称为水解效应。当 OH^- 浓度达到一定数值时，会生成氢氧化物沉淀，也使配位平衡向解离方向移动。例如：

$$[FeF_6]^{3-} \rightleftharpoons Fe^{3+} + 6F^-$$

$$Fe^{3+} + 3OH^- \rightleftharpoons Fe(OH)_3 \downarrow$$

所以，要使配离子在溶液中能稳定存在，溶液的酸度必须控制在一定的范围内。

（2）配位平衡与沉淀平衡

配位平衡与沉淀平衡的关系，实质上是沉淀剂与配位剂对金属离子的争夺。若在配合物溶液中加入沉淀剂，由于沉淀剂与中心离子生成难溶物质，中心离子的浓度发生变化而使配位平衡向解离的方向移动；反之，若在沉淀中加入能与金属离子形成配合物的配合剂，则沉淀可能转化为配离子而溶解。例如，向 AgCl 沉淀中加入氨（NH_3）水，沉淀因生成 $[Ag(NH_3)_2]^+$ 而溶解；继续向此溶液中加入 KBr 溶液，因生成更难溶的 AgBr 沉淀使 $[Ag(NH_3)_2]^+$ 解离；若继续向此溶液中加入 $Na_2S_2O_3$ 溶液，因生成更稳定的 $[Ag(S_2O_3)_2]^{3-}$ 使 AgBr 沉淀溶解。这一系列反应为：

$$AgCl(s) + 2NH_3 \rightleftharpoons [Ag(NH_3)_2]^+ + Cl^-$$

$$[Ag(NH_3)_2]^+ + Br^- \rightleftharpoons AgBr \downarrow + 2NH_3$$

$$AgBr(s) + 2S_2O_3^{2-} \rightleftharpoons [Ag(S_2O_3)_2]^{3-} + Br^-$$

配离子与沉淀之间转化的难易，取决于沉淀的溶度积常数 K_{sp} 和配离子稳定常数 $K_{稳}$ 的大小。

（3）配位平衡与氧化还原平衡

在配合物溶液中加入某些氧化剂或还原剂时，氧化剂或还原剂可与配合物中的中心离子或配体反应，导致配位平衡移动。例如，向 $[Fe(NSC)_3]$ 溶液中加入 $SnCl_2$ 溶液，则血红色褪去。

$$2[Fe(NSC)_3] + Sn^{2+} \rightleftharpoons 2Fe^{2+} + Sn^{4+} + 6SCN^-$$

氧化还原平衡可以影响配位平衡；反之，配位平衡也可以影响氧化还原平衡。

（4）配位平衡之间的转化

若在一种配合物的溶液中，加入另一种能与中心离子生成更稳定的配合物的配位剂，则发生配合物之间的转化。例如，在 $[Fe(NSC)_3]$ 溶液中加入 NaF，则转变为 $[FeF_6]^{3-}$，溶液从血红色变为无色。

$$[Fe(NSC)_3] + 6F^- \rightleftharpoons [FeF_6]^{3-} + 3SCN^-$$

7.3 EDTA 及其配合物

7.3.1 EDTA 的性质及其解离平衡

乙二胺四乙酸简称 EDTA，从结构上看 EDTA 是四元有机羧酸，用化学式 H_4Y 表示。乙二胺四乙酸为白色晶体，无毒，不吸潮，在水中溶解度很小，难溶于酸和一般有机溶剂，易溶于氨水和氢氧化钠等碱性溶液，生成相应的盐溶液。由于它在水中的溶解度很小（室温下，100mL 水中只能溶解 0.02g），在配位滴定中常用其二钠盐（$Na_2H_2Y \cdot 2H_2O$），也简称 EDTA。EDTA 二钠盐是白色粉末状结晶，其溶解度较大（室温下，100mL 水中能溶解 11.2g），饱和水溶液的浓度可达 $0.3mol \cdot L^{-1}$。由于 EDTA 二钠盐水溶液中主要是 H_2Y^{2-}，所以溶液的 pH 值在 2.67～6.16，为弱酸性溶液。在配制其溶液时，应注意先用温热水溶解。

在水溶液中，乙二胺四乙酸两个羧基上的质子转移到氮原子上，形成双偶极离子：

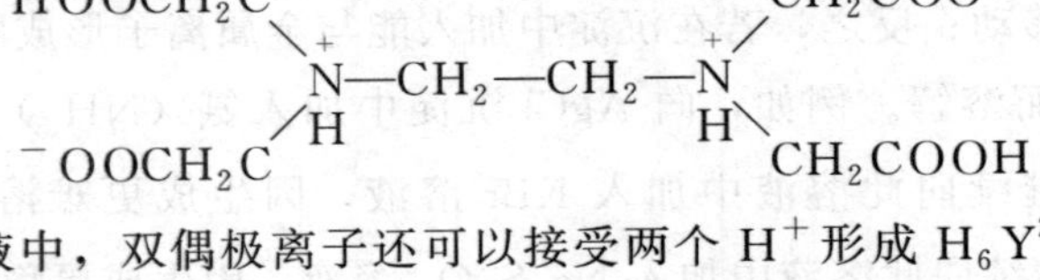

在酸性较强的溶液中，双偶极离子还可以接受两个 H^+ 形成 H_6Y^{2+}，结构如下：

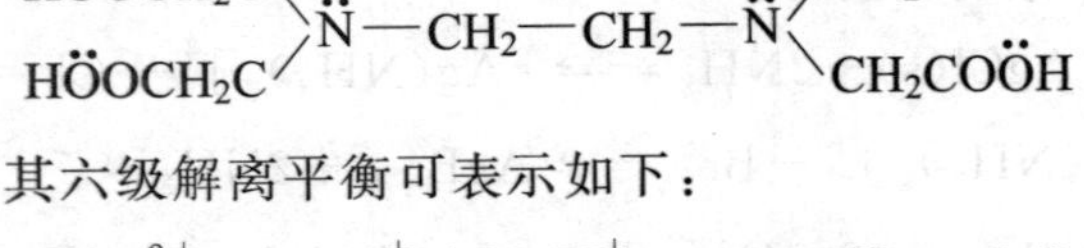

H_6Y^{2+} 为六元酸，其六级解离平衡可表示如下：

$$H_6Y^{2+} \rightleftharpoons H^+ + H_5Y^+ \qquad pK_{a_1} = 0.9$$

$$H_5Y^+ \rightleftharpoons H^+ + H_4Y \qquad pK_{a_2} = 1.6$$

$$H_4Y \rightleftharpoons H^+ + H_3Y^- \qquad pK_{a_3} = 2.0$$

$$H_3Y^- \rightleftharpoons H^+ + H_2Y^{2-} \qquad pK_{a_4}=2.67$$

$$H_2Y^{2-} \rightleftharpoons H^+ + HY^{3-} \qquad pK_{a_5}=6.16$$

$$HY^{3-} \rightleftharpoons H^+ + Y^{4-} \qquad pK_{a_6}=10.26$$

EDTA的七种存在形式为 H_6Y^{2+}、H_5Y^+、H_4Y、H_3Y^-、H_2Y^{2-}、HY^{3-}、Y^{4-}，其中 Y^{4-} 能直接和金属离子配合。依据酸碱平衡的原理，这些存在形式的浓度取决于溶液的pH，它们的分布系数 δ 与pH的关系如图7-3所示。

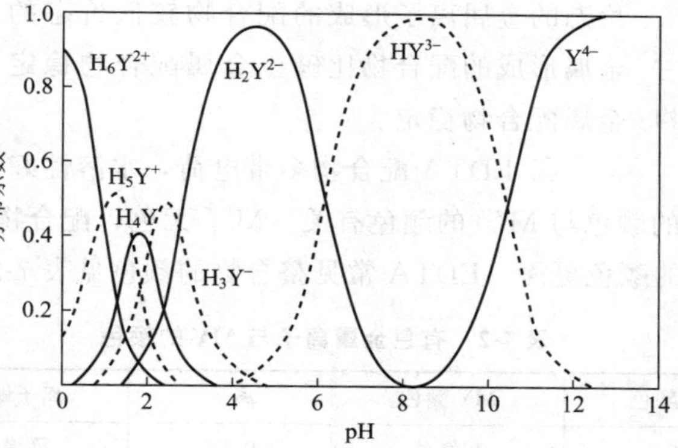

图7-3　EDTA各种存在形式的分布

由图7-3可以看出，不同pH时EDTA的主要存在形式见表7-1。

表7-1　EDTA的主要存在形式与pH之间的关系

pH	<0.9	0.9～1.6	1.6～2.0	2.0～2.67	2.67～6.16	6.16～10.26	>10.26
存在形式	H_6Y^{2+}	H_5Y^+	H_4Y	H_3Y^-	H_2Y^{2-}	HY^{3-}	Y^{4-}

在这七种存在形式中，只有 Y^{4-} 能与金属离子直接配位，溶液的酸度越低（即pH值越大），Y^{4-} 分布比例就越大，EDTA的配位能力就越强。因此酸度是影响EDTA配位能力的主要因素。

7.3.2　EDTA与金属离子配合反应的特点

EDTA分子中有两个氨基氮和四个羧基氧，共有六个配位原子，为六齿配体。一般中心原子或离子最常见的配位数为4和6，其次为2和8。因此，EDTA能满足大多数金属离子对配位数的要求，其与金属离子形成的配位化合物的配位比在一般情况下都是1∶1，考虑到实际使用的一般是EDTA二钠盐溶液，因此可以用 H_2Y^{2-} 来代表EDTA。EDTA与金属离子M的反应可表示为：

$$M^{2+} + H_2Y^{2-} \rightleftharpoons MY^{2-} + 2H^+$$

$$M^{3+} + H_2Y^{2-} \rightleftharpoons MY^- + 2H^+$$

$$M^{4+} + H_2Y^{2-} \rightleftharpoons MY + 2H^+$$

可以简化表示为：

$$M+Y \rightleftharpoons MY$$

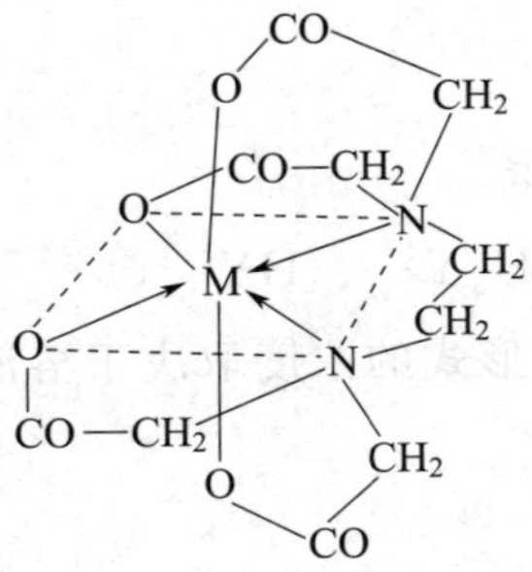

图 7-4 EDTA 与金属离子 M 形成的螯合物立体结构

EDTA 与金属离子 M 配位形成五个五元环状结构的螯合物。其立体结构见图 7-4。

EDTA 配合物的特点如下：

① 除了钼等少数几个高价金属离子外，EDTA 配合物的配位比大都为 1∶1。

② EDTA 配合物都是环状结构的螯合物，稳定性较高，且高价态的金属离子形成的配合物较低价态的稳定，过渡金属和稀土金属形成的配合物比碱土金属配合物稳定，碱土金属配合物比碱金属配合物稳定。

③ EDTA 配合物多带电荷，水溶性好，反应快。

④ EDTA 配合物的颜色与 M^{n+} 的颜色有关，M^{n+} 无色，配合物也无色；M^{n+} 有色，则配合物的颜色比 M^{n+} 的颜色更深。EDTA 常见螯合物的颜色见表 7-2。

表 7-2 有色金属离子与 MY 的颜色

离子	离子颜色	MY 颜色	离子	离子颜色	MY 颜色
Co^{3+}	粉红色	紫红色	Fe^{3+}	草绿色	黄色
Cr^{3+}	灰绿色	深紫色	Mn^{2+}	浅粉红色	紫红色
Ni^{2+}	浅绿色	蓝绿色	Cu^{2+}	浅蓝色	深蓝色

因此，滴定这些有色离子时，应控制其浓度不能过大，否则，配合物颜色很深，给指示剂确定滴定终点带来困难。

⑤ 由于 EDTA 与 M^{n+} 的配位反应都释放出 H^+，滴定过程中溶液的酸度会逐渐增大，影响配合物的稳定性，因此滴定时常需加入适当的缓冲溶液以控制溶液的酸度。

7.3.3 EDTA 配合物的解离平衡

(1) 配合物的稳定常数

EDTA 具有 6 个配位原子，即两个氨基中的氮和四个羧基中的氧原子。由于大多数金属离子的配位数不超过 6，所以在一般情况下，EDTA 与金属离子形成配位比为 1∶1 的配合物，不存在分级配位现象。因而 EDTA 与金属离子所形成的配合物一般都十分稳定。

EDTA 与金属离子的配位反应，若略去电荷，当配位反应达到平衡时，可简写为：

$$M+Y \rightleftharpoons MY$$

其稳定常数 K_{MY}（即 $K_{稳,MY}$）为：

$$K_{MY}=\frac{[MY]}{[M][Y]}$$

K_{MY} 或 $\lg K_{MY}$ 越大，则表示生成的配合物越稳定。在无外部影响时，可利用 K_{MY} 或 $\lg K_{MY}$ 的大小来判断配位反应完成的程度和是否能用于滴定分析。部分金属离子与 EDTA 形成配合物的稳定常数的对数值见表 7-3。

表 7-3　部分金属离子与 EDTA 形成配合物的 $\lg K_{MY}$ 值　(298.15K)

离子	$\lg K_{MY}$	离子	$\lg K_{MY}$	离子	$\lg K_{MY}$	离子	$\lg K_{MY}$
Na^+	1.66	Sr^{2+}	8.73	Co^{2+}	16.31	Hg^{2+}	21.70
Li^+	2.79	Ca^{2+}	10.69	Zn^{2+}	16.50	Sn^{2+}	22.11
Ag^+	7.32	Mn^{2+}	13.87	Pb^{2+}	18.04	Fe^{3+}	25.10
Ba^{2+}	7.86	Fe^{2+}	14.32	Ni^{2+}	18.62	Sn^{4+}	34.50
Mg^{2+}	8.70	Al^{3+}	16.11	Cu^{2+}	18.80	Co^{3+}	36.00

在适当条件下，$\lg K_{MY}>8$ 就可以准确进行配位滴定。

(2) 配位反应的副反应和副反应系数

用 EDTA 为标准溶液滴定金属离子时，待测金属离子 M 与标准溶液 Y 生成配合物 MY，此反应为 EDTA 滴定中的主反应。而实际应用中，除了主反应外，还存在许多副反应，这主要是溶液酸度、共存离子或其他配位剂等因素造成的，可用副反应系数衡量副反应的严重程度。这里重点讨论溶液酸度和其他配位剂引起的副反应及其副反应系数。

① 酸效应和酸效应系数　EDTA 在水溶液中虽然有七种存在型体，但只有 Y^{4-} 型体可以与金属离子配位。根据表 7-1，当 H^+ 浓度比较高时，Y^{4-} 能与 H^+ 发生副反应而生成一系列共轭酸，而使得与金属离子配位的 Y^{4-} 浓度降低，这种由于 H^+ 存在使 EDTA 参加主反应能力降低的现象称为酸效应，可表示如下：

$$M + Y \rightleftharpoons MY \qquad \text{主反应}$$

$$H^+ \Big\Downarrow$$

$$HY \overset{H^+}{\rightleftharpoons} H_2Y \overset{H^+}{\rightleftharpoons} \cdots\cdots \overset{H^+}{\rightleftharpoons} H_6Y \qquad \text{酸效应引起的副反应}$$

酸效应的严重程度可用酸效应系数 $\alpha_{Y(H)}$ 表示，其中 α_Y 表示是 Y 发生了副反应，H 表示副反应是由 H^+ 引起的，即酸效应。酸效应系数表示在一定 pH 时未参与配位反应的 EDTA 各种存在型体的总浓度 [Y′] 与能参与主反应的 Y 的平衡浓度 [Y] 之比：

$$\alpha_{Y(H)}=\frac{[Y']}{[Y]}$$

显然，$\alpha_{Y(H)}$ 越大，表示酸效应越严重。$\alpha_{Y(H)}=1$ 时，说明 H^+ 与 Y 之间没有发生副反应，即未与金属离子配位的 EDTA 全部以 Y 形式存在。表 7-4 是 EDTA 在不同 pH 时的酸效应系数的对数值。

表 7-4　不同 pH 时 EDTA 的 $\lg\alpha_{Y(H)}$

pH	$\lg\alpha_{Y(H)}$	pH	$\lg\alpha_{Y(H)}$	pH	$\lg\alpha_{Y(H)}$	pH	$\lg\alpha_{Y(H)}$
0.0	23.64	3.0	10.60	5.6	5.33	9.0	1.28
0.4	21.32	3.2	10.14	5.8	4.98	9.2	1.10
0.8	19.08	3.4	9.70	6.0	4.65	9.6	0.75
1.0	18.01	3.6	9.27	6.4	4.06	10.0	0.45
1.2	16.98	3.8	8.85	6.8	3.55	10.4	0.24
1.4	16.02	4.0	8.44	7.0	3.32	10.8	0.11
1.6	15.11	4.4	7.64	7.2	3.10	11.0	0.07
1.8	14.27	4.8	6.84	7.6	2.68	11.2	0.05
2.0	13.51	5.0	6.45	8.0	2.27	11.6	0.02
2.4	12.19	5.2	6.07	8.4	1.87	12.0	0.01
2.8	11.09	5.4	5.69	8.8	1.48	13.0	0.00

从表 7-4 中可以看出，pH 值越小即酸度越大，则酸效应系数越大。

② 金属离子的配位效应和配位效应系数　若除配位剂 Y 外还有其他配位剂 L 存在时，L 与 M 也会发生配位反应使 M 参与主反应的能力降低，此现象称为配位效应。其反应表示如下：

$$M+Y \rightleftharpoons MY \qquad \text{主反应}$$

$$\text{L}\Big\Vert$$

$$ML \overset{L}{\rightleftharpoons} ML_2 \overset{L}{\rightleftharpoons} \cdots\cdots \overset{L}{\rightleftharpoons} ML_n \qquad \text{酸位效应引起的副反应}$$

可用 $\alpha_{M(L)}$ 衡量配位效应的影响程度，表示未参加主反应的金属离子各种存在型体的总浓度 [M′] 与游离金属离子平衡浓度 [M] 之比：

$$\alpha_{M(L)}=\frac{[M']}{[M]}$$

$\alpha_{M(L)}$ 越大，表示 L 对 M 的副反应越严重。

③ 配合物的条件稳定常数　若没有副反应，稳定常数 K_{MY} 是衡量配位反应进行程度的主要标志。在实际中，由于副反应的存在，稳定常数 K_{MY} 不能真实反映主反应进行的程度。此时应考虑副反应的影响，用条件稳定常数 K'_{MY} 表示，其中用未与 Y 配位的金属离子 M 的各种型体的浓度 [M′] 代替 [M]，未参与配位反应的 EDTA 各种存在型体的总浓度 [Y′] 代替 [Y]。

则：

$$K'_{MY}=\frac{[MY]}{[M'][Y']} \tag{7-1}$$

又 $[M']=\alpha_{M(L)}[M]$，$[Y']=\alpha_{Y(H)}[Y]$，代入式(7-1) 得：

$$K'_{MY}=\frac{[MY]}{[M'][Y']}=\frac{[MY]}{\alpha_{M(L)}[M]\alpha_{Y(H)}[Y]}=\frac{K_{MY}}{\alpha_{M(L)}\alpha_{Y(H)}} \tag{7-2}$$

$$\lg K'_{MY}=\lg K_{MY}-\lg\alpha_{M(L)}-\lg\alpha_{Y(H)} \tag{7-3}$$

一般 $\alpha_{M(L)}$ 和 $\alpha_{Y(H)}$ 都大于 1，因此条件稳定常数 K'_{MY} 总是小于稳定常数 K_{MY}，说明酸效应和配位效应的存在使 MY 的稳定性降低了。K'_{MY} 随外界条件改变而改变，因此称为条件稳定常数。

若溶液中配位效应不存在，只有 EDTA 的酸效应，则式(7-3) 可简化为：

$$\lg K'_{MY}=\lg K_{MY}-\lg\alpha_{Y(H)} \tag{7-4}$$

综上所述，在实际条件下由于副反应的发生，配合物的实际稳定常数发生变化。特别是当酸效应、配位效应、共存离子效应等增强时，配位平衡向左进行，使 M 与 Y 主反应程度降低，将影响滴定分析结果。因此，在实际配位滴定中，需控制适当的滴定条件，尤其是酸度条件。

【例 7-1】 若只考虑酸效应，计算 pH＝1.0 和 pH＝6.0 时 PbY 的 $\lg K'_{PbY}$ 值。

解　查表 7-3 知：$\lg K_{PbY}=18.04$

① pH＝1.0 时，查表 7-4 知：$\lg\alpha_{Y(H)}=18.01$

$\lg K'_{PbY}=\lg K_{PbY}-\lg\alpha_{Y(H)}=18.04-18.01=0.03$

② pH＝6.0 时，查表 7-4 知：$\lg\alpha_{Y(H)}=4.65$

$$\lg K'_{PbY}=\lg K_{PbY}-\lg\alpha_{Y(H)}=18.04-4.65=13.39$$

由上可知，在 pH＝1.0 时滴定 Pb^{2+}，$\lg K'_{PbY}$ 为 0.03，说明 PbY 配合物很不稳定，因为酸效应比较严重；而在 pH＝6.0 时滴定 Pb^{2+}，$\lg K'_{PbY}$ 为 13.39，说明 PbY 配合物比较稳定，可以准确滴定 Pb^{2+}。

7.4 配位滴定法

配位滴定法是以配位反应为基础的一种滴定分析方法。用配位滴定法测定待测金属离子含量时，关键在于选择合适的配位剂即滴定剂，使其与待测离子发生的配位反应符合滴定分析的要求。在配位滴定中用作滴定剂的一般为有机配位剂，使用最多的有机配位剂是氨羧配位剂，其中以 EDTA 最为常见。本章所介绍的配位滴定法即为 EDTA 配位滴定法。

7.4.1 EDTA 标准溶液的配制与标定

（1）EDTA 标准溶液的配制

由于乙二胺四乙酸在水中的溶解度很小，因此常用其二钠盐（$Na_2H_2Y \cdot 2H_2O$）配制 EDTA 标准溶液。配制 EDTA 标准溶液通常采用间接法，即先用 EDTA 的二钠盐配制成近似浓度的溶液，然后进行标定。EDTA 的常用浓度为 0.01～0.05mol·L^{-1}。

（2）EDTA 标准溶液的标定

标定 EDTA 标准溶液的基准物质有 Zn、$CaCO_3$、ZnO、$ZnSO_4$ 等。这里以 ZnO 基准物质标定 EDTA 为例进行说明。标定时，先用少量水湿润，然后慢慢加入 HCl（1∶1），溶解后，定量转移，定容于 250mL 容量瓶中，摇匀。用移液管移取 25.00mL 于锥形瓶中，加二甲酚橙指示剂 3～4 滴，滴加 1∶1 氨水至溶液呈橙色，然后滴加 20％的六亚甲基四胺至溶液呈现稳定的紫红色，以使 pH 值为 5～6。用待标定的 EDTA 溶液滴定至溶液由紫红色变为亮黄色，即为终点。平行滴定 3 次，根据滴定消耗的 EDTA 标准溶液的体积和基准物质的质量，可计算出 EDTA 标准溶液的准确浓度。

EDTA 溶液应贮存于聚乙烯塑料瓶或硬质玻璃瓶中，因 EDTA 会溶解玻璃中的 Ca^{2+}，造成误差。

7.4.2 金属离子指示剂

配位滴定中常使用金属离子指示剂指示滴定终点，该指示剂是一种配位剂，能与金属离子生成与本身颜色显著不同的有色配合物，从而可指示滴定过程中金属离子浓度的变化，因此此指示剂称为金属指示剂。

金属指示剂的变色

（1）金属指示剂的作用原理

金属指示剂是有机染料，能与被滴定金属离子生成与该指示剂本身颜色不同的配合物。根据该配合物和指示剂本身颜色的显著不同，可判断终点。

以 M 代表金属离子，In 代表指示剂，MIn 代表指示剂与金属离子形成的配合物。滴定前，先在溶液中加入少量指示剂，指示剂与少量金属离子生成有色配合物，溶液显示 MIn 的颜色：

$$\underset{}{M} + \underset{\substack{\text{指示剂颜色}\\(\text{甲色})}}{In} \rightleftharpoons \underset{\substack{\text{配合物颜色}\\(\text{乙色})}}{MIn}$$

滴定时，溶液中游离的金属离子与滴入的 EDTA 形成 MY 配合物。当达到化学计量点时，游离的金属离子与 EDTA 反应完全，此时 EDTA 夺取 MIn 中的 M，生成更稳定的 MY，使指示剂游离出来，此时溶液显示指示剂的颜色，指示终点：

$$M+Y \rightleftharpoons MY$$

$$\underset{(\text{乙色})}{MIn}+Y \rightleftharpoons MY+\underset{(\text{甲色})}{In}$$

(2) 金属指示剂应具备的条件

金属离子指示剂必须具备以下条件：

① 在滴定的 pH 范围内，金属离子与指示剂形成配合物 MIn 的颜色应与指示剂 In 本身的颜色显著不同，这样便于滴定终点的判断。因金属指示剂大都是有机酸碱，其本身的颜色随 pH 而变化，因此使用金属指示剂时必须控制合适的酸度范围。

金属指示剂的封闭

② 金属离子和指示剂形成的配合物 MIn 要有一定的稳定性。一般要求 $K'_{MY}/K'_{MIn} \geqslant 10^2$，且 $K'_{MIn} \geqslant 10^2$。否则，若稳定性太低，指示剂会过早地游离出来使终点提前，而且变色不敏锐。若稳定性太高，则达到化学计量点时，EDTA 不能夺取 MIn 中的金属离子而使指示剂游离出来，使终点拖后，甚至无法指示终点。如果溶液中存在这样的金属离子，溶液则一直呈现这些金属离子与指示剂形成的配合物 MIn 的颜色，即使到了化学计量点也不变色，这种现象称为指示剂的封闭现象。例如，在 pH＝10 的条件下，以铬黑 T 为指示剂，用 EDTA 滴定 Ca^{2+}、Mg^{2+} 时，微量的 Fe^{3+}、Al^{3+}、Cu^{2+}、Co^{2+}、Ni^{2+} 对铬黑 T 有封闭作用，可在溶液呈酸性时加三乙醇胺掩蔽 Fe^{3+}、Al^{3+}，在溶液呈碱性时加 KCN 掩蔽 Cu^{2+}、Co^{2+}、Ni^{2+}。

③ 指示剂与金属离子的显色反应必须迅速、灵敏，有良好的可逆性，且有一定的选择性（即在一定的条件下，只与某一种或某几种待测离子发生显色反应）。

④ 金属指示剂与金属离子形成的配合物 MIn 应易溶于水。如果金属指示剂与金属离子形成的配合物的溶解度很小，或其稳定性只稍差于对应的 MY 配合物，均可能使得 EDTA 与 MIn 之间的反应缓慢，使终点拖长，这种现象称为指示剂的僵化现象。这时可加入适当的有机溶剂或加热以加快反应速率。

金属指示剂的僵化

⑤ 指示剂应易溶于水，比较稳定，不易变质，便于贮存和使用。金属指示剂多为含有双键的有色有机化合物，易被日光、氧化剂和空气氧化，一些指示剂在水

溶液中也不稳定，因此，指示剂最好是用时配制。

(3) 常用的金属指示剂

① 铬黑 T　常用 EBT 表示，是一种黑褐色粉末，属于偶氮染料。铬黑 T 能与 Ca^{2+}、Mg^{2+}、Zn^{2+}、Pb^{2+}、Hg^{2+} 等许多金属离子形成红色配合物，而铬黑 T 本身在 pH<6 时显红色，pH>12 时显橙色，都接近红色，不能选用。铬黑 T 本身在 pH=7～11 时显蓝色，因此铬黑 T 的适宜使用范围为 pH=7～11，但实际操作中常选择在 pH=9～10 的酸度下使用。

② 钙指示剂　简称 NN 或钙红，纯品为黑紫色粉末，很稳定，但在水溶液或乙醇溶液中不稳定，常与 NaCl 配成固体混合物（1∶100）使用。

钙指示剂在 pH<8 和 pH>13 时都显酒红色，在 pH=8～13 时显蓝色。在 pH=12～13 时，钙指示剂可与 Ca^{2+} 形成酒红色的配合物，常用作滴定 Ca^{2+} 的指示剂，终点时由酒红色变为纯蓝色，变色敏锐。

配位滴定法常用的金属指示剂见表 7-5。

表 7-5　常用金属离子指示剂

指示剂	适宜 pH 范围	颜色变化		指示剂配制	直接滴定的离子	注意事项
		In	MIn			
铬黑 T(EBT)	7～11	蓝	酒红	1∶100 NaCl	pH=10 时，Mg^{2+}、Zn^{2+}、Ca^{2+}、Pb^{2+}、Mn^{2+}、In^{3+} 等，稀土离子	Fe^{3+}、Al^{3+}、Cu^{2+}、Co^{2+}、Ni^{2+} 等离子封闭
钙指示剂(NN)	8～13	蓝	酒红	1∶100NaCl	pH=12～13 时，Ca^{2+}	Fe^{3+}、Al^{3+}、Cu^{2+}、Co^{2+}、Ni^{2+} 等离子封闭
α-吡啶基-β-偶氮萘(PAN)	2～12	黄	红	2%乙醇溶液	pH=2～3，Bi^{3+}、Th^{4+}、In^{3+}；pH=4～5 时，Ni^{2+}、Zn^{2+}、Cu^{2+}、Pb^{2+}、Fe^{2+}、Cd^{2+}	
酸性铬蓝 K	8～13	蓝	红	1∶100 NaCl	pH=10 时，Mg^{2+}、Zn^{2+}、Mn^{2+}；pH=13，Ca^{2+}	
二甲酚橙(XO)	<6	亮黄	紫红	0.5%的水溶液	pH<1，ZrO^{2+} pH=1～3，Bi^{3+}、Th^{4+} pH=5～6，Tl^{3+}、Zn^{2+}、Pb^{2+}、Cd^{2+}、Hg^{2+}、稀土元素离子	Fe^{3+}、Al^{3+}、Cu^{2+}、Th^{4+} 等离子封闭

7.4.3 配位滴定的方式及应用

(1) 配位滴定的方式

① 直接滴定法　若待测金属离子与 EDTA 的配位反应满足滴定分析的要求，即可采用直接滴定法。加入缓冲溶液，将待测试液调至所需酸度，再加入必要的试剂（掩蔽剂）和指示剂，就可用 EDTA 进行直接滴定，然后根据消耗的 EDTA 标准溶液的体积即可计算出试样中待测组分的含量。

直接滴定法操作简便，引入的误差较小，因此在可能的情况下应尽可能采用直接滴定法。但在下列几种情况下，不能采用直接滴定法。

a. 被测离子虽能与 EDTA 形成稳定配合物，但无合适的指示剂。

b. 被测离子极易水解或易封闭指示剂。

c. 被测离子不与 EDTA 形成配合物或所形成的 EDTA 配合物不稳定。

d. 被测离子与 EDTA 的配位反应速率慢。

上述情况下需采用其他滴定方式。

② 返滴定法　若被测离子与 EDTA 配位反应的速率很慢，或待测离子对指示剂有封闭作用，缺乏合适的指示剂时，可采用返滴定法。返滴定法是在待测离子溶液中先加入一定量且过量的 EDTA 标准溶液，待反应完全后，用另一种金属离子标准溶液回滴过量的 EDTA。根据两种标准溶液的浓度和用量，即可求出待测离子的含量。

例如，测定 Al^{3+} 时，由于 Al^{3+} 与 EDTA 的配位反应速率较慢，此外 Al^{3+} 对二甲酚橙、铬黑 T 等多种指示剂有封闭作用，因此不能用直接滴定法测定，可采用返滴定法测定。先将 Al^{3+} 试液调至 pH＝3.5，加入一定量且过量的 EDTA 标准溶液，加热使 Al^{3+} 与 EDTA 完全反应，再调 pH＝5～6，加入二甲酚橙指示剂，用 Zn^{2+} 标准溶液返滴定过量的 EDTA，进而可求出 Al^{3+} 的含量。

③ 置换滴定法　当待测离子和 EDTA 形成的配合物不稳定时，可采用置换滴定法。置换滴定法首先通过置换反应定量置换出金属离子或 EDTA，然后再进行滴定。

例如，测定 Ag^+ 时，由于 Ag^+ 与 EDTA 的配合物不稳定，不能用 EDTA 直接滴定，可采用置换滴定法。在待测 Ag^+ 溶液中加入过量的 $[Ni(CN)_4]^{2-}$，则发生反应：

$$2Ag^+ + [Ni(CN)_4]^{2-} \rightleftharpoons 2[Ag(CN)_2]^- + Ni^{2+}$$

然后用 $NH_3 \cdot H_2O$-NH_4Cl 缓冲溶液调节试液的 pH＝10，加入紫脲酸铵指示剂，用 EDTA 标准溶液滴定置换出来的 Ni^{2+}，进而可求出 Ag^+ 的含量。

④ 间接滴定法　有些金属或非金属离子不能与 EDTA 发生配位反应或与 EDTA 生成的配合物不稳定，可采用间接滴定法测定。例如，测定 PO_4^{3-}，可先于试液中加入一定量且过量的 $Bi(NO_3)_3$ 标准溶液，使之生成 $BiPO_4$ 沉淀。再用 EDTA 标准溶液滴定剩余的 Bi^{3+}，根据消耗的 EDTA 即可间接求得与 Bi^{3+} 反应的 PO_4^{3-} 的量。

间接滴定法操作较繁琐，引入误差的机会也较多，应尽量避免采用。

（2）配位滴定法的应用示例

【例 7-2】 用 0.01060mol·L^{-1} EDTA 标准溶液滴定水中钙和镁的含量，取 100.0mL 水样，以铬黑 T 为指示剂，在 pH＝10 时滴定，消耗 EDTA 标准溶液 31.30mL。另取一份 100.0mL 水样，加 NaOH 使呈强碱性，使 Mg^{2+} 成 $Mg(OH)_2$ 沉淀，用钙指示剂指示终点，继续用 EDTA 标准溶液滴定，消耗 19.20mL。计算：

① 水的总硬度（以 $CaCO_3$ mg·L^{-1} 表示）。

② 水中钙和镁的含量（以 $CaCO_3$ mg·L^{-1} 表示和以 $MgCO_3$ mg·L^{-1} 表示）。

解 ① 以 $CaCO_3$ 表示水的总硬度为：

$$水的总硬度=\frac{cV_{EDTA}M_{CaCO_3}}{V_{水样}\times10^{-3}}=\frac{0.01060\times31.30\times100.1}{100.0\times10^{-3}}=332.1(mg\cdot L^{-1})$$

② 水中钙和镁的含量分别为：

$$钙的含量=\frac{cV_{EDTA}M_{CaCO_3}}{V_{水样}\times 10^{-3}}=\frac{0.01060\times 19.20\times 100.1}{100.0\times 10^{-3}}=203.7(mg\cdot L^{-1})$$

$$镁的含量=\frac{cV_{EDTA}M_{MgCO_3}}{V_{水样}\times 10^{-3}}=\frac{0.01060\times (31.30-19.20)\times 84.32}{100.0\times 10^{-3}}=108.1(mg\cdot L^{-1})$$

【例 7-3】 分析铜锌镁合金，称取 0.5000g 试样，溶解后用容量瓶配制成 100.0mL 试液。吸取 25.00mL，调至 pH=6.0 时，用 PAN 作指示剂，用 $0.05000mol\cdot L^{-1}$ EDTA 溶液滴定 Cu^{2+} 和 Zn^{2+} 用去 37.30mL。另外又吸取 25.00mL 试液，调至 pH=10.0，加 KCN 以掩蔽 Cu^{2+} 和 Zn^{2+}，用同浓度 EDTA 溶液滴定 Mg^{2+}，用去 4.10mL，然后再加甲醛解蔽 Zn^{2+}，又用同浓度的 EDTA 溶液 13.40mL 滴定至终点。计算试样中 Cu^{2+}、Zn^{2+}、Mg^{2+} 的质量分数。

解　依题意，可分别计算如下

$$w_{Mg}=\frac{0.05000\times 4.10\times 24.31}{0.5000\times \frac{1}{4}\times 1000}\times 100\%=3.90\%$$

$$w_{Zn}=\frac{0.05000\times 13.40\times 65.38}{0.5000\times \frac{1}{4}\times 1000}\times 100\%=35.04\%$$

$$w_{Cu}=\frac{0.05000\times (37.30-13.40)\times 63.55}{0.5000\times \frac{1}{4}\times 1000}\times 100\%=60.75\%$$

拓展资料扫一扫

配合物在生命活动中的作用

电子课件扫一扫

配位滴定技术

目标检测

一、选择题

1. $[Co(en)(C_2O_4)_2]^-$ 中心离子的配位数是（　　）。

A. 3　　B. 4　　C. 5　　D. 6

2. EDTA 与金属离子形成的配合物，其配位比一般为（　　）。

A. 1∶1　　B. 1∶2　　C. 1∶4　　D. 1∶6

3. 已知 $\lg K_{MY}=18.6$，pH=3.0 时的 $\lg K'_{MY}=10.6$，则可求得 pH=3.0 时的酸效应系数的对数为（　　）。

A. 3　　B. 8　　C. 10　　D. 18

4. 在配位滴定时，金属离子与 EDTA 形成的配合物越稳定，K_{MY} 越大，则滴定时所允许的 pH（只考虑酸效应）（　　）。

A. 越低　　B. 越高　　C. 中性　　D. 无法确定

5. EDTA 滴定 Zn^{2+} 时，若以铬黑 T 作指示剂，则终点颜色为（　　）。

A. 黄色　　B. 酒红色　　C. 橙色　　D. 蓝色

6. 对金属指示剂叙述错误的是（　　）。

A. 指示剂本身颜色与其生成的配位物颜色应显著不同

B. 指示剂应在适宜 pH 范围内使用

C. MIn 稳定性要略小于 MY 的稳定性

D. MIn 稳定性要略大于 MY 的稳定性

7. 如果 MIn 的稳定性大于 MY 的稳定性，此时金属指示剂将出现（　　）。

A. 封闭现象　　B. 提前指示终点　　C. 僵化现象　　D. 氧化变质现象

8. 在直接配位滴定法中，终点时，一般情况下溶液显示的颜色为（　　）。

A. 被测金属离子与 EDTA 配合物的颜色

B. 被测金属离子与指示剂配合物的颜色

C. 游离指示剂的颜色

D. 金属离子与指示剂配合物和金属离子与 EDTA 配合物的混合色

9. 当 M 与 Y 反应时，溶液中若 $\alpha_{Y(H)}=1$，下列哪项是正确的？（　　）

A. 没有酸效应　　B. 酸效应严重

C. Y 与 H^+ 副反应较弱　　D. $c_Y=c_{H^+}$

10. 在 Fe^{3+}、Zn^{2+} 共存的溶液中，用 EDTA 测定 Fe^{3+}，要消除 Zn^{2+} 的干扰，最简便的是（　　）。

A. 沉淀分离法　　B. 控制酸度法　　C. 配位掩蔽法　　D. 离子交换

二、命名下列配合物和配离子，并指出中心离子的配位数和配体的配位原子

1. $[Co(NH_3)_6]Cl_2$　　2. $[CoCl(NH_3)_5]Cl_2$

3. $[Ag(NH_3)_2]Cl$　　4. $[PtCl_2(NH_3)_2]$

5. $[Ni(CO)_4]$　　6. $K_2[Ni(CN)_4]$

三、根据下列配合物的名称写出对应的化学式

1. 氯化二氯·四水合钴（Ⅲ）　　2. 硫酸四氨合铜（Ⅱ）

3. 三氯化六氨合铬（Ⅲ）　　4. 二氯·二羟基·二氨合铂（Ⅳ）

5. 六氯合铂（Ⅳ）酸钾　　6. 二氯化四氨合锌（Ⅱ）

四、计算题

1. 若只考虑酸效应，计算 pH＝2.0 和 pH＝5.0 时 ZnY 的 $\lg K'_{ZnY}$ 值。

2. 量取水样 100.0mL，以铬黑 T 为指示剂，加入 NH_3-NH_4Cl 缓冲溶液，用 EDTA（浓度为 $0.01000mol \cdot L^{-1}$）滴定至终点，消耗 EDTA 的体积为 18.36mL，计算水的硬度（以 $CaCO_3$ $mg \cdot L^{-1}$ 表示）。

习题及参考答案

3. 在 pH＝12 时用钙指示剂进行石灰石中 CaO 含量的测定。称取试样 0.4086g 在 250.0mL 容量瓶中定容后，用移液管移取 25.00mL 试液，用 $0.02043mol \cdot L^{-1}$ 的 EDTA 标准溶液进行滴定，达到滴定终点时，消耗 EDTA 溶液 17.50mL，求该石灰石样中 CaO 的质量分数。

五、设计题

不经分离测定 Zn^{2+} 和 Mg^{2+} 混合液中各组分的含量，设计简要方案（包括滴定剂、酸度、指示剂及终点颜色变化、所需其他试剂及滴定方式等）。

技能训练一

胃舒平药片中 Al、 Mg 含量的检测

一、实训目的

1. 掌握 EDTA 标准溶液、锌标准溶液的配制与标定方法。
2. 学会 Al^{3+}、Mg^{2+} 含量测定方法。
3. 掌握铬黑 T 指示剂、K-B 指示剂、甲基红指示剂、二甲酚橙指示剂的应用及终点颜色变化。
4. 了解 $NH_3 \cdot H_2O$-NH_4Cl 缓冲溶液的应用。

二、实训原理

胃舒平，即复方氢氧化铝，是一种中和胃酸的胃药，主要用于胃酸过多及胃和十二指肠溃疡，它的主要成分为氢氧化铝、三硅酸镁。在加工过程中，为了使药片成型，加了大量的糊精。药片中铝和镁的含量可用 EDTA 配位滴定法测定。其中 Al^{3+} 与 EDTA 的配合速率很慢，本身又易水解或对指示剂有封闭现象。因此，采用返滴定法进行测定。

纯度高的 EDTA 二钠盐（$Na_2H_2Y \cdot 2H_2O$）可采用直接法配制，但因其略有吸潮性，所以配制之前，应先在 80℃以下干燥至恒重。若纯度不够，可用间接法配制，再用 ZnO 或纯锌为基准物标定。为了减少误差，标定与测定条件尽可能相同。若以铬黑 T 为指示剂，有关反应如下

滴定前 $Zn^{2+} + HIn^{2-} = ZnIn^{-} + H^{+}$
（$ZnIn^{-}$：紫红色）

滴定时 $Zn^{2+} + H_2Y^{2-} = ZnY^{2-} + 2H^{+}$

终点时 $ZnIn^{-} + H_2Y^{2-} = ZnY^{2-} + HIn^{2-} + H^{+}$
（$ZnIn^{-}$：紫红色；HIn^{2-}：纯蓝色）

三、仪器与试剂

仪器　酸式滴定管（50mL），容量瓶（250mL），锥形瓶（250mL），移液管（20mL、25mL、50mL），量筒（100mL），电子分析天平。

试剂　胃舒平药片，EDTA 二钠盐（AR），ZnO（基准物），稀盐酸（$6mol \cdot L^{-1}$），0.2%二甲酚橙水溶液，20%六亚甲基四胺溶液，氨试液（1∶1），

三乙醇胺溶液（1∶2），$NH_3 \cdot H_2O$-NH_4Cl 缓冲溶液（pH＝10.0），0.2%铬黑 T 指示剂，0.2%甲基红指示剂，0.025%甲基红的乙醇溶液，硫酸锌（AR），NH_4Cl（AR），K-B 指示剂（称取 0.2g 酸性铬蓝 K 和 0.4g 萘酚绿 B 于小烧杯中，加水溶解后，稀释至 100mL）。

EDTA 溶液的标定

四、实训过程

1. EDTA 标准溶液（$0.05mol \cdot L^{-1}$）的制备

（1）配制　称取 EDTA 二钠盐 1.9g，加温蒸馏水适量使其溶解，加蒸馏水至 100mL，摇匀。

（2）标定　准确称取于800℃灼烧至恒重的基准物 ZnO 1.2g，精密称量，加稀盐酸 30mL 使其溶解，定容于 250mL 容量瓶中，摇匀，用移液管吸取 25.00mL 置于锥形瓶中，加 0.025%甲基红乙醇溶液 1 滴，滴加氨试液至溶液显微黄色，加水 25mL 及 $NH_3 \cdot H_2O$-NH_4Cl 缓冲溶液（pH＝10.0）10mL，再加 0.2%铬黑 T 指示剂少量，用 EDTA 滴定至溶液由紫红色变为纯蓝色，即为终点。记录 EDTA 消耗量 V（mL）。做空白试验，假如 EDTA 用量 V_0(mL)。EDTA 浓度计算公式如下：

$$c_{EDTA}=\frac{m_{ZnO}\times 1000}{M_{ZnO}(V-V_0)}$$

2. Zn^{2+} 标准溶液（$0.05mol \cdot L^{-1}$）的制备

（1）配制　称取硫酸锌 15g（相当于锌 3.3g），加稀盐酸 10mL 与水适量使其溶解，加水至 1000mL，摇匀。

（2）标定　精密移取上面配制的溶液 25.00mL，加 0.025%甲基红乙醇溶液 1 滴，滴加氨试液至溶液显微黄色，加水 25mL 及 $NH_3 \cdot H_2O$-NH_4Cl 缓冲溶液（pH＝10.0）10mL，再加 0.2%铬黑 T 指示剂少量，用 EDTA 标准溶液（$0.05mol \cdot L^{-1}$）滴定至溶液由紫红色变为纯蓝色。并将滴定结果用空白试验校正。Zn^{2+} 标准溶液浓度计算公式如下：

$$c_{Zn^{2+}}=\frac{c_{EDTA}(V_{EDTA}-V_0)}{V_{Zn^{2+}}}$$

3. 含量测定

（1）试样处理　取胃舒平药片 10 片。研细后，在电子分析天平上称取药粉 2g，加入 $6mol \cdot L^{-1}$ 盐酸 20mL，加蒸馏水至 100mL，煮沸。冷却过滤，并以水洗涤沉淀，收集滤液及洗涤液于 250mL 容量瓶中，稀释至刻度，摇匀。

（2）铝的测定　准确移取上述试液 5.00mL，置于 250mL 的锥形瓶中，加水至 25mL，滴加氨水（1∶1）至刚出现浑浊，再加 $6mol \cdot L^{-1}$ 盐酸至沉淀恰好溶解。准确加入 $0.05mol \cdot L^{-1}$ EDTA 溶液 25.00mL，再加入 20%六亚甲基四胺溶液 10mL，煮沸 1min。冷却后，加入二甲酚橙指示剂 2～3 滴，以标准锌溶液（$0.05mol \cdot L^{-1}$）滴定至溶液由黄色转变为红色，即为终点。根据 EDTA 加入量与锌标准溶液消耗体积，

计算每片药片中 $Al(OH)_3$ 的含量。计算公式如下：

$$w_{Al(OH)_3}=\frac{(c_{EDTA}V_{EDTA}-c_{Zn^{2+}}V_{Zn^{2+}})M_{Al(OH)_3}}{1000\times m_s\times\frac{5.00}{250.00}}$$

(3) 镁的测定　准确移取试液 25.00mL，置于 250mL 的烧杯中，滴加氨水（1∶1）至刚出现沉淀，再加 $6mol\cdot L^{-1}$ 盐酸至沉淀恰好溶解。加入固体 NH_4Cl 2g，滴加 20%六亚甲基四胺溶液至沉淀出现，并过量 15mL。加热至 80℃，维持 10～15min。冷却后过滤，以少量蒸馏水洗涤沉淀数次。收集滤液于 250mL 锥形瓶中，加入三乙醇胺 10mL、$NH_3\cdot H_2O$-NH_4Cl 缓冲溶液（pH=10.0）10mL 及甲基红指示剂 1 滴、K-B 指示剂少许。用 EDTA 标准溶液（$0.05mol\cdot L^{-1}$）滴定至试液由暗红色转变为蓝绿色为终点。计算每片药片中镁的含量（以 MgO 表示）。计算公式如下：

$$w_{MgO}=\frac{V_{EDTA}c_{EDTA}M_{MgO}}{m_s\times\frac{25.00}{250.00}\times 1000}$$

五、数据记录及处理

将数据及其处理结果填入表 7-6～表 7-9 中。

表 7-6　EDTA 标准溶液的标定

项目＼次数	1	2	3
m_{ZnO}/g			
$c_{Zn^{2+}}$/$mol\cdot L^{-1}$			
$V_{Zn^{2+}}$/mL			
V_{EDTA}/mL			
V_0/mL			
c_{EDTA}/$mol\cdot L^{-1}$			
$\bar{c}_{EDTA}$/$mol\cdot L^{-1}$			
相对偏差/%			

表 7-7　锌标准液的标定

项目＼次数	1	2	3
$V_{Zn^{2+}}$/mL			
V_{EDTA}/mL			
V_0/mL			
c_{EDTA}/$mol\cdot L^{-1}$			
$c_{Zn^{2+}}$/$mol\cdot L^{-1}$			
$\bar{c}_{Zn^{2+}}$/$mol\cdot L^{-1}$			
相对偏差/%			

表 7-8 铝的含量测定

项目 \ 次数	1	2	3
m_s(药片)/g			
$V_{试样}$/mL			
c_{EDTA}/mol·L^{-1}			
V_{EDTA}/mL			
$c_{Zn^{2+}}$/mol·L^{-1}			
$V_{Zn^{2+}}$/mL			
$w_{Al(OH)_3}$/%			
$\overline{w}_{Al(OH)_3}$/%			
相对偏差/%			

表 7-9 镁的含量测定

项目 \ 次数	1	2	3
m_s(药片)/g			
$V_{试样}$/mL			
c_{EDTA}/mol·L^{-1}			
V_{EDTA}/mL			
w_{MgO}/%			
$\overline{w}_{MgO}$/%			
相对偏差/%			

六、注释

1. 铬黑 T 指示剂采用固体指示剂。

2. Fe^{3+}、Cu^{2+}、Al^{3+}、Ni^{2+}、Co^{2+} 等对金属指示剂有封闭现象，需要加掩蔽剂掩蔽这些干扰离子。

七、思考题

1. EDTA 标准溶液为何采用间接法配制？

2. 铝的含量测定为何要采用返滴定法进行测定？

3. 配位滴定中使用 $NH_3 \cdot H_2O$-NH_4Cl 缓冲溶液的作用是什么？

技能训练二

自来水总硬度的检测

水中 Ca^{2+}、Mg^{2+} 等容易与一些阴离子，如碳酸根离子、碳酸氢根离子、硫酸根离子等结合在一起，形成钙镁的碳酸盐、碳酸氢盐、硫酸盐等，在水被加热的过程中，由于蒸发浓缩，这些盐容易析出，附着在受热面上形成水垢而影响热传导。

人们将水中这些金属离子的总浓度称为水的硬度。铁、锰等金属离子也会形成硬度，但由于它们在天然水中含量很少，可以略去不计。因此，通常把 Ca^{2+}、Mg^{2+} 的总浓度看作水的总硬度。测定水的总硬度实际上就是测定钙、镁离子的总量，再把测得的钙镁离子量均折算成 $CaCO_3$ 或 CaO 的质量，以表示水的总硬度。水的硬度对锅炉用水的影响很大，因为水垢会导致局部受热不均引起锅炉爆炸。

硬度的表示方法各国不尽相同，我国用每升水中含有 $CaCO_3$ 的毫克数表示。国家《生活饮用水卫生标准》规定，生活饮用水总硬度不得超过 $450mg \cdot L^{-1}$。另外一种被普遍使用的水的总硬度表示方法为德国度，其含义为 1L 水中含有相当于 10mg 的 CaO，其硬度即为 1 个德国度（以度“d”表示，$1d \approx 10mg\ CaO \cdot L^{-1}$）。硬度是工业用水的重要指标，是水处理的重要依据，而配位滴定法是硬度测定的常用方法。以 EBT 为指示剂，用三乙醇胺掩蔽水中的 Fe^{3+}、Al^{3+} 等共存离子，在 pH＝10 的氨性缓冲溶液中，用 EDTA 标准溶液直接滴定 Ca^{2+}、Mg^{2+} 的总量。

一、实训目的

1. 掌握 EDTA 溶液的配制与标定方法。
2. 学会水的总硬度及 Ca^{2+}、Mg^{2+} 含量测定方法。
3. 掌握铬黑 T（EBT）指示剂、钙指示剂的应用及终点颜色变化。

二、实训原理

水的总硬度测定时，取一定量水样调节 pH＝10，以铬黑 T 为指示剂，用 EDTA 标准溶液直接滴定水中 Ca^{2+}、Mg^{2+}。其反应式如下：

滴定前
$$Mg^{2+} + HIn^{2-} = MgIn^{-} + H^{+}$$
（酒红色）

滴定时
$$Mg^{2+} + H_2Y^{2-} = MgY^{2-} + 2H^{+}$$
$$Ca^{2+} + H_2Y^{2-} = CaY^{2-} + 2H^{+}$$

终点时
$$MgIn^{-} + H_2Y^{2-} = MgY^{2-} + HIn^{2-} + H^{+}$$
（酒红色）　　　　（纯蓝色）

自来水硬度的测定

Ca^{2+} 含量测定，先用 NaOH 调节 pH＝12，使 Mg^{2+} 以 $Mg(OH)_2$ 沉淀掩蔽，再以钙指示剂指示终点，用 EDTA 标准溶液滴定 Ca^{2+}。

Mg^{2+} 含量是由等体积水样 Ca^{2+}、Mg^{2+} 总物质的量减去 Ca^{2+} 物质的量求得。

三、仪器与试剂

仪器　酸式滴定管（50mL），容量瓶（250mL），锥形瓶（250mL），移液管（5mL、25mL），试剂瓶（1000mL），烧杯（1000mL），电子分析天平。

试剂　乙二胺四乙酸二钠（分析纯），ZnO（基准物，800℃灼烧至恒重），NH_4Cl，稀盐酸（$6mol \cdot L^{-1}$），氨试液（1∶1），三乙醇胺溶液（1∶2），$NH_3 \cdot H_2O$-NH_4Cl 缓冲溶液（pH＝10.0），0.2%铬黑 T 指示剂，钙指示剂，0.025%甲基红的乙醇溶液，10% NaOH 溶液。

四、实训过程

1. EDTA 标准溶液（0.05mol·L^{-1}）的制备

见本章技能训练一。

2. 水的总硬度的测定

移取水样 100.00mL 置于 250mL 锥形瓶中，加 5mL 三乙醇胺（无 Fe^{3+}、Al^{3+} 等时可不加），加 $NH_3·H_2O$-NH_4Cl 缓冲溶液（pH=10.0）5mL 及铬黑 T 指示剂少许，用 EDTA 标准溶液滴定至溶液由酒红色变为纯蓝色，记录 EDTA 用量 V_1（mL）。平行测定 3 次，记录数据。水的总硬度计算公式如下：

$$\rho=\frac{c_{\text{EDTA}}V_1M_{\text{CaCO}_3}\times1000}{V_{\text{水样}}}$$

3. Ca^{2+}、Mg^{2+} 含量分别测定

移取水样 100.00mL 置于锥形瓶中，加 5mL 三乙醇胺（无 Fe^{3+}、Al^{3+} 等时可不加），摇匀。加 2mL 10% 的 NaOH 溶液使镁离子形成沉淀，摇匀后，加钙指示剂少许，用 EDTA 标准溶液滴定至溶液由红色变为纯蓝色，记录 EDTA 用量 V_2（mL）。水中钙和镁的质量浓度计算公式如下：

$$\rho_{\text{Ca}}=\frac{c_{\text{EDTA}}V_2M_{\text{Ca}}\times1000}{V_{\text{水样}}}(\text{mg}\cdot\text{L}^{-1})$$

$$\rho_{\text{Mg}}=\frac{c_{\text{EDTA}}(V_1-V_2)M_{\text{Mg}}\times1000}{V_{\text{水样}}}(\text{mg}\cdot\text{L}^{-1})$$

五、数据记录及处理

将数据及其处理结果填入表 7-10 中。

表 7-10 水的总硬度的测定

项目 \ 次数	1	2	3
c_{EDTA}/mol·L^{-1}			
V_1/mL			
ρ/mg·L^{-1}			
$\bar{\rho}$/mg·L^{-1}			
V_2/mL			
ρ_{Ca}/mg·L^{-1}			
$\bar{\rho}_{\text{Ca}}$/mg·L^{-1}			
ρ_{Mg}/mg·L^{-1}			
相对偏差/%			

六、注释

1. 取水样量和 EDTA 标准溶液浓度可随水的总硬度大小而变化。

2. 铬黑 T 指示剂、钙指示剂均采用固体指示剂。

3. Fe^{3+}、Cu^{2+}、Al^{3+}、Ni^{2+}、Co^{2+}等对金属指示剂有封闭现象，需要加掩蔽剂掩蔽这些干扰离子。

七、思考题

1. 用移液管移取水样时，应用什么水润洗移液管？自来水还是蒸馏水？

2. 实验中所用的锥形瓶等仪器是否需要用待测水样润洗？为什么？

3. 水的总硬度若用德国度来表示，计算公式该怎么表示？

4. 为什么测定Ca^{2+}、Mg^{2+}总量时要控制溶液pH=10？而测定Ca^{2+}时要控制溶液pH=12？

综合实训

蛋壳中碳酸钙含量的测定

蛋壳中的主要成分为碳酸钙（$CaCO_3$），约占93%。碳酸钙俗称石灰石、石粉，是一种化合物，呈碱性，在水中几乎不溶，在乙醇中也不溶。蛋壳中钙含量的测定方法有配位滴定法、酸碱滴定法、高锰酸钾滴定法和原子吸收法等。原子吸收法测钙的含量，方便简单、灵敏度高，但需要特殊仪器。实验室最常用的仍是滴定法，包括配位滴定法、酸碱滴定法、高锰酸钾滴定法。在此，我们采用EDTA配位滴定法进行钙含量的测定。

一、实训目的

1. 了解实际试样的处理方法。

2. 掌握鸡蛋壳中碳酸钙含量的测定的原理及方法，巩固称量操作、EDTA溶液的配制、标定及滴定操作。

3. 掌握铬黑T指示剂、钙指示剂的应用及终点颜色变化。

二、实训原理

市售EDTA含水约0.3%～0.5%，且含有少量杂质，又由于水和其他试剂中常含有金属离子，故EDTA通常用间接配制法配制。EDTA溶液应当保存在聚乙烯瓶或硬质玻璃瓶中，若贮存在软质玻璃瓶中，会不断溶解玻璃瓶中的Ca^{2+}形成CaY^{2-}，使EDTA浓度不断降低。

标定EDTA时，通常选用钙指示剂指示终点，用NaOH控制溶液pH为12～13，其变色原理为（略去电荷）：

滴定前 $$Ca+In(蓝色) \xlongequal{} CaIn(红色)$$

滴定中 $$Ca+Y \xlongequal{} CaY$$

终点时 $$CaIn(红色)+Y \xlongequal{} CaY+In(蓝色)$$

配位滴定中所用的纯水中不应含有Fe^{3+}、Al^{3+}、Cu^{2+}、Ca^{2+}、Mg^{2+}等杂质离子，通常采用去离子水或二次蒸馏水。

鸡蛋壳可以通过预处理制成Ca^{2+}溶液，Ca^{2+}可以与EDTA形成稳定的配合物，滴定时，Al^{3+}、Fe^{3+}等干扰离子可用三乙醇胺等掩蔽。

三、仪器与试剂

仪器 500mL烧杯，试剂瓶500mL，酸式滴定管50mL，移液管，锥形瓶250mL，研钵，容量瓶250mL，天平，分析天平。

试剂 鸡蛋壳，EDTA，1mol·L^{-1} NaOH，$CaCO_3$（110℃干燥），钙指示剂，1∶1 HCl，三乙醇胺溶液（1∶2）。

四、实训过程

1. EDTA标准溶液（0.020mol·L^{-1}）的配制与标定

（1）EDTA标准溶液（0.020mol·L^{-1}）的配制 称取4.0g EDTA（乙二胺四乙酸二钠）于500mL烧杯中，加200mL温热水，使其溶解完全，冷却，转移至500mL试剂瓶中，用水稀释至刻度，摇匀。

（2）$CaCO_3$标准溶液（0.020mol·L^{-1}）的配制 准确称取110℃干燥过的$CaCO_3$ 0.50～0.55g，置于250mL烧杯中，用少量水润湿，盖上表面皿，慢慢滴加1∶1 HCl 5mL使其溶解，加少量水稀释，定量转移至250mL容量瓶中，用水稀释至刻度，摇匀，计算其准确浓度。

（3）EDTA标准溶液的标定 移取25.00mL钙标准溶液置于250mL锥形瓶中，加5mL 1mol·L^{-1} NaOH溶液及少量钙指示剂，摇匀后，用EDTA溶液滴定至溶液由酒红色变为纯蓝色，即为终点。记下EDTA耗用的体积V_{EDTA}（mL）。平行测定3份，计算EDTA标准溶液的浓度。做空白试验，假如EDTA用量V_0（mL）。EDTA浓度的计算公式如下：

$$c_{EDTA}=\frac{\dfrac{m_{CaCO_3}/M_{CaCO_3}}{10}}{V_{EDTA}-V_0}\times 1000(mol\cdot L^{-1})$$

2. 鸡蛋壳的预处理

将鸡蛋壳洗干净，在水中煮沸5～10min，去除内表层的蛋白质膜，再次洗干净，放在烘箱内于105℃烘干，研成粉末，贮存在称量瓶中，放在干燥器中。

3. 鸡蛋壳中钙含量的测定

用减量法准确称取一份0.53～0.57g鸡蛋壳粉于小烧杯中，加入1∶1盐酸至完全溶解，定量转移至250mL容量瓶中，定容，摇匀备用。

用25mL移液管准确移取处理后的试液25.00mL于250mL锥形瓶中，加入5mL三乙醇胺，加入1mol·L^{-1} NaOH溶液，使溶液pH>12，再多加5mL至溶液呈强碱性，加入少量蔗糖［由于$Mg(OH)_2$沉淀吸附钙指示剂，加入蔗糖可避免］，再加入少许钙指示剂，用EDTA标准溶液滴定至溶液由紫红色变成纯蓝色即为终点。记下EDTA耗用的体积V_{EDTA}（mL），平行滴定3份，计算鸡蛋壳中碳酸钙的含量。鸡蛋壳中碳酸钙含量的计算公式如下：

$$w=\frac{V_{EDTA}c_{EDTA}M_{CaCO_3}}{m_s/10}\times 100\%$$

五、数据记录及处理

将数据及其处理结果填入表 7-11、表 7-12 中。

表 7-11　EDTA 标准溶液的标定

项目 \ 次数	1	2	3
m_{CaCO_3}/g			
V_{CaCO_3}/mL			
V_{EDTA}/mL			
V_0/mL			
c_{EDTA}/mol·L^{-1}			
$\bar{c}_{EDTA}$/mol·L^{-1}			
相对偏差/%			

表 7-12　碳酸钙的含量测定

项目 \ 次数	1	2	3
m_s/g			
$V_{试样}$/mL			
c_{EDTA}/mol·L^{-1}			
V_{EDTA}/mL			
w_{CaCO_3}/%			
$\bar{w}_{CaCO_3}$/%			
相对偏差/%			

六、注释

1. 钙指示剂采用固体指示剂。

2. 样品鸡蛋壳要正确进行预处理。

七、思考题

1. 样品预处理的方法有哪几种？本实验采用的是哪一种方法？

2. 解释鸡蛋壳中碳酸钙含量的计算公式。

第8章

沉淀滴定技术

章节导入

沉淀现象在生活中屡见不鲜，常见的病理结石症、龋齿等都与沉淀有关。生产中常常利用沉淀反应对物质进行提纯、制备、分离和测定。沉淀滴定法就是建立在沉淀反应基础上的滴定分析法，化妆品、食品、土壤、环境监测等领域经常采用沉淀滴定法来测定 Cl^-、Br^-、I^- 的含量；沉淀滴定技术还广泛应用于药物检测领域，如复方氯化钠注射液中总氯量、抗肿瘤药盐酸丙卡巴肼（$C_{12}H_{19}N_3O \cdot HCl$）的含量都采用沉淀滴定法检测。

素质目标

通过三种银量法的学习比较以及在医药分析中的应用，培养勤于思考、善于总结的能力。

8.1 沉淀溶解平衡及其影响因素

8.1.1 溶度积

（1）溶度积

在一定条件下，难溶强电解质 A_mB_n(s) 溶于水形成饱和溶液时，在溶液中达到沉淀溶解平衡状态（动态平衡），各离子浓度保持不变（或一定），其离子浓度幂的乘积为一个常数，这个常数称为溶度积常数，简称溶度积，用 K_{sp} 表示。

例如，1∶1 型难溶化合物 MA 在水中的溶解达平衡时：

$$MA(固) \rightleftharpoons MA(水) \rightleftharpoons M^+ + A^-$$

沉淀分子固相与其液相间平衡；液相中未解离分子与离子之间平衡。固体MA的溶解部分以M^+（A^-）和MA（水）两种状态存在。其中MA（水）可以是分子状态，也可以是$M^+ \cdot A^-$离子对化合物。

例如：

$$AgCl(固) \rightleftharpoons AgCl(水) \rightleftharpoons Ag^+ + Cl^-$$

$$CaSO_4(固) \rightleftharpoons Ca^{2+} \cdot SO_4^{2-}(水) \rightleftharpoons Ca^{2+} + SO_4^{2-}$$

$$[M^+][A^-] = K_{sp} \tag{8-1}$$

K_{sp}只与温度有关，而与沉淀的量和溶液中的离子的浓度无关。一般来说，对同种类型难溶电解质（如AgCl、AgBr、AgI、$BaSO_4$），K_{sp}越小，其溶解度越小，越易转化为沉淀。不同类型难溶电解质，不能根据K_{sp}比较溶解度的大小。有关平衡常数见表8-1，部分难溶化合物的溶度积常数列于附录。

表8-1 化学平衡常数、水的离子积、解离平衡常数、溶度积的比较

项目	化学平衡常数	水的离子积	解离平衡常数	溶度积
反应举例	$mA + nB \rightleftharpoons pC + qD$	$H_2O \rightleftharpoons H^+ + OH^-$	$HA \rightleftharpoons H^+ + A^-$	$A_mB_n(s) \rightleftharpoons mA^{n+} + nB^{m-}$
表达式	$K = \frac{[C]^p[D]^q}{[A]^m[B]^n}$	$K_w = [H^+][OH^-]$	$K_a = \frac{[H^+][A^-]}{[HA]}$	$K_{sp} = [A^{n+}]^m[B^{m-}]^n$
影响因素	温度	温度	温度	温度
适用范围	可逆反应的平衡体系	水的解离平衡体系	弱电解质的解离平衡体系	难溶电解质的解离平衡体系

【例8-1】 氯化银在25℃时溶解度为0.000192g/100g H_2O，求它的溶度积常数。

解 因为AgCl饱和溶液极稀，可以认为1g H_2O的体积和质量与1mL AgCl溶液的体积和质量相同，所以1L AgCl饱和溶液中含有AgCl 0.00192g，AgCl的摩尔质量为143.4g·mol^{-1}，将溶解度用物质的量浓度为表示为：

$$s_{AgNO_3} = \frac{0.00192}{143.4} = 1.34 \times 10^{-5}(mol \cdot L^{-1})$$

溶解的AgCl完全电离，故$c_{Ag^+} = c_{Cl^-} = 1.34 \times 10^{-5} mol \cdot L^{-1}$，

所以 $K_{sp}AgCl) = c_{Ag^+} \cdot c_{Cl^-} = (1.34 \times 10^{-5})^2 = 1.8 \times 10^{-10}$

（2）溶度积规则

在一定条件下，对于难溶强电解质$A_mB_n(s) \rightleftharpoons mA^{n+}(aq) + nB^{m-}(aq)$在任一时刻都有：

$$Q_c = c^m(A^{n+})c^n(B^{m-})(适用对象：任一时刻的溶液)$$

可通过比较溶度积与溶液中有关离子浓度幂的乘积——离子积（Q_c）的相对大小判断难溶电解质在给定条件下的沉淀生成或溶解情况：

$Q_c > K_{sp}$，溶液过饱和，有沉淀析出，直至溶液饱和，达到新的平衡；

$Q_c = K_{sp}$，溶液为饱和溶液，沉淀与溶解处于平衡状态；

$Q_c < K_{sp}$，溶液未饱和，向沉淀溶解的方向进行，无沉淀析出，若加入过量难溶电解质，难溶电解质溶解直至溶液饱和。

化学上通常认为残留在溶液中的离子浓度小于 $1\times10^{-5}mol\cdot L^{-1}$ 时，沉淀就达完全。

【例 8-2】 将等体积的 $4\times10^{-3}mol\cdot L^{-1}$ 的 $AgNO_3$ 和 $4\times10^{-3}mol\cdot L^{-1}$ K_2CrO_4 混合，有无 Ag_2CrO_4 沉淀产生？已知 $K_{sp}(Ag_2CrO_4)=1.12\times10^{-12}$。

解：等体积混合后，浓度为原来的一半。

$$c_{Ag^+}=2\times10^{-3}mol\cdot L^{-1}$$

$$c_{CrO_4^{2-}}=2\times10^{-3}mol\cdot L^{-1}$$

$$Q_c=c_{Ag^+}^2\cdot c_{CrO_4^{2-}}=(2\times10^{-3})^2\times2\times10^{-3}=8\times10^{-9}>K_{sp}(Ag_2CrO_4)$$

所以有沉淀析出。

（3）影响沉淀溶解度的因素

影响沉淀溶解度的因素很多，如同离子效应、盐效应、酸效应、配位效应等。此外，温度、介质、沉淀结构和颗粒大小等对沉淀的溶解度也有影响。下面将分别进行讨论。

① 同离子效应　组成沉淀晶体的离子称为构晶离子。当沉淀反应达到平衡后，如果向溶液中加入适当过量的含有某一构晶离子的试剂或溶液，则沉淀的溶解度减小，这种现象称为同离子效应。

例如，25℃时，$BaSO_4$ 在水中的溶解度为

$$s=[Ba^{2+}]=[SO_4^{2-}]=\sqrt{K_{sp}}=\sqrt{6\times10^{-10}}=2.4\times10^{-5}(mol\cdot L^{-1})$$

如果使溶液中的 $[SO_4^{2-}]$ 增至 $0.10mol\cdot L^{-1}$，此时 $BaSO_4$ 的溶解度为：

$$s=[Ba^{2+}]=K_{sp}/[SO_4^{2-}]=6\times10^{-10}/0.10=6\times10^{-9}(mol\cdot L^{-1})$$

即 $BaSO_4$ 的溶解度减小至万分之一。

因此，在实际分析中，常加入过量沉淀剂，利用同离子效应，使被测组分沉淀完全。但沉淀剂过量太多，可能引起盐效应、酸效应及配位效应等副反应，反而使沉淀的溶解度增大。一般情况下，沉淀剂过量50%～100%是合适的，如果沉淀剂是不易挥发的，则以过量20%～30%为宜。

② 盐效应　沉淀反应达到平衡时，由于强电解质的存在或加入其他强电解质，使沉淀的溶解度增大，这种现象称为盐效应。例如，AgCl、$BaSO_4$ 在 KNO_3 溶液中的溶解度比在纯水中大，而且溶解度随 KNO_3 浓度增大而增大。

应该指出，利用同离子效应降低沉淀溶解度时，应考虑盐效应的影响，即沉淀剂不能过量太多。另外，如果沉淀本身的溶解度很小，一般来讲，盐效应的影响很小，可以不予考虑。

③ 酸效应　溶液酸度对沉淀溶解度的影响，称为酸效应。酸效应的发生主要是由于溶液中 H^+ 浓度的大小对弱酸、多元酸或难溶酸解离平衡的影响。因此，酸效应对于不同类型沉淀的影响情况不一样，若沉淀是强酸盐（如 $BaSO_4$、AgCl 等），其溶解度受酸度影响不大，但沉淀是弱酸盐，其溶解度受酸效应影响就很显著。如 CaC_2O_4 沉淀在溶液中有下列平衡：

$$CaC_2O_4 \rightleftharpoons Ca^{2+}+C_2O_4^{2-}$$

$$-H^+ \Big\Updownarrow +H^+$$

$$HC_2O_4^- \underset{-H^+}{\overset{+H^+}{\rightleftharpoons}} H_2C_2O_4$$

当酸度较高时，沉淀溶解平衡向右移动，从而增加了沉淀溶解度。

④ 配位效应 进行沉淀反应时，若溶液中存在能与构晶离子生成可溶性配合物的配位剂，则可使沉淀溶解度增大，这种现象称为配位效应。

配位剂主要来自两方面，一是沉淀剂本身就是配位剂，二是加入的其他试剂。

例如，用 Cl^- 沉淀 Ag^+ 时，得到 AgCl 白色沉淀，若向此溶液中加入氨水，则因 NH_3 配位形成 $[Ag(NH_3)_2]^+$，使 AgCl 的溶解度增大，甚至全部溶解。如果在沉淀 Ag^+ 时，加入过量的 Cl^-，则 Cl^- 能与 AgCl 沉淀进一步形成 $AgCl_2^-$ 和 $AgCl_3^{2-}$ 等配离子，也使 AgCl 沉淀逐渐溶解。这时 Cl^- 沉淀剂本身也是配位剂。由此可见，在用沉淀剂进行沉淀时，应严格控制沉淀剂的用量，同时注意外加试剂的影响。

配位效应使沉淀的溶解度增大的程度与沉淀的溶度积、配位剂的浓度和形成配合物的稳定常数有关。沉淀的溶度积越大，配位剂的浓度越大，形成的配合物越稳定，沉淀就越容易溶解。

⑤ 其他影响因素 除上述因素外，温度和其他溶剂的存在、沉淀颗粒大小和结构等，都对沉淀的溶解度有影响。

a. 温度的影响。沉淀的溶解一般是吸热过程，其溶解度随温度升高而增大。因此，对于一些在热溶液中溶解度较大的沉淀，在过滤洗涤时必须在室温下进行，如 $MgNH_4PO_4$、CaC_2O_4 等。对于一些溶解度小、冷时又较难过滤和洗涤的沉淀，则采用趁热过滤，并用热的洗涤液进行洗涤，如 $Fe(OH)_3$、$Al(OH)_3$ 等。

b. 溶剂的影响。无机物沉淀大部分是离子型晶体，它们在有机溶剂中的溶解度一般比在纯水中要小。例如，$PbSO_4$ 沉淀在 100mL 水中的溶解度为 $1.5\times10^{-4}mol\cdot L^{-1}$，而在 100mL50%的乙醇溶液中的溶解度为 $7.6\times10^{-6}mol\cdot L^{-1}$。

c. 沉淀颗粒大小和结构的影响。同一种沉淀，在质量相同时，颗粒越小，其总表面积越大，溶解度越大。由于小晶体比大晶体有更多的角、边和表面，处于这些位置的离子受晶体内离子的吸引力小，又受到溶剂分子的作用，容易进入溶液中。因此，小颗粒沉淀的溶解度比大颗粒沉淀的溶解度大。所以，在实际分析中，要尽量创造条件以利于形成大颗粒晶体。

8.1.2 沉淀溶解平衡

通常把溶解度小于 0.01g/100g 水的电解质叫作难溶电解质。在一定温度下，当难溶电解质的饱和溶液中的沉淀溶解速率和沉淀生成的速率相等时，电解质的饱和溶液达到平衡状态。我们把这种平衡称作沉淀溶解平衡。

8.1.3 分步沉淀

在一定条件下，使一种离子先沉淀，而其他离子在另一条件下沉淀的现象叫作分步沉淀或称选择性沉淀。对于同类的沉淀物（如 MA 型）来说，K_{sp} 小的先沉淀，但对不同类型的沉淀物就不能根据 K_{sp} 值来判断沉淀先后次序。当一种试剂能沉淀溶液中几种离子时，生成沉淀所需试剂离子浓度越小的越先沉淀；如果生成各种沉淀所需试剂离子的浓度相差较大，就能分步沉淀，从而达到分离离子的目的。

【例 8-3】 在分析化学上用铬酸钾作指示剂的银量法称为“莫尔法”。工业上常用莫尔法分析水中的氯离子含量。此法是用硝酸银作滴定剂，当在水中逐滴加入硝酸银时，生成白色氯化银沉淀析出。继续滴加硝酸银，当开始出现砖红色的铬酸银沉淀时，即为滴定的终点。假定开始时水样中，$[Cl^-]=7.1\times10^{-3}\,mol\cdot L^{-1}$，$[CrO_4^{2-}]=5.0\times10^{-3}\,mol\cdot L^{-1}$，为什么氯化银比铬酸银先沉淀？当铬酸银开始沉淀时，水样中的氯离子是否已沉淀完全？

解 $AgCl(s) \rightleftharpoons Ag^+ + Cl^-$ $\qquad K_{sp}=1.8\times10^{-10}$

$Ag_2CrO_4(s) \rightleftharpoons 2Ag^+ + CrO_4^{2-}$ $\qquad K_{sp}=1.1\times10^{-12}$

若开始生成氯化银沉淀，所需要的银离子浓度为：

$$[Ag^+]=\frac{K_{sp}}{[Cl^-]}=\frac{1.8\times10^{-10}}{7.1\times10^{-3}}=2.5\times10^{-8}(mol\cdot L^{-1})$$

开始生成铬酸银沉淀所需要的银离子浓度为：

$$[Ag^+]=\sqrt{\frac{K_{sp}}{[CrO_4^{2-}]}}=\sqrt{\frac{1.1\times10^{-12}}{5.0\times10^{-3}}}=1.5\times10^{-5}(mol\cdot L^{-1})$$

当铬酸银刚开始出现沉淀时的氯离子浓度已达：

$$[Cl^-]=\frac{K_{sp}}{[Ag^+]}=\frac{1.8\times10^{-10}}{1.5\times10^{-5}}=1.2\times10^{-5}(mol\cdot L^{-1})$$

此时氯离子浓度已接近 $10^{-5}\,mol\cdot L^{-1}$，可近似认为已基本沉淀完全。

分步沉淀在工业上应用广泛。药品生产过程中，利用药品成分的溶解度不同，可从复杂原料中提取出所需药品成分。环境监测中，可利用分步沉淀的原理分离出水、土壤及固废中的有害物质并测定其含量。重金属污水处理中，通过分段加入石灰乳，利用不同的金属氢氧化物在不同的 pH 下沉淀析出的特性，可依次回收各种金属氢氧化物。

8.1.4 沉淀的转化

由一种沉淀转化为另一种沉淀的过程称为沉淀的转化。

若难溶解电解质类型相同，则 K_{sp} 较大的沉淀易于转化为 K_{sp} 较小的沉淀；沉淀转化反应的完全程度由两种沉淀物的 K_{sp} 值及沉淀的类型所决定。在分析化学中常常先将难溶的强酸盐转化为难溶的弱酸盐，然后再用酸溶解使阳离子进入溶液。如：

$$CaSO_4(s)+CO_3^{2-}(aq) \rightleftharpoons CaCO_3(s)+SO_4^{2-}(aq)$$

根据溶度积规则，要使溶液中难溶电解质的沉淀溶解，必须使其离子积 $Q<K_{sp}$，即必须降低溶液中难溶电解质的某一离子的浓度。可以通过加入某种试剂，与溶液中阳离子或阴离子发生化学反应，从而降低该离子浓度，使沉淀溶解。常用的方法有以下三种：

① 生成弱电解质 常见的弱酸盐和氢氧化物沉淀都易溶于强酸，这是由于弱酸根和 OH^- 都能与 H^+ 结合成难解离的弱酸和水，从而降低了溶液中弱酸根及 OH^- 的浓度，使

$Q<K_{sp}$，沉淀溶解。

② 发生氧化还原反应 加入氧化剂或还原剂，使沉淀因发生氧化还原反应而溶解。

③ 生成配合物 加入配合剂，使沉淀因生成配位化合物而溶解。

同时，可以使难溶的物质既发生氧化还原反应，又生成配位化合物，因而大大降低了相应的离子的浓度，使 $Q<K_{sp}$，从而将沉淀溶解。

8.2 沉淀滴定法

沉淀滴定法是以沉淀反应为基础的一种滴定分析方法。虽然沉淀反应很多，但是能用于滴定分析的沉淀反应必须符合下列几个条件：

① 沉淀反应必须迅速，并按一定的化学计量关系进行。

② 生成的沉淀应具有恒定的组成，而且溶解度必须很小。

③ 有确定化学计量点的简单方法。

④ 沉淀的吸附现象不影响滴定终点的确定。

由于上述条件的限制，能用于沉淀滴定法的反应并不多，目前有实用价值的主要是形成难溶性银盐的反应，例如：

$$Ag^{+}+Cl^{-} \rightleftharpoons AgCl\downarrow（白色）$$

$$Ag^{+}+SCN^{-} \rightleftharpoons AgSCN\downarrow（白色）$$

这种利用生成难溶银盐反应进行沉淀滴定的方法称为银量法。银量法主要用于测定 Cl^{-}、Br^{-}、I^{-}、Ag^{+}、CN^{-}、SCN^{-} 等离子及含卤素的有机化合物。

除银量法外，沉淀滴定法中还有利用其他沉淀反应的方法，例如：$K_4[Fe(CN)_6]$ 与 Zn^{2+}、四苯硼酸钠与 K^{+} 形成沉淀的反应。

$$2K_4[Fe(CN)_6]+3Zn^{2+} \rightleftharpoons K_2Zn_3[Fe(CN)_6]_2\downarrow+6K^{+}$$

$$NaB(C_6H_5)_4+K^{+} \rightleftharpoons KB(C_6H_5)_4\downarrow+Na^{+}$$

按照指示滴定终点的方法不同，银量法可分为莫尔法、佛尔哈德法和法扬斯法。

8.2.1 莫尔法

莫尔法是以铬酸钾（K_2CrO_4）为指示剂的银量法，又称为铬酸钾指示剂法。

(1) 指示剂的作用原理

以测定 Cl^{-} 为例，K_2CrO_4 作指示剂，用 $AgNO_3$ 标准溶液滴定，其反应为：

$$Ag^{+}+Cl^{-} \rightleftharpoons AgCl\downarrow \quad （白色）$$

$$2Ag^{+}+CrO_4^{2-} \rightleftharpoons Ag_2CrO_4\downarrow \quad （砖红色）$$

这个方法的依据是多级沉淀原理，由于 AgCl 的溶解度比 Ag_2CrO_4 的溶解度小，因此在用 $AgNO_3$ 标准溶液滴定时，先析出 AgCl 沉淀，当滴定剂 Ag^{+} 与 Cl^{-} 达到化学计量点时，微过量的 Ag^+ 与 CrO_4^{2-} 反应析出砖红色的 Ag_2CrO_4 沉淀，指示滴定终点的到达。

(2) 滴定条件

① 指示剂的量　用 $AgNO_3$ 标准溶液滴定 Cl^- 时，指示剂 K_2CrO_4 的用量对于终点指示有较大的影响，CrO_4^{2-} 浓度过高或过低，Ag_2CrO_4 沉淀的析出就会过早或过迟，就会产生一定的终点误差。因此要求 Ag_2CrO_4 沉淀应该恰好在滴定反应的化学计量点时出现。化学计量点时 $[Ag^+]$ 为：

$$[Ag^+]=[Cl^-]=\sqrt{K_{sp}}=\sqrt{1.8\times10^{-10}}=1.34\times10^{-5}(mol\cdot L^{-1})$$

若此时恰有 Ag_2CrO_4 沉淀，则

$$[CrO_4^{2-}]=\frac{K_{sp}}{[Ag^+]^2}=\frac{5.0\times10^{-12}}{(1.34\times10^{-5})^2}=1.1\times10^{-2}(mol\cdot L^{-1})$$

在滴定时，由于 K_2CrO_4 显黄色，当其浓度较高时颜色较深，不易判断砖红色的出现。为了能观察到明显的终点，指示剂的浓度以略低一些为好。实验证明：滴定溶液中，$[CrO_4^{2-}]$ 为 $5\times10^{-3}mol\cdot L^{-1}$，是确定滴定终点的适宜浓度。

显然，K_2CrO_4 浓度降低后，要使 Ag_2CrO_4 析出沉淀，必须多加些 $AgNO_3$ 标准溶液，这时滴定剂就过量了，终点将在化学计量点后出现，但由于产生的终点误差一般都小于 0.1%，不会影响分析结果的准确度。但是如果溶液较稀，如用 $0.01000mol\cdot L^{-1}$ $AgNO_3$ 标准溶液滴定 $0.01000mol\cdot L^{-1}$ Cl^- 溶液，滴定误差可达 0.6%，影响分析结果的准确度，应做指示剂空白试验进行校正。

② 滴定时的酸度　在酸性溶液中，CrO_4^{2-} 有如下反应：

$$2CrO_4^{2-}+2H^+\rightleftharpoons 2HCrO_4^-\rightleftharpoons Cr_2O_7^{2-}+H_2O$$

因而降低了 CrO_4^{2-} 的浓度，使 Ag_2CrO_4 沉淀出现过迟，甚至不会沉淀。

在强碱性溶液中，会有棕黑色 Ag_2O 沉淀析出：

$$2Ag^++2OH^-\rightleftharpoons Ag_2O\downarrow+H_2O$$

因此，莫尔法只能在中性或弱碱性（pH=6.5～10.5）溶液中进行。若溶液酸性太强，可用 $Na_2B_4O_7\cdot10H_2O$ 或 $NaHCO_3$ 中和；若溶液碱性太强，可用稀 HNO_3 溶液中和；而在有 NH_4^+ 存在时，滴定的 pH 范围应控制在 6.5～7.2。

③ 应用范围　莫尔法主要用于测定 Cl^-、Br^- 和 Ag^+，如氯化物、溴化物纯度测定以及天然水中氯含量的测定。当试样中 Cl^- 和 Br^- 共存时，测得的结果是它们的总量。若测定 Ag^+，应采用返滴定法，即向 Ag^+ 的试液中加入一定量且过量的 NaCl 标准溶液，然后再用 $AgNO_3$ 标准溶液滴定剩余的 Cl^-（若直接滴定，先生成的 Ag_2CrO_4 转化为 AgCl 的速率缓慢，滴定终点难以确定）。莫尔法不宜测定 I^- 和 SCN^-，因为滴定生成的 AgI 和 AgSCN 沉淀表面会强烈吸附 I^- 和 SCN^-，使滴定终点过早出现，造成较大的滴定误差。

莫尔法的选择性较差，凡能与 CrO_4^{2-} 或 Ag^+ 生成沉淀的阳、阴离子均干扰滴定。前者如 Ba^{2+}、Pb^{2+}、Hg^{2+} 等；后者如 SO_3^{2-}、PO_4^{3-}、AsO_4^{2-}、S^{2-}、$C_2O_4^{2-}$ 等。

8.2.2 佛尔哈德法

佛尔哈德法是在酸性介质中，以铁铵矾 $[NH_4Fe(SO_4)_2\cdot12H_2O]$ 作指示剂来确定滴

定终点的一种银量法。根据滴定方式的不同，佛尔哈德法分为直接滴定法和返滴定法两种。

(1) 直接滴定法测定 Ag^+

在含有 Ag^+ 的 HNO_3 介质中，以铁铵矾作指示剂，用 NH_4SCN 标准溶液直接滴定，当滴定到化学计量点时，微过量的 SCN^- 与 Fe^{3+} 结合生成红色的 $[FeSCN]^{2+}$ 即为滴定终点。其反应是：

$$Ag^+ + SCN^- \xlongequal{} AgSCN\downarrow (白色) \qquad K_{sp}=2.0\times10^{-12}$$

$$Fe^{3+} + SCN^- \xlongequal{} [FeSCN]^{2+} (红色) \qquad K=200$$

由于指示剂中的 Fe^{3+} 在中性或碱性溶液中将形成 $Fe(OH)^{2+}$、$Fe(OH)_2^+$ 等深色配合物，碱度再大，还会产生 $Fe(OH)_3$ 沉淀，因此滴定应在酸性（$0.3\sim1mol\cdot L^{-1}$）溶液中进行。

用 NH_4SCN 溶液滴定 Ag^+ 溶液时，生成的 AgSCN 沉淀能吸附溶液中的 Ag^+，使 Ag^+ 浓度降低，以致红色的出现略早于化学计量点。因此在滴定过程中需剧烈摇动，使被吸附的 Ag^+ 释放出来。

此法的优点在于可用来直接测定 Ag^+，并可在酸性溶液中进行滴定，因而很多弱酸根，如 $C_2O_4^{2-}$、CO_3^{2-}、PO_4^{3-} 等都不干扰。

(2) 返滴定法测定卤素离子

佛尔哈德法测定卤素离子（如 Cl^-、Br^-、I^- 和 SCN^-）时应采用返滴定法。即在酸性（HNO_3 介质）待测溶液中，先加入已知过量的 $AgNO_3$ 标准溶液，再用铁铵矾作指示剂，用 NH_4SCN 标准溶液回滴剩余的 Ag^+（HNO_3 介质）。反应如下：

$$Ag^+ + Cl^- \xlongequal{} AgCl\downarrow (白色)(过量)$$

$$Ag^+ + SCN^- \xlongequal{} AgSCN\downarrow (白色)(剩余量)$$

终点指示反应：$$Fe^{3+} + SCN^- \xlongequal{} [FeSCN]^{2+} (红色)$$

用佛尔哈德法测定 Cl^-，滴定到临近终点时，经摇动后形成的红色会褪去，这是因为 AgSCN 的溶解度小于 AgCl 的溶解度，加入的 NH_4SCN 将与 AgCl 发生沉淀转化反应：

$$AgCl + SCN^- \xlongequal{} AgSCN\downarrow + Cl^-$$

沉淀的转化速率较慢，滴加 NH_4SCN 形成的红色随着溶液的摇动而消失。这种转化作用将继续进行到 Cl^- 与 SCN^- 浓度之间建立一定的平衡关系，才会出现持久的红色，这时滴定已多消耗了 NH_4SCN 标准滴定溶液。为了避免上述现象的发生，通常采用以下措施：

① 试液中加入一定量且过量的 $AgNO_3$ 标准溶液之后，将溶液煮沸，使 AgCl 沉淀凝聚，以减少 AgCl 沉淀对 Ag^+ 的吸附。滤去沉淀，并用稀 HNO_3 充分洗涤沉淀，然后用 NH_4SCN 标准滴定溶液回滴滤液中的过量 Ag^+。

② 在滴入 NH_4SCN 标准溶液之前，加入有机溶剂硝基苯或邻苯二甲酸二丁酯或1,2-二氯乙烷。用力摇动后，有机溶剂将 AgCl 沉淀包住，使 AgCl 沉淀与外部溶液隔离，阻止 AgCl 沉淀与 NH_4SCN 发生沉淀转化反应。此法方便，但硝基苯有毒。

③ 提高 Fe^{3+} 的浓度以减小终点时 SCN^- 的浓度，从而减小上述误差（实验证明，一般溶液中 $[Fe^{3+}]=0.2mol\cdot L^{-1}$ 时，终点误差将小于 0.1%）。

佛尔哈德法在测定 Br^-、I^- 和 SCN^- 时，滴定终点十分明显，不会发生沉淀转化，因此不必采取上述措施。但是在测定碘化物时，必须加入过量 $AgNO_3$ 溶液之后再加入铁铵矾指示剂，以免 I^- 对 Fe^{3+} 的还原作用而造成误差。强氧化剂和氮的氧化物以及铜盐、汞盐都与 SCN^- 作用，从而干扰测定，必须预先除去。

8.2.3 法扬司法

法扬司法是以吸附指示剂指示滴定终点的银量法。

(1) 滴定原理

吸附指示剂是一类有机染料，当它被沉淀表面吸附后，结构发生改变，从而引起颜色的变化。在沉淀滴定中，可以利用这种性质来指示滴定终点。吸附指示剂可分为两类：一类是酸性染料，如荧光黄及其衍生物，它们是有机弱酸，解离出指示剂阴离子；另一类是碱性染料，如甲基紫、罗丹明 6G 等，它们是有机弱碱，解离出指示剂阳离子。荧光黄（HFIn）在溶液中存在以下解离平衡：

$$HFIn \rightleftharpoons FIn^-（黄绿色）+H^+ \qquad pK_a=7$$

在化学计量点前，溶液中 Cl^- 过量，AgCl 吸附 Cl^- 而带负电荷，FIn^- 不被吸附，溶液呈 FIn^- 的黄绿色。在化学计量点后，溶液中有过剩的 Ag^+，AgCl 吸附 Ag^+ 带正电荷，带正电荷的胶团又吸附 FIn^-。被吸附后的 FIn^-，结构发生变化而呈粉红色，从而指示滴定终点。即

终点前：Cl^- 过量　　$AgCl\cdot Cl^- + FIn^-$（黄绿色）

终点后：Ag^+ 过量　　$AgCl\cdot Ag^+ + FIn^- \longrightarrow AgClAg^+\cdot FIn^-$（粉红色）

如果用 Cl^- 滴定 Ag^+，以荧光黄为指示剂，颜色的变化正好相反。也可选用碱性染料甲基紫作为指示终点的指示剂。反应过程如下：

终点前：Ag^+ 过量　　$AgCl\cdot Ag^+ + H_2FIn^+$（红色）

终点后：Cl^- 过量　　$AgCl\cdot Cl^- + H_2FIn^+ \longrightarrow AgCl\cdot Cl^-\cdot H_2FIn^+$（紫色）

(2) 滴定条件

① 沉淀的比表面积要尽可能的大　由于颜色的变化发生在沉淀表面，沉淀的比表面积越大，终点变色越明显。为此常加入一些保护胶体试剂如糊精等，阻止卤化银凝聚，使其保持胶体状态。

② 溶液的酸度应有利于指示剂显色形体的存在　常用的几种吸附指示剂及其 pH 适用范围见表 8-2。

表 8-2　常用的吸附指示剂

指示剂名称	滴定剂	适用的 pH 范围	待测离子
荧光黄	Ag^+	pH 7～10(常用 7～8)	Cl^-
二氯荧光黄	Ag^+	pH 4～10(常用 5～8)	Cl^-
曙红	Ag^+	pH 2～10(常用 3～8)	Br^-、I^-、SCN^-
甲基紫	Ba^{2+}、Cl^-	pH 1.5～3.5	SO_4^{2-}、Ag^+

续表

指示剂名称	滴定剂	适用的 pH 范围	待测离子
橙黄素Ⅳ	Ag^+	微酸性	Cl^-、I^- 混合液及生物碱盐类
氨基苯磺酸			
溴酚蓝			
二甲基二碘荧光黄	Ag^+	中性	I^-

③ 胶体颗粒对指示剂的吸附能力应略小于对被测离子的吸附能力　胶体对指示剂吸附能力太大，指示剂可能在化学计量点前变色；吸附能力太小，终点推迟。卤化银对卤化物和几种常见吸附指示剂的吸附能力的次序为：I^-＞二甲基二碘荧光黄＞Br^-＞曙红＞Cl^-＞荧光黄。因此，滴定 Cl^- 时只能选荧光黄，滴定 Br^- 选曙红为指示剂。

④ 滴定应避免强光照射　因为吸附指示剂的卤化银对光极为敏感，遇光易分解析出金属银，溶液很快变灰色或黑色。

⑤ 溶液浓度不能太稀　溶液太稀，获得沉淀少，观察终点困难。

（3）应用范围

法扬司法可用于测定 Cl^-、Br^-、I^- 和 SCN^- 及生物碱盐类（如盐酸麻黄碱）等。测定 Cl^- 常用荧光黄或二氯荧光黄作指示剂，而测定 Br^-、I^- 和 SCN^- 常用曙红作指示剂。此法终点明显，方法简便，但反应条件要求较严，应注意溶液的酸度、浓度及胶体的保护等。

8.3　沉淀滴定法的应用

8.3.1　标准溶液的配制和标定

（1）基准物质

银量法常用的基准物质是 $AgNO_3$ 和 NaCl。

① $AgNO_3$ 基准物质　可选用 $AgNO_3$ 基准物，若纯度不够可在稀硝酸中重结晶纯制。精制过程应避光和避免有机物（如滤纸纤维），以防 Ag^+ 被还原。所得结晶可在 100℃下干燥除去表面水，在 200～250℃干燥 15min 除去包埋水。密闭避光保存。

② NaCl 基准物质　可选用基准品试剂，也可用一般试剂级规格的氯化钠进行精制。氯化钠极易吸潮，应置于干燥器中保存。

$AgNO_3$ 标准溶液的制备

（2）标准溶液

银量法常用的标准溶液是 $AgNO_3$ 和 NH_4SCN（或 KSCN）。

① $AgNO_3$ 标准溶液　精密称取一定量基准 $AgNO_3$，加水溶解定容制成。或用分析纯 $AgNO_3$ 配制，再用基准 NaCl 标定制成。$AgNO_3$ 标准溶液见光易分解，应置于棕色瓶中避光保存。存放一段时间后，应重新标定。标定方法最好与样品测定方法相同，以消除方法误差。

② NH_4SCN（或 KSCN）标准溶液　以铁铵矾为指示剂，用 $AgNO_3$ 标准溶液对 NH_4SCN（或 KSCN）进行标定制成。

8.3.2 应用实例

沉淀滴定法广泛应用于农业生产、食品、环保等领域。在农业生产中，沉淀滴定法可用于测试土壤中某些特定含量，以保证农作物的正常生长，如通过使用荧光黄作为指示剂，用硝酸银标准溶液滴定土壤提取液，可以测定氯离子的浓度。在环保领域，沉淀滴定法可用于测定工业废水中重金属离子的含量，这对于监测环境污染和保护环境具有重要意义。沉淀滴定法也广泛应用于各种化学分析和质量控制，如生理盐水浓度的检测、银合金中银含量的测定等。海水、地下水、盐湖水中的氯含量较高，可以使用莫尔法测定；若水中含有 PO_4^{3-}、SO_3^{2-}、S^{2-} 等离子，可采用佛尔哈德法测定。银合金中的银含量的测定，也可以采用佛尔哈德法测定。

8.4 重量分析法简介

重量分析法是通过称量物质的质量来确定被测组分含量的一种定量分析方法。在重量分析中，一般首先采用适当的方法，使被测组分以单质或化合物的形式从试样中与其他组分分离，将分离的物质转化成一定的称量形式，由称量形式的质量计算被测组分的含量。重量分析的过程包括了分离和称量两个过程。根据分离的方法不同，重量分析法又可分为沉淀重量法、电解重量法、挥发重量法和萃取重量法等。

沉淀重量法是利用沉淀反应使待测组分以难溶化合物的形式沉淀出来；电解重量法是利用电解的方法使待测金属离子在电极上还原析出，然后称量，电极增加的质量即为金属质量；挥发重量法是利用物质的挥发性质，通过加热或其他方法使被测组分从试样中挥发逸出；萃取重量法是利用被测组分与其他组分在互不混溶的两种溶剂中分配系数不同，使被测组分从试样中定量转移至提取剂中而与其他组分分离。

重量分析法是直接通过称量而获得分析结果，不需要与标准试样或基准物质进行比较，没有容量器皿引起的误差。重量分析法为常量分析，准确度比较高，但是操作较烦琐、费时，对低含量组分的测定误差较大。对于某些常量元素如硅、硫、钨的含量和药物的水分、灰分和挥发物等的测定仍采用重量分析法。重量分析法中以沉淀重量法应用最广。

拓展资料扫一扫

佛尔哈德与沉淀滴定技术

电子课件扫一扫

沉淀滴定技术

目标检测

一、选择题

1. 以下银量法测定需采用返滴定方式的是（　　）。

A. 莫尔法测 Cl^-

B. 吸附指示剂法测 Cl^-

C. 佛尔哈德法测 Cl^-

D. $AgNO_3$ 滴定 CN^- 生成 $Ag[Ag(CN)_2]$ 指示终点

2. 用 SO_4^{2-} 沉淀 Ba^{2+} 时，加入过量的 SO_4^{2-} 可使 Ba^{2+} 沉淀更加完全，这是利用（　　）。

A. 配位效应　　B. 同离子效应　　C. 盐效应　　D. 酸效应

3. 下列关于重量分析基本概念的叙述，错误的是（　　）。

A. 汽化法是由试样的重量减轻进行分析的方法

B. 汽化法适用于挥发性物质及水分的测定

C. 重量分析法的基本数据都是由天平称量而得

D. 重量分析的系统误差，仅与天平的称量误差有关

4. 测定 Ag^+ 含量时，选用的滴定剂是（　　）。

A. NaCl　　B. $AgNO_3$　　C. NH_4SCN　　D. Na_2SO_4

5. 莫尔法测定 Cl^- 采用的滴定剂及滴定方式是（　　）。

A. 用 Hg^{2+} 盐直接滴定　　B. 用 $AgNO_3$ 直接滴定

C. 用 $AgNO_3$ 沉淀后，返滴定　　D. 用 Pb^{2+} 沉淀后，返滴定

6. 下列试剂能使 $BaSO_4$ 沉淀的溶解度增加的是（　　）。

A. 浓 HCl　　B. $1mol \cdot L^{-1}$ NaOH

C. $1mol \cdot L^{-1}$ Na_2SO_4　　D. $1mol \cdot L^{-1}$ $NH_3 \cdot H_2O$

7. 莫尔法测定 Cl^- 含量时，要求介质的 pH 值在 6.5～10 范围内，若酸度过高则（　　）。

A. AgCl 沉淀不完全　　B. AgCl 吸附 Cl^- 增强

C. Ag_2CrO_4 沉淀不易形成　　D. AgCl 沉淀易胶溶

8. 用佛尔哈德法测定 Cl^- 时，采用的指示剂是（　　）。

A. 铁铵矾　　B. 铬酸钾　　C. 甲基橙　　D. 荧光黄

二、简答题

1. 试述银量法指示剂的作用原理，并与酸碱滴定法比较。

2. 欲使沉淀完全，可使沉淀剂适当过量，沉淀剂过量越多越好吗？

3. 影响沉淀溶解平衡的因素有哪些？

三、计算题

1. 有一纯 KIO_x，称取 0.4988g，进行适当处理后，使之还原成碘化物溶液，然后以

0.1125mol·L^{-1} $AgNO_3$ 溶液滴定，到终点时用去 20.72mL，求 x 为多少（K 的原子量为 39.10，I 的原子量为 126.9，O 的原子量为 16.0）？

2. 称取某含砷农药 0.2000g，溶于 HNO_3 后转化为 H_3AsO_4，调至中性，加 $AgNO_3$ 使其沉淀为 Ag_3AsO_4。沉淀经过滤、洗涤后，再溶解于稀 HNO_3 中，以铁铵矾为指示剂，滴定时消耗了 0.1180mol·L^{-1} NH_4SCN 标准溶液 33.85mL。计算该农药中的 As_2O_3 的质量分数。

3. 称取基准物质 NaCl 0.1182g，溶解后加入 $AgNO_3$ 标准溶液 30.00mL，然后用 NH_4SCN 标准溶液返滴定。到终点时消耗 3.20mL。已知 20.00mL $AgNO_3$ 标准溶液与 21.50mL NH_4SCN 标准溶液能完全作用。计算 $AgNO_3$ 和 NH_4SCN 溶液的浓度各为多少（已知 NaCl 的分子量为 58.49）？

习题及参考答案

技能训练一

生理盐水中氯化钠含量的测定

生理盐水中氯化钠含量的测定

一、实训目的

1. 学习银量法测定氯的原理和方法。

2. 掌握莫尔法的实际应用。

二、实训原理

银量法需借助指示剂来确定终点。根据所用指示剂的不同，银量法又分为莫尔法、佛尔哈德法和法扬司法。

本实验是在中性或弱碱性溶液中，以 K_2CrO_4 为指示剂，用 $AgNO_3$ 标准溶液来测定 Cl^- 的含量：

$Ag^+ + Cl^- \xlongequal{} AgCl\downarrow$ （白）

$2Ag^+ + CrO_4^{2-} \xlongequal{} Ag_2CrO_4\downarrow$ （砖红色）

由于 AgCl 的溶解度小于 Ag_2CrO_4 的溶解度，所以在滴定过程中 AgCl 先沉淀出来，当 AgCl 定量沉淀后，微过量的 $AgNO_3$ 溶液便与 CrO_4^{2-} 生成砖红色沉淀，指示出滴定的终点。

三、仪器与试剂

仪器 电子分析天平、酸碱两用式滴定管（25mL）、锥形瓶、容量瓶、移液管。

试剂 $AgNO_3$，NaCl，K_2CrO_4（0.05%）溶液，生理盐水样品。

四、实训步骤

1. 0.1mol·L^{-1} $AgNO_3$ 溶液的配制

$AgNO_3$ 标准溶液可直接用分析纯的 $AgNO_3$ 结晶配制，但由于 $AgNO_3$ 不稳定，见光易分解，故若要精确测定，则需用基准物（NaCl）来标定。

将 NaCl 置于坩埚中，在 500～600℃高温炉中灼烧 0.5h 后，冷却，放置在干燥器中备用。称取 1.7g $AgNO_3$，溶解后稀释至 100mL。

2. 0.1mol·L^{-1} $AgNO_3$ 溶液的标定

准确称取 0.15～0.2g NaCl 三份，分别置于三个锥形瓶中，各加 25mL 水使其溶解。加 1mL K_2CrO_4 溶液。在充分摇动下，用 $AgNO_3$ 溶液滴定至溶液刚出现稳定的砖红色。记录的 $AgNO_3$ 溶液的用量。平行测定三次，计算 $AgNO_3$ 溶液的浓度。

3. 生理盐水中 NaCl 含量的测定

将生理盐水稀释 1 倍后，用移液管精确移取已稀释的生理盐水 25.00mL 置于锥形瓶中，加入 1mL K_2CrO_4 指示剂，用标准 $AgNO_3$ 溶液滴定至溶液刚出现稳定的砖红色（边摇边滴）。平行测定三次，计算 NaCl 的含量。

五、数据记录与处理

将数据及处理结果填入表 8-3 中。

表 8-3 生理盐水中 NaCl 的含量的测定

项目 \ 次数	1	2	3
V_s/mL			
c_{AgNO_3}/mol·L^{-1}			
V_{AgNO_3}/mL			
c_{NaCl}/g·L^{-1}			
$\overline{c}_{NaCl}$/g·L^{-1}			
d_r/%			
$\overline{d}_r$/%			

六、思考题

1. K_2CrO_4 指示剂浓度的大小对 Cl^- 的测定有何影响？

2. 滴定液的酸度应控制在什么范围为宜？为什么？若有 NH^{4+} 存在时，对溶液的酸度范围的要求有什么不同？

3. 如果要用莫尔法测定酸性氯化物溶液中的氯，事先应采取什么措施？

技能训练二

酱油中 NaCl 含量的测定（佛尔哈德法）

一、实训目的

1. 掌握佛尔哈德法测定氯化物的原理及方法。

2. 学会佛尔哈德法滴定终点的观测。

二、实训原理

见佛尔哈德法部分。

三、仪器与试剂

仪器 50mL 酸式滴定管，25mL 移液管 1 支，容量瓶。

试剂 $6mol \cdot L^{-1}$ 的硝酸溶液，8%铁铵矾指示剂，乙醇，$0.1mol \cdot L^{-1}$ 硝酸银溶液，饱和硫酸铁铵溶液，硫氰酸铵。

四、实验步骤

1. $0.1mol \cdot L^{-1}$ 的 $AgNO_3$ 溶液的配制及标定

2. $0.1mol \cdot L^{-1}$ 的 NH_4SCN 溶液的配制与标定

称取 3.8g NH_4SCN，溶于 200mL 蒸馏水中，转入 500mL 试剂瓶中，稀释至 500mL，摇匀，待标定。

准确移取 $AgNO_3$ 溶液 25.00mL 于 250mL 锥形瓶中，加 5mL $6mol \cdot L^{-1}$ 的 HNO_3 溶液，加 1mL 8%铁铵矾指示剂，在剧烈摇动下，用 NH_4SCN 溶液滴定至出现淡红色并继续振荡至不再消失为止。记录消耗 NH_4SCN 溶液的体积。平行测定 3 次。

3. 酱油中氯化钠含量的测定

准确移取 5mL 酱油于 100mL 容量瓶中，加水至刻度摇匀。移取稀释液 10.00mL 于 250mL 锥形瓶中，加水 50mL，混匀。加入 5mL $6mol \cdot L^{-1}$ 的硝酸溶液、25.00mL $0.1mol \cdot L^{-1}$ 硝酸银标准溶液以及硝基苯 5mL，摇匀。加入 1mL 饱和硫酸铁铵溶液后，用硫氰酸铵标准溶液滴定至刚有血红色产生即为滴定终点，平行测定 3 份。

五、数据记录及处理

将数据及其结果处理填入表 8-4 中。

表 8-4 试样中 NaCl 含量的测定

项目 \ 次数	1	2	3
m_{AgNO_3}/g			
c_{AgNO_3}/ $mol \cdot L^{-1}$			
V_{NH_4SCN}/mL			
c_{NH_4SCN}/ $mol \cdot L^{-1}$			
$\bar{c}_{NH_4SCN}$/ $mol \cdot L^{-1}$			
V_s/ mL			
V_{NH_4SCN}/mL			
w_{NaCl}/%			
$\bar{w}_{NaCl}$/%			

六、注释

1. 操作过程应避免阳光直接照射并规范使用仪器。

2. $AgNO_3$ 试剂及其溶液具有腐蚀性，会破坏皮肤组织，注意切勿接触皮肤及衣服。

3. 配制 $AgNO_3$ 标准溶液的蒸馏水应无 Cl^-，否则配成的 $AgNO_3$ 标准溶液会出现白色浑浊，不能使用。

4. 实验完毕后，盛装 $AgNO_3$ 标准溶液的滴定管、容量瓶及锥形瓶应先用蒸馏水洗涤 2～3 次，再用自来水洗净，以免 AgCl 沉淀残留于上述玻璃仪器内壁。

第9章 常用的化学分离方法

章节导入

在药物研发和生产过程中，化学分离方法扮演着至关重要的角色。特别是在中药领域，各种化学分离技术的应用不仅提高了药物的纯度和质量，还确保了药物的有效性。早期青蒿素的提取以乙醇作溶剂，但提取出来的青蒿素并没有相应的生物活性和药效。屠呦呦最早提出用低沸点的乙醚萃取，对青蒿素的研发起到关键作用。后来，又采用当时比较先进的硅胶色谱技术从乙醚提取物中有效提取分离了青蒿素结晶，从而研制出新型抗疟药。青蒿素的成功分离提取说明了分离分析技术在天然产物有效成分提取方面的重要性。本章将介绍沉淀分离法、萃取法、色谱法等常见的化学分离方法。

素质目标

通过经典的分离分析方法的学习，了解探索新技术、新工艺、新方法的过程，培养勇于创新的科学精神。

9.1 化学分离的意义及回收效果

9.1.1 分离与富集

在定量分析中，常遇到含有多种组分的试样，在测定其中某一组分时，共存组分或大量基体可能会对测定产生干扰，不仅影响分析结果的准确度，甚至无法进行测定。为了消除干扰，比较简单的方法是控制分析条件或使用适当的掩蔽剂进行掩蔽。若仍然无法完全消除干扰，则必须将待测定组分与干扰组分分离。

有时在某些试样中待测组分的含量极低而测定方法的灵敏度不够高，无法进行测定，这时必须对待测组分进行富集，即在将待测组分与干扰组分加以分离的同时，设法将待测组分的浓度提高以便于测定。例如，汞及其化合物属于剧毒物质，我国饮用水标准 Hg^{2+} 的含量不能超过 $0.001mol \cdot L^{-1}$，这样低的含量常低于沉淀方法的检测极限而难以测定，因此需要通过适当的方法分离富集，然后才能进行测定并得到准确的结果。目前，虽然有许多灵敏度高、选择性好的仪器分析法，但在实际工作中，由于各种干扰而难以得到准确度高的测定结果。

分离是消除干扰最根本最彻底的方法，富集是微量组分分析和痕量组分分析中因分析方法和分析仪器的灵敏度所限而能保证分析结果具有较高准确度的常用基本方法，因此，分离与富集方法是各种分析方法中必不可少的重要步骤。

9.1.2 分离与富集的效果评价

对于常量组分的分离和痕量组分的富集，总的要求是分离、富集要完全。分析中对分离的要求是：干扰组分减少至不再干扰被测组分的测定；被测组分在分离过程中的损失要小到可忽略不计。分离富集的效果通常用回收率来衡量。

$$回收率=\frac{分离后测得的待测组分质量}{原来所含待测组分质量}\times 100\%$$

回收率表示被分离组分在分离后回收的完全程度。分离富集的回收率越接近 100%，分离富集的效果越好，待测组分的损失越小，干扰组分分离越完全。但实际分离时，总会造成被分离组分的某些损失。通常，被测组分的含量不同，对回收率有不同的要求。

常量组分（$w>1\%$）：回收率应在 99%以上；

微量组分（$0.01\%<w<1\%$）：回收率应在 95%以上；

痕量组分（$w<0.01\%$）：回收率应在 90%以上。

如果待测组分的含量太低时，回收率甚至在 80%以上就可以满足要求。

下面介绍几种分析化学中常用的试样分离富集方法。

9.2 沉淀分离法

沉淀分离法是一种经典的分离方法，它是根据溶度积规则，利用沉淀反应有选择性地沉淀某些离子，而其他离子则留于溶液中，从而达到分离的目的。对沉淀反应的要求：所生成的沉淀溶解度小、纯度高、稳定。对于常量组分的分离，较常用的是氢氧化物沉淀分离法、硫化物沉淀分离法、硫酸盐沉淀分离法等。对于沉淀分离中所用的沉淀剂有无机沉淀剂、有机沉淀剂。痕量组分的分离富集常采用共沉淀分离法。

9.2.1 常用的沉淀分离法

（1）无机沉淀剂沉淀分离法

无机沉淀剂很多，形成沉淀的类型也很多，主要有以下几种。

① 氢氧化物沉淀分离法　大多数金属离子都能生成氢氧化物沉淀，由于各种氢氧化物沉淀的溶度积有很大差别，因此可通过控制溶液酸度使某些金属离子相互分离。常用的沉淀剂有 NaOH、氨水、ZnO 悬浮溶液、六亚甲基四胺等。同一浓度的不同金属离子氢氧化物开始沉淀和沉淀完全的 pH 不同，见表 9-1。

表 9-1　各种金属离子氢氧化物开始沉淀和完全沉淀时的 pH

氢氧化物	溶度积 K_{sp}	pH_1	pH_2
$Sn(OH)_4$	1.0×10^{-56}	0.5	1.5
$Ti(OH)_2$	1.0×10^{-29}	0.5	2.5
$Sn(OH)_2$	1.4×10^{-28}	1.0	3.1
$Fe(OH)_3$	4.0×10^{-38}	2.2	3.5
$Al(OH)_3$	2.0×10^{-32}	4.1	5.4
$Cr(OH)_3$	6.0×10^{-31}	4.6	5.9
$Zn(OH)_2$	1.2×10^{-17}	6.5	8.5
$Fe(OH)_2$	8.0×10^{-16}	7.5	9.5
$Ni(OH)_2$	2.0×10^{-15}	7.7	9.7
$Mn(OH)_2$	1.9×10^{-13}	8.6	10.6
$Mg(OH)_2$	1.8×10^{-11}	9.6	11.6

注：pH_1 为开始沉淀时的 pH（$c_M=0.01mol\cdot L^{-1}$）；pH_2 为沉淀完全时的 pH（$c_M=10^{-6}mol\cdot L^{-1}$）。

a. 氢氧化钠。NaOH 是强碱，用其作沉淀剂可使两性元素与非两性元素分离，两性元素以含氧酸阴离子形态留在溶液中，非两性元素则生成氢氧化物沉淀。一般得到的氢氧化物沉淀为胶体沉淀，共沉淀严重，沉淀不够纯净，所以分离效果不理想。

NaOH 作为沉淀剂可定量沉淀的离子有：Mg^{2+}、Cu^{2+}、Ag^{+}、Au^{+}、Cd^{2+}、Hg^{2+}、Ti(Ⅳ)、Zr(Ⅳ)、Hf(Ⅳ)、Tb(Ⅳ)、Bi^{3+}、Fe^{3+}、Co^{2+}、Ni^{2+}、Mn^{2+}。

部分沉淀的离子有：Ca^{2+}、Sr^{2+}、Ba^{2+}、Nb(Ⅴ)、Ta(Ⅴ)。

为改善沉淀的性能，减少共沉淀现象，常采用“小体积沉淀法”，即在尽量小的体积和尽量高的浓度，同时在加入大量无干扰作用的盐的情况下进行沉淀。这样形成的沉淀含水分较少，结构紧密，而且大量无干扰作用的盐的加入减少了沉淀对其他组分的吸附，提高了分离效率。

b. 氨缓冲溶液。在铵盐存在下，加入氨水调节和控制溶液的 pH 为 8～9，可使高氧化数的金属离子（如 Fe^{3+}、Al^{3+} 等）与大部分低氧化数（1、2）的金属离子分离。氨缓冲溶液沉淀分离法中常加入 NH_4Cl 等铵盐，其作用是：控制溶液的 pH 为 8～9，防止 $Mg(OH)_2$ 和减少 $Al(OH)_3$ 的溶解；用 NH_4^+ 作为抗衡离子，减少氢氧化物对其他金属离子的吸附；大量存在的电解质促进了胶体沉淀的凝聚。

定量沉淀的离子有：Hg^{2+}、Be^{2+}、Fe^{3+}、Al^{3+}、Cr^{3+}、Bi^{3+}、Sb(Ⅲ)、Sn(Ⅳ)、

Mn^{2+}、Ti(Ⅳ)、Zr(Ⅳ)、Hf(Ⅳ)、Tb(Ⅳ)、Nb(Ⅴ)、Ta(Ⅴ)、U(Ⅵ)。

部分沉淀的离子有：Mn^{2+}、Fe^{2+}（有氧化剂存在时可以定量沉淀）、Pb^{2+}、Ba^{2+}（有Fe^{3+}、Al^{3+}共存时将被共沉淀）。

② 硫化物沉淀分离法 硫化物沉淀分离法是根据各种硫化物的溶度积相差比较大的特点，通过控制溶液的酸度来控制硫离子浓度，而使金属离子相互分离。40余种金属离子可生成难溶硫化物沉淀，硫化氢是常用的沉淀剂，根据 H_2S 的弱酸性，溶液中 S^{2-} 的浓度与pH有关，控制pH可控制分步沉淀。在进行分离时大多用缓冲溶液控制酸度，例如，往一氯乙酸缓冲溶液（pH≈2）中通入 H_2S，可使 Zn^{2+} 沉淀为ZnS，而 Mn^{2+}、Co^{2+}、Ni^{2+}、Fe^{2+}分离；往六亚甲基四胺缓冲溶液（pH＝5～6）通入 H_2S，则ZnS、CoS、NiS、FeS等会定量沉淀而与 Mn^{2+} 分离。硫化物沉淀分离的选择性不高，沉淀大多是胶体，共沉淀现象比较严重，而且还存在后沉淀现象，故分离效果不理想。但利用其分离某些重金属离子还是有效的。

(2) 有机沉淀剂沉淀分离法

与无机试剂相比，有机沉淀剂的选择性和灵敏度都较高，生成的沉淀纯净、溶解度小，易于过滤沉淀，故有机沉淀剂在沉淀分离法中的应用日益广泛，有机沉淀剂的研究和应用是沉淀分离法的发展方向。有机沉淀剂按其作用原理分为：螯合物沉淀剂、离子缔合物沉淀剂和三元配合物沉淀剂。其中三元配合物沉淀反应选择性和灵敏度更高，而且生成的沉淀组成稳定、分子量大，作为重量分析的称量形式也更合适，因而应用发展较快。

(3) 共沉淀分离和富集痕量组分

在试液中加入某种离子，与沉淀剂形成沉淀，利用该沉淀作为载体（也称为共沉淀剂），使被测定的痕量组分因共沉淀作用而定量析出，然后将沉淀溶解在少量溶剂中，以达到分离与富集的目的，这种方法称为共沉淀分离法。在重量分析中，共沉淀现象是一种消极因素，而在分离方法中，却能利用共沉淀现象来分离和富集微量组分。

利用共沉淀进行分离富集，主要有以下三种情况。

① 利用表面吸附进行共沉淀分离 例如，微量的稀土离子，用草酸难以使它沉淀完全。若预先加入 Ca^{2+}，再用草酸沉淀，则利用生成的 CaC_2O_4 作载体，可将稀土离子的草酸盐吸附而共同沉淀下来。

在这种分离方法中，常用的共沉淀剂为氢氧化物，如 $Fe(OH)_3$、$Al(OH)_3$、$MnO(OH)_2$ 和硫化物等胶体沉淀。由于胶体沉淀的比表面积大，吸附能力强，故有利于痕量组分的共沉淀富集。例如，以 $Fe(OH)_3$ 作载体，在pH＝8～9时，可以共沉淀痕量的 Al^{3+}、Bi^{3+}等；以 $MnO(OH)_2$ 作载体，在弱酸性溶液中可共沉淀饮用水中痕量的 Pb^{2+} 等。利用表面吸附作用进行共沉淀通常选择性不高，需要选择适宜的共沉淀剂和共沉淀条件才能达到较好的分离效果。而且引入较多的载体离子，对后续的分析有时会造成困难。

② 利用形成混晶进行共沉淀分离 在沉淀时，若两种离子的半径相似，所形成的沉淀晶体结构相同，则它们极易形成混晶而共同析出。例如，海水中亿万分之一的 Cd^{2+}，可以利用 $SrCO_3$ 作载体，生成 $SrCO_3$、$CdCO_3$ 混晶而富集。这种共沉淀分离的选择性比吸附共沉淀法高，分离效果好。常见的混晶体有 $BaSO_4$-$RaSO_4$、$BaSO_4$-$PbSO_4$、$Mg(NH_4)PO_4$-

$Mg(NH_4)AsO_4$、$ZnHg(SCN)_4$-$CuHg(SCN)_4$ 等。

③ 利用有机共沉淀剂进行共沉淀分离　有机共沉淀剂的作用机理与无机共沉淀剂不同，一般认为有机共沉淀剂的共沉淀富集作用是由于形成固溶体。例如，在含有痕量 Zn^{2+} 的微酸性溶液中，加入 NH_4SCN 和甲基紫，则 $[Zn(SCN)_4]^{2-}$ 配阴离子和甲基紫阳离子生成难溶的沉淀，而甲基紫阳离子和 SCN^- 所生成的化合物也难溶于水，是共沉淀剂，就与前者形成固溶体而一起沉淀下来。常用的共沉淀剂还有结晶紫、甲基橙、亚甲基蓝、酚酞、β-萘酚等。

相对于无机共沉淀剂，有机共沉淀剂具有以下特点：有机共沉淀剂的分子量较大，其离子半径也大，表面电荷密度较小，吸附杂质离子的能力较弱，因而选择性较好；又由于它是大分子物质，分子体积大，形成沉淀的体积也较大，有利于痕量组分的共沉淀；存在于沉淀中的有机共沉淀剂可经灼烧除去，不会影响后续的分析，被测组分则留在残渣中，用适当的溶剂溶解后即可测定；与金属离子生成的难溶性化合物表面吸附少，沉淀完全，沉淀纯净，选择性高，分离效果好。

有机共沉淀一般以下列三种方式进行共沉淀分离。

a. 利用胶体的凝聚作用进行共沉淀。钨、铌和硅等的含氧酸常沉淀不完全，有少量的含氧酸以带负电荷的胶体微粒留存于溶液中，形成胶体溶液，可用辛可宁、单宁、动物胶等将它们共沉淀下来。例如，在钨酸的胶体溶液中，可加入生物碱辛可宁，辛可宁在酸性溶液中，其氨基被质子化而形成带正电荷的胶粒，能与带负电荷的钨酸胶体凝聚而共沉淀下来。

b. 利用形成离子缔合物进行共沉淀。一些分子质量较大的有机化合物，如甲基紫、孔雀绿、品红及亚甲基蓝等，在酸性溶液中带正电荷，当它们遇到以配阴离子形式存在的金属配离子时，能生成微溶性的离子缔合物而被共沉淀出来。

在这种共沉淀体系中，作为金属配阴离子的配位体有 Cl^-、Br^-、I^-、SCN^- 等；被共沉淀的金属离子有 Zn^{2+}、In(Ⅲ)、Cd^{2+}、Hg^{2+}、Bi^{3+}、Au(Ⅲ)、Sb(Ⅲ) 等。

c. 利用惰性共沉淀剂。Ni^{2+} 与丁二酮肟生成螯合物沉淀，但当 Ni^{2+} 含量很低时，丁二酮肟不能将其沉淀出来，若再加入丁二酮肟二烷酯的乙醇溶液，因丁二酮肟二烷酯难溶于水，则在水溶液中析出并将 Ni^{2+} 与丁二酮肟的螯合物共沉淀下来。丁二酮肟二烷酯与 Ni^{2+} 及其螯合物都不发生反应，故称这类载体为“惰性共沉淀剂”，常用的还有酚酞、α-萘酚等。对于惰性共沉淀剂的作用，可理解为利用“固体萃取剂”进行沉淀，即先将无机离子转化为疏水性化合物，再根据相似相溶的原理使其进入结构相似的载体，将疏水性化合物共沉淀下来，进而达到分离的目的。

9.2.2 沉淀分离法的应用

(1) 合金中镍的分离

镍是合金中的主要组分之一，钢中加入镍可以增强钢的强度、韧性、耐热性和抗腐蚀性。镍在钢中主要以固熔体和碳化物形式存在，含镍钢大多数溶于酸。合金钢中的镍可在氨性溶液中用丁二酮肟为沉淀剂使之沉淀析出。沉淀用砂芯玻璃坩埚过滤后，洗涤、烘干。

铁、铬的干扰可用酒石酸或柠檬酸配位掩蔽；铜、钴可与丁二酮肟形成可溶性配合物。为了获得纯净的沉淀，可把丁二酮肟镍沉淀溶解后再一次进行沉淀。

（2）试液中微量锑的共沉淀分离

微量锑（含量在0.0001%左右）可在酸性溶液中用 $MnO(OH)_2$ 为载体进行共沉淀分离和富集。载体 $MnO(OH)_2$ 是在 $MnSO_4$ 的热溶液中加入 $KMnO_4$ 溶液加热煮沸后生成的。共沉淀时溶液的酸度约为1%～1.5%，这时 Fe^{3+}、Cu^{2+}、Pb^{2+}、Tl^{3+}、As(Ⅲ) 等不沉淀，只有锡和锑可以完全沉淀下来。其中能够与 Sb(Ⅴ) 形成配合物的组分干扰锑的测定，所得沉淀溶解与水和 HCl 混合溶剂中。

9.3 萃取分离法

液-液萃取分离法是利用被分离组分在两种互不相溶的溶剂中溶解度的不同，把被分离组分从一种液相（如水相）转移到另一种液相（如有机相）以达到分离的方法。该法所用仪器设备简单，操作比较方便，分离效果好，既能用于组分分离，更适合于微量组分的分离和富集。如果被萃取的是有色化合物，还可以直接在有机相中进行光度法测定。因此溶剂萃取在微量分析中有重要意义。

在实际操作中，萃取操作一般采用间歇法，在梨形分液漏斗中进行，对于分配系数较小的物质的萃取，则可以在各种不同形式的连续萃取器中进行连续萃取。在萃取过程中，如果在被萃取离子进入有机相的同时还有少量干扰离子亦转入有机相时，可以采取洗涤的方法除去杂质离子。分离以后，如果需要将被萃取的物质再转到水相中进行测定，可以改变条件进行反萃取。

9.3.1 溶剂萃取分离的基本原理

用有机溶剂从水溶液中萃取溶质A，A在两相之间有一定的分配关系。如果溶质在水相和有机相中的存在形式相同，都为A，达到平衡后：

$$A_{水} \rightleftharpoons A_{有}$$

分配达到平衡时：

$$\frac{[A]_{有}}{[A]_{水}}=K_D \tag{9-1}$$

分配平衡中的平衡常数 K_D 称为分配系数，与溶质和溶剂的特性及温度等因素有关。在萃取分离中，实际上采用的是两相中溶质总浓度之比，称分配比 D：

$$D=\frac{c_{有}}{c_{水}} \tag{9-2}$$

式中，$c_{有}$ 为有机相中溶质的浓度；$c_{水}$ 为水相中溶质的浓度。

D 与溶质的本性、萃取体系以及萃取条件有关。当两相的体积相等时，若 $D>1$，则说明溶质进入有机相的量比留在水相中的量多。在实际工作中，要使被萃取物质绝大部分进入有机相，一般要求 D 值大于 10。

分配比 D 和分配系数 K_D 不同，K_D 是常数而 D 随实验条件而改变，只有当溶质以单一形式存在于两相中时，才有 $K_D=D$。

对于分配比 D 较大的物质，用有机溶剂萃取时，该种溶质的绝大部分将进入有机相中，这时萃取效率就高。根据分配比可以计算萃取效率。

当溶质 A 的水溶液用有机溶剂萃取时，如已知水溶液的体积为 $V_{水}$，有机溶剂的体积为 $V_{有}$，则萃取效率 E：

$$E=\frac{被萃取物质在有机相中的总量}{被萃取物质的总量}\times 100\%$$

$$E=\frac{c_{有}V_{有}}{c_{有}V_{有}+c_{水}V_{水}}\times 100\% \tag{9-3}$$

分子分母同除以 $c_{水}V_{有}$，得

$$E=\frac{D}{D+\dfrac{V_{水}}{V_{有}}}\times 100\% \tag{9-4}$$

可见萃取效率由分配比 D 和体积比 $V_{水}/V_{有}$ 决定。D 越大，萃取效率越高，当 $D>1000$ 时，一次萃取效率可达 99.9%。如果 D 固定，减小 $V_{水}/V_{有}$，即增大有机溶剂的用量，也可以提高萃取效率，但后者的效果不太显著。在实际工作中，对于分配比 D 较小的溶质，一次萃取不能满足分离或测定的要求，常采取几次加入溶剂、连续几次萃取的方法，以提高萃取效率。

设体积为 $V_{水}$(mL) 的溶液内含有被萃取物 m_0(g)，用体积为 $V_{有}$(mL) 的有机溶剂萃取一次，水相中剩余被萃取物 m_1(g)，则进入有机相的量为 (m_0-m_1)(g)，此时分配比 D 为：

$$D=\frac{c_{有}}{c_{水}}=\frac{(m_0-m_1)/V_{有}}{m_1/V_{水}}$$

$$m_1=m_0\frac{V_{水}}{DV_{有}+V_{水}}$$

若每次用体积 $V_{有}$(mL) 的溶剂，萃取 n 次，水相中剩余被萃取物为 m_n(g)，则：

$$m_n=m_0\left(\frac{V_{水}}{DV_{有}+V_{水}}\right)^n$$

【例 9-1】 有 100mL I_2 溶液，含 I_2 10.00mg，用 90mL CCl_4 进行萃取，①一次萃取；②分三次萃取，每次 30mL。求萃取效率（$D=85$）。

解 ① 一次萃取：

$$m=m_0\left(\frac{V_{水}}{DV_{有}+V_{水}}\right)=10.00\times\frac{100/90}{85+100/90}=0.13(\text{mg})$$

$$E=\frac{10.00-0.13}{10.00}\times 100\%=98.7\%$$

② 分三次萃取：

$$m=m_0\left(\frac{V_{水}/V_{有}}{D+V_{水}/V_{有}}\right)^n=10.00\times\left(\frac{100/30}{85+100/30}\right)^3=0.00054(\mathrm{mg})$$

$$E=\frac{10.00-0.00054}{10.00}\times100\%=99.99\%$$

为了达到分离的目的，不但萃取效率要高，而且还要考虑共存组分间的分离效果要好，一般用分离因素 β 来表示分离效果。β 是两种不同组分分配比的比值，即：

$$\beta=\frac{D_A}{D_B}$$

式中，D_A、D_B 分别为被萃取组分 A 与共存组分 B 的分配比。

D_A、D_B 相差越大，则 β 值很大或很小，两种组分分离效率越高，表示两种组分可以定量分离，即萃取的选择性越好。如果 D_A、D_B 相差不多，即 β 接近于 1 时，则两种组分在该萃取体系中难以完全分离。

9.3.2 主要的溶剂萃取体系

无机物质中只有少数共价分子可直接用有机溶剂萃取，而大多数无机物质在水溶液中解离成离子，并与水分子结合成水合离子，从而使它们难以被非极性或弱极性的有机溶剂所萃取。为了使无机离子的萃取过程顺利进行，在萃取前必须加入某种试剂，使被萃取物与试剂结合成不带电荷、难溶于水而易溶于有机溶剂的分子。即需使用萃取剂使被萃取物由亲水性物质转化为疏水性物质，然后再用有机溶剂进行萃取分离。根据被萃取物与萃取剂所形成的可被萃取的分子性质的不同，可把萃取体系分为以下几类。

(1) 螯合物萃取体系

螯合物萃取体系在分析化学中应用最为广泛，主要用于金属阳离子的萃取，反应灵敏度高，适用于微量或痕量组分的萃取分离。所有萃取剂一般为有机弱酸或弱碱（即螯合剂），螯合剂常因含有较多的疏水基团而易溶于有机相，难溶于水相，有些也微溶于水相，但在水相中的溶解度依赖于水相的组成特别是 pH。螯合剂在水相中与被萃取的金属离子形成不带电荷的中性螯合物，使金属离子由亲水性转变为疏水性，从而进入有机相而被萃取分离。

萃取效率与螯合物的稳定性、螯合物在有机相中的分配系数等有关。螯合剂与金属离子形成的螯合物越稳定，螯合物在有机相中的分配系数越大，则萃取效率越高。由于不同金属离子所生成的螯合物稳定性不同，螯合物在两相中的分配系数不同，因此选择适当的萃取条件，如萃取剂和萃取溶剂的种类、溶液的酸度等，就可使不同的金属离子通过萃取获得分离。

(2) 离子缔合物萃取体系

阳离子和阴离子通过静电引力缔合而成的电中性疏水化合物称为离子缔合物，它能被有机溶剂萃取。这类萃取体系的特点是萃取容量大，一般用来分离常量组分。

采用不同的萃取剂，可形成不同类型的缔合物，以锌盐和铵盐缔合物萃取使用量最多。例如，用乙醚从 $6\mathrm{mol}\cdot\mathrm{L}^{-1}$ HCl 溶液中萃取 Fe^{3+} 时，Fe^{3+} 与 Cl^- 配位形成配阴离子 $FeCl_4^-$。而溶剂乙醚可与溶液中的 H^+ 结合成锌离子，锌离子与 $FeCl_4^-$ 缔合成中性分子锌盐。

$$\begin{matrix}C_2H_5\\C_2H_5\end{matrix}\!\!>O + H^+ \longrightarrow \begin{matrix}C_2H_5\\C_2H_5\end{matrix}\!\!>OH^+ \xrightarrow{FeCl_4^-} \begin{matrix}C_2H_5\\C_2H_5\end{matrix}\!\!>OH^+ \cdot FeCl_4^-$$

锌盐有疏水性，可被有机溶剂乙醚所萃取。在这类萃取体系中，溶剂分子参加到被萃取的分子中去，因此它既是溶剂又是萃取剂。

该类萃取体系要求使用含氧的萃取剂，来自酸的质子被含氧萃取剂溶剂化形成锌离子，除醚类外，还有酮类（乙酰丙酮）、酯类（如乙酸乙酯）、醇类（如环己醇）等。

（3）协同萃取体系

在协同萃取体系中，用混合萃取剂与被萃取的金属离子生成一种稳定的含多种配体的可萃取配合物，往往可以获得更高的萃取效率。各种萃取剂互相配合，可以组成各种协同萃取体系，其中应用最为广泛的是形成二元或三元配合物体系。该类体系具有选择性好、灵敏度高的特点，近 20 年来发展较快，广泛用于稀有元素、分散元素的分离和富集。例如，Ag^+ 与邻二氮杂菲配位生成配阳离子，并与溴邻苯三酚红的阴离子缔合成三元配合物：

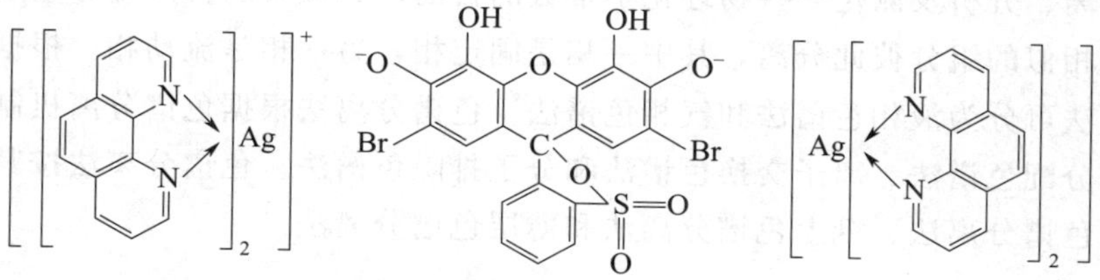

三元配合物在 pH＝7 的缓冲溶液中用硝基苯萃取，然后在溶剂相中即可用光度法直接测定 Ag^+。

9.3.3　萃取分离法的应用

萃取分离法是分析化学中应用最广泛、最重要的分离方法之一，主要用于以下几个方面。

（1）萃取分离

通过萃取将被测元素与干扰元素分离，从而消除干扰。如在 $0.5mol \cdot L^{-1}$ H_2SO_4 溶液中，用双硫腙将 Hg 萃取至 CCl_4 中，消除 Pb、Cd、Zn、Ni、Co、Fe 等的干扰。对于性质相近的元素，如 Nb 和 Ta、Mo 和 W、Zr 和 Hf 以及其他稀土元素都可以利用溶剂萃取法进行有效分离。

（2）萃取富集

通过萃取可以将含量极微或浓度很低的待测组分富集起来，以提高其浓度，从而提高分析方法的灵敏度。例如，天然水中的农药由于含量极微，不能直接测定，可取大量水样用少量苯萃取后，收集苯层于瓷皿中，使挥发除去苯，残余物用少量乙醇溶解，即可测定。

（3）萃取与仪器分析的结合

萃取技术与仪器分析方法的结合，提高了分离和测定的选择性和灵敏度，促进了微量分析的发展。例如，在萃取分离时，可加入适当显色剂与待测组分形成有色化合物，在有机相中直接比色测定或用吸光光度法测定，此法称为萃取比色法（或萃取光度法）。

9.4 色谱法

色谱分离法的创始人是俄国的植物学家茨维特（Tsweet）。1903 年，他将植物色素的石油醚提取液倒入一根装有碳酸钙（$CaCO_3$）的玻璃柱的顶端，然后用石油醚由上而下淋洗，结果在柱的不同部位形成不同的色带，使不同的色素得到分离，色谱一词由此而来。柱内的填充物被称为固定相，淋洗剂被称为流动相。后来，色谱分离法不仅用于有色物质的分离，而且大量用于无色物质的分离，但色谱分离法名称仍沿用至今。

色谱分离法是利用物质在两相中分配系数的微小差异，当两相作相对移动时，使被测物质在两相之间反复多次进行分配，这样原来微小的分配差异产生了很大的效果，使各组分分离，以达到分离、分析及测定一些物理化学常数的目的，其最大的特点是分离效率高，能将各种性质极为相似的组分彼此分离，其中一相是固定相，另一相是流动相。根据流动相的状态，色谱分离法可分为液相色谱法和气相色谱法。色谱分离法根据色谱分离机制不同可分为吸附色谱法、分配色谱法、离子交换色谱法和分子排阻色谱法。色谱分离法按其操作方式不同可分为柱上色谱分离法、纸上色谱分离法和薄层色谱分离法。

9.4.1 柱色谱法

在玻璃柱或不锈钢柱中填入固定相的色谱法称为柱上色谱分离法（即柱色谱法）。经典柱色谱法的流动相是液体，固定相可以是固体吸附剂、涂在载体上的液体，也可以是离子交换树脂等。

（1）液-固吸附柱色谱法

吸附色谱法是以吸附剂为固定相的色谱法。吸附剂装在管状柱内，用液体流动相进行洗脱的色谱法称为液-固吸附柱色谱法。所谓吸附是指溶质在液-固两相的交界面上集中浓缩的现象。吸附剂是一些多孔状物质，表面布满许多吸附点位（活性中心）。吸附色谱过程就是样品中各组分的分子与流动相分子彼此不断争夺吸附剂表面活性中心的过程。当组分分子占据活性中心时，即被吸附，当流动相分子从活性中心置换出被吸附的组分分子时，即解吸。利用吸附剂对各组分分子的吸附能力的差异，在吸附-解吸的平衡中形成不同的吸附系数 K_a，导致各组分的保留时间不相同而被分离。

由于溶质分子只吸附于吸附剂表面，故：

$$K_a=\frac{[X_a]}{[X_m]}=\frac{X_a/S_a}{X_m/V_m}$$

式中，$[X_a]$ 为溶质分子在吸附剂表面的活度（浓度）；$[X_m]$ 为溶质分子在流动相中的活度（浓度）；S_a 为吸附剂表面积；V_m 为流动相体积。

K_a 与吸附剂的活性、组分的性质及流动相性质有关。组分的 K_a 越大，保留时间越长。吸附色谱的洗脱过程是流动相分子与组分分子竞争占据吸附剂表面活性中心的过程。强极性的流动相分子，占据吸附剂表面活性中心的能力强，容易将试样分子从活性中心置换，具有强的洗脱作用。极性弱的流动相竞争占据吸附剂表面活性中心的能力弱，洗脱作用就弱。因此，为了使试样中吸附能力稍有差异的各组分分离，就必须同时考虑到试样的性质、吸附剂的活性和流动相的极性这三种因素，色谱分离条件选择的一般原则是：若被分离组分极性较弱，应选择吸附性强的吸附剂和极性弱的洗脱剂；反之，则应选择吸附性弱的吸附剂和极性强的洗脱剂。

（2）液-液分配柱色谱法

液-液分配柱色谱法是以液体作为固定相和流动相，利用被分离物质组分在固定相和流动相中的溶解度不同，导致分配系数上的差异而实现分离的色谱方法。

作为固定相的溶剂（与流动相不相混溶或部分混溶）是吸附在某种载体上成为固定相的，如硅胶可以吸收其本身质量的 70% 的水分而仍呈散粒状，可以填充于柱中，此时硅胶的吸附性能消失，水成为固定相，而硅胶只是载体。溶于两相中的溶质分子处于动态分配平衡。所以，溶质分子在固定相中的溶解度越大，在流动相中的溶解度越小时，在柱中停留的时间越长。

一些用吸附色谱法很难分离的强极性化合物，如脂肪酸或多元醇，用分配色谱法却能有好的分离效果。一般说来，分配色谱法对各类化合物都能适用，特别适宜亲水性物质，能溶于水且又能稍溶于有机溶剂的化合物，如极性较强的生物碱、有机酸、酚类、糖类及氨基酸衍生物。

载体本身应是惰性的，即不能与固定相、流动相以及被分离物质起化学反应，在两相中也不溶解。载体除吸留固定相外，对被分离物质和流动相应不具吸附性。

载体必须纯净、颗粒大小适宜，多数商品载体在使用前需要精制、过筛。常用的载体除硅胶外，还有纤维素、多孔硅藻土以及微孔聚乙烯粉等。

9.4.2 纸色谱法

纸色谱分离法属于液-液分配色谱。纸色谱使用的色谱滤纸是载体，附着在纸上的水是固定相。样品溶液点在纸上，作为展开剂的有机溶剂自下而上移动，样品混合物中各组分在水-有机溶剂两相发生溶解、分配和再溶解、再分配，并随有机溶剂的移动而展开，达到分离的目的。

选择纸色谱的条件主要是选择合适的展开剂。

合适的展开剂一般有一定的极性，但难溶于水。在有机溶剂和水两相间，不同的有机物会有不同的分配性质。水溶性大或能形成氢键的化合物，在水相中分配得多，在有机相中分配少；极性弱的化合物在有机相中分配多。展开剂借毛细管的作用沿滤纸上行时，带着样品中的各组分以不同的速度向上移动。水溶性大或能形成氢键的化合物移动得较慢，极性弱的化合物移动得较快。随着展开剂的不断上移，混合物中各组分在两相之间反复进行分配，从而把各组分分开。分离后各组分的位置可由紫外灯照射或显色确认。

纸色谱在糖类化合物、氨基酸、蛋白质、天然色素等有一定亲水性的化合物的分离中有广泛的应用。

纸色谱分离法的简单装置如图 9-1 所示。将试样点在原点处，并放入一密闭的色谱分离筒内，滤纸的末端浸入展开剂中（勿浸没原点），使展开剂从试样的一端经过毛细管作用，向上移动流向另一端，色谱分离进行一段时间后，取出滤纸条，在溶剂前缘处做上记号，晾干。如果试样中各组分是有色物质，滤纸条上就可看到色斑；如为无色物质，则可用各种物理或化学方法使之显色，而后确定其位置。试样经展开后，剪下各斑点，经过适当处理，即可进行定量测定。在纸色谱分离中，各组分的分离情况通常用比移值 R_f 表示，如图 9-2 所示。

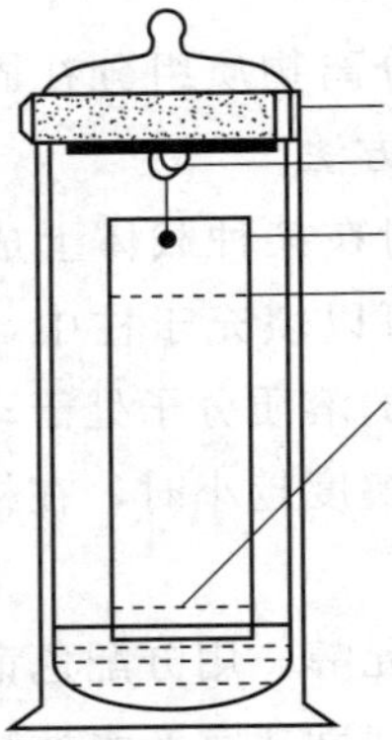

图 9-1 纸色谱分离装置

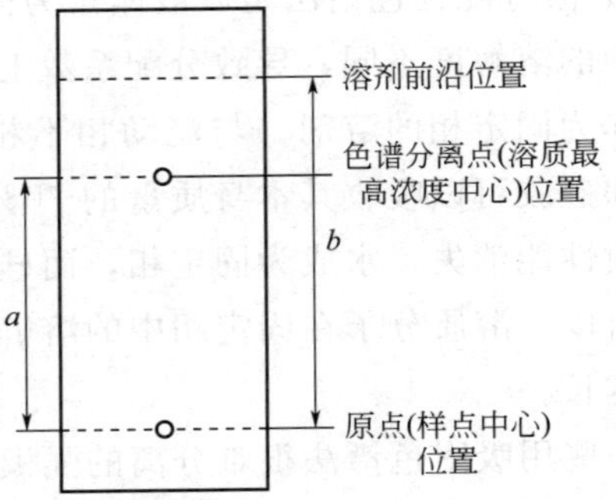

图 9-2 比移值的测量

$$R_f = \frac{a}{b}$$

式中，a 为斑点中心到原点的距离，cm；b 为溶剂前沿至原点的距离，cm。R_f 值最大等于 1，即该组分随溶剂一起上升，也就是分配比 D 值非常大；R_f 值最小等于 0，即该组分基本上留在原点不动，也就是分配比 D 值非常小。原则上讲，只要两组分的 R_f 值有差别，就能将它们分开。R_f 值相差越大，分离效果越好。

纸色谱法所用试样量少，设备和操作简单，分离效果也较好，适用于少量样品中微量组分或性质相近的物质的分离。在有机化学、生物化学、药物化学及无机稀有元素的分离与分析中应用较为广泛。

9.4.3 薄层色谱法

薄层色谱分离法是柱色谱分离法与纸色谱分离法相结合发展起来的一种新技术，该方法具有设备简单、操作简便、分离速度快、效果好、灵敏度高等特点。近年来，薄层色谱分离法的发展非常迅猛，在有机物的解析、药物残留量和生物大分子等的分离分析中有广泛的应用。

薄层色谱分离属于固-液吸附色谱。它是在一块平滑的玻璃板上均匀地涂一层吸附剂（如硅胶、活性氧化铝、硅藻土、纤维素等）作为固定相，把少量的试液滴在薄层板的一端，距边缘一定距离处（称为原点），然后将薄层板置于密闭、盛有展开剂的容器中，并使点有试样的一端浸入展开剂中，如图 9-3 所示。展开剂为流动相，由于薄层板的毛细作用，沿着吸附剂由下而上移动，遇到试样时，试样就溶解在展开剂中并随展开剂向上移动。在此过程中，试样中的各组分在固定相和流动相之间不断地发生溶解、吸附、再溶解、再吸附的分配过程。由于流动相和固定相对不同物质的吸附和溶解能力不同，当展开剂流动时，不同物质在固定相上移动的速度各不相同。易被吸附的物质移动速度慢，较难被吸附的物质移动速度快。经过一段时间后，不同物质因在板上移动速度不一样而彼此分开，在薄层板上形成相互分开的斑点。样品分离情况也可用比移值 R_f 来衡量。根据物质的 R_f 值，可以判断各组分彼此能否用薄层色谱分离法分离。一般来说，R_f 值只要相差 0.02 以上就能彼此分离。

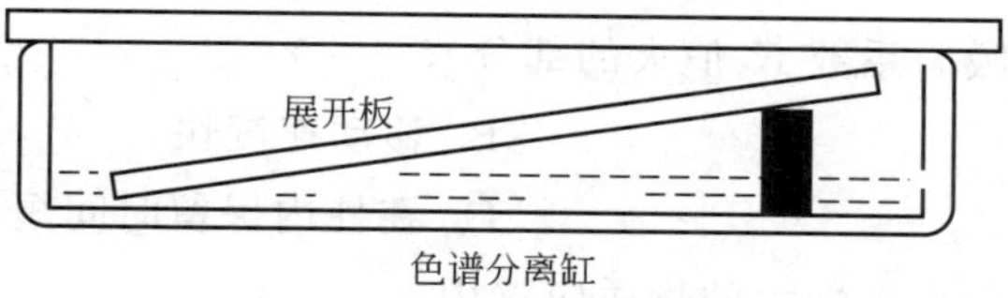

图 9-3　薄层色谱分离示意图

在一定条件下，R_f 值是物质的特征值，可以利用 R_f 值作为定性分析的依据。但是由于影响 R_f 值的因素很多，进行定性判断时，最好用已知的标准物质作对照。通过将试样产生的斑点和标准样斑点进行斑点面积的大小和斑点颜色的深浅比较对照，从而进行半定量分析，或者将吸附剂上的斑点刮下，用适当的溶剂将其溶解后，再用适当的方法进行定量测定。目前，最好的方法是利用薄层色谱扫描仪，在色谱分离板上直接扫描各个斑点，得出积分值，自动记录并进行定量测定。这种方法快速、自动且准确，只是仪器较复杂，对色谱分离板要求较高。

薄层色谱分离法的吸附剂和展开剂的一般选择原则是：非极性组分的分离，选用活性强的吸附剂和非极性展开剂；极性组分的分离，选用活性弱的吸附剂和极性展开剂。

薄层色谱分离的固定相大致与柱色谱分离的相同，但薄层色谱固定相颗粒更细。硅胶、氧化铝是薄层色谱分离中使用最多的两种固定相。与柱色谱分离不同的是，薄层色谱分离固定相是通过加入一定量的黏合剂或用烧结方式使固定相颗粒牢固地吸附在薄层板上而不脱落。

在薄层色谱分离中常用的固体吸附剂有硅胶、活性氧化铝、硅藻土、纤维素等，其中，硅胶是酸性物质，氧化铝是碱性物质，均具有活性，前者可用于吸附和分配色谱，后者主要用于吸附色谱。硅藻土不活泼，而纤维素没有活性，可用作分配色谱的载体。吸附剂的粒度一般以 100～250 目较合适。使用时用蒸馏水将吸附剂粉末调制成浆状，然后均匀涂在表面平整、光洁的玻璃板上。涂好后放置固化约半小时。用于吸附色谱的薄层需在 110℃ 加热活化；而用于分配色谱的薄层则无需干燥，固化后残留的水分起固定相作用。

拓展资料扫一扫

影响世界的化学分离技术

电子课件扫一扫

常用的化学分离方法

目标检测

一、选择题

1. 一般情况下，含量在1%以上的组分，分离回收率应在（　）。

A. 90%～95%　B. 95%～99%　C. 99%以上　D. 100%

2. 萃取分离过程中，用于萃取操作的仪器为（　）。

A. 量筒　B. 移液管　C. 滴定管　D. 分液漏斗

3. 在吸附色谱中，吸附系数 K 值大的部分（　）。

A. 被吸附得牢固　B. 移动速度快

C. 被吸附得不牢固　D. 在柱内保留时间短

4. 在吸附色谱中，分离极性大的物质应选用（　）。

A. 活度级别高的吸附剂和极性小的洗脱剂

B. 活性高的吸附剂和极性大的洗脱剂

C. 活性低的吸附剂和极性大的洗脱剂

D. 活度级别低的吸附剂和极性小的洗脱剂

5. 纸色谱分离机制一般认为属于（　）。

A. 吸附色谱　B. 分配色谱　C. 离子交换色谱　D. 凝胶过滤色谱

6. 在吸附柱色谱中，被分离组分极性越弱，则（　）。

A. 在柱内保留时间越长　B. 被吸附剂吸附得越不牢固

C. 应选择极性大的洗脱剂　D. 被吸附剂吸附得越牢固

二、简答题

1. 复杂物质分析常用的分离方法有哪些？

2. 萃取效率与哪些因素有关？如何提高萃取效率？

3. 试举例说明共沉淀现象对分析的不利影响和有利作用。

三、计算题

1. 18℃时，I_2 在 CS_2 和水中的分配比 D 为420。如果100mL水溶液中含有0.018g I_2：

（1）以100mL CS_2 萃取时，将有多少克 I_2 留于水溶液中？

（2）如果用100mL CS_2 分两次萃取，每次用50mL，留于水中的 I_2 是多少？

2. 若物质A在两相中的分配比为17，今有50mL的水溶液，应用多少毫升的萃取剂溶液进行萃取，才能使物质A有95%被萃取到有机相？

3. pH为7.0时，用8-羟基喹啉氯仿溶液作萃取剂，从水溶液中萃取 La^{3+}。已知 La^{3+} 在两相中的分配比 $D=43$，现取含 La^{3+} 的水溶液（1.00mg·mL^{-1}）20.0mL，计算用萃取液10.0mL，一次萃取和用同量萃取液分两次（每次5.0mL）萃取的萃取效率。

4. 含有 Fe^{3+}、Mg^{2+} 的溶液中，若控制 $NH_3·H_2O$ 的浓度为0.10mol·L^{-1}，NH_4Cl 的浓度为1.0mol·L^{-1}，能使 Fe^{3+}、Mg^{2+} 分离完全吗？

习题及参考答案

技能训练

纸色谱法分离鉴定氨基酸

一、实训目的

1. 掌握纸色谱法的操作技术及对氨基酸的分离与鉴定。

2. 熟悉纸色谱法的实训原理。

二、实训原理

纸色谱法是以纸为载体的色谱法，它的固定相一般为纸纤维上吸附的水（也可以是甲酰胺、缓冲溶液等），流动相为与水不相溶的有机溶剂（也常用与水相混溶的有机溶剂）。纸纤维只是起到载体的作用。被测组分在固定相和流动相之间进行分配，由于各组分分配系数不同而得到分离。因此，纸色谱法属于液-液分配色谱范畴。

纸色谱法分离物质的原理，是根据各物质在吸附剂上吸附性质的不同，即其分配性质的差别，经过各组分的多次吸附和解吸过程，使混合物各组分得以分离。

纸色谱法分离物质时，是利用滤纸上的吸湿水分作为固定相，展开剂（即有机溶剂）作为流动相。采用上行法时，流动相由于毛细管作用自下而上地移动，试样中的各组分将在两相中不断进行分配。因为它们的分配系数不同，不同溶质随流动相移动的速度不等，因而形成了距离原点不等的色谱斑点，达到分离目的。

为了衡量平板色谱法分离物质组分的分离效果，可用比移值 R_f 表示。

R_f 是在一定条件下某物质的化学特征量，因此，可根据 R_f 来作为物质的定性分析。影响 R_f 的因素较多，主要是试样组分的极性、展开剂、滤纸质量、温度等条件。纸色谱中常用的展开剂是含水的有机溶剂。一般来说，在流动相中溶解度较大的物质，具有较大 R_f 值。试样组分的极性大或亲水性强，在水中分配量大，则分配系数大，在以水为固定相的纸色谱中 R_f 值小；反之，如极性小或亲脂性强，则分配系数小，R_f 值大。对极性物质，增加展开剂中极性溶剂的比例，可增大 R_f 值；增加展开剂中非极性溶剂的比例，可减小 R_f 值。为此，分析工作中，应用各组分相应的标准样品同时做对照试验。

本实验是分离、鉴定三组分氨基酸混合物：丙氨酸、胱氨酸和亮氨酸。

氨基酸无色，利用它们与茚三酮显现蓝紫色（除脯氨酸黄色外），可将氨基酸斑点显色。

三、仪器与试剂

仪器　量筒（10mL），长颈漏斗，剪刀，尺子，毛细管（点样用），喷雾器，铅笔（自备），色谱缸（配有塞盖及挂钩），培养皿（直径 20cm 和直径 10cm 各 1 个），大表面皿（22cm），圆规，硬纸圈，电热套。

试剂和材料　色谱滤纸，茚三酮的丙酮溶液（0.3%），丙氨酸溶液（$0.01mol \cdot L^{-1}$），胱氨酸溶液（$0.01mol \cdot L^{-1}$），亮氨酸（$0.01mol \cdot L^{-1}$）及它们的混合液（1∶1∶1），展开剂（正丁醇∶甲酸＝3∶1，体积比）。

四、实训过程

（1）点样　取一滤纸条（17cm×5cm）在距离一端 2cm 处用铅笔画一起始线，分别点上丙氨酸、亮氨酸、胱氨酸及氨基酸混合物，晾干后，展开。

（2）展开　用量筒量取约 10mL 振摇均匀的展开剂，通过长颈漏斗倒入色谱缸底部，切勿使展开剂沾及缸壁，塞好带钩的塞盖，如图 9-1 所示，静置备用。

将滤纸条悬挂在色谱缸的玻璃钩上，点样端浸入展开剂约 1cm 深，进行展开。当展开剂上升到一定高度，取出滤纸条，立即用铅笔画下展开剂前沿位置，晾干（滤纸条晾干时必须水平放置，避免色斑因重力作用而拖尾）。

（3）显色　用喷雾器将 0.3%茚三酮的丙酮溶液均匀喷洒在滤纸上，至滤纸刚潮湿为止。在电热套上缓慢烘干至各氨基酸紫色斑点出现，用铅笔画好斑点轮廓，并在滤纸上测量出各个斑点中心到起始点距离 a 和溶剂前沿到起始点距离 b。

（4）鉴定　计算每种氨基酸的 R_f 值。根据各 R_f 值定性分析混合氨基酸的成分。

五、数据记录及处理

将数据及其处理结果填入表 9-2 中。

表 9-2　测得氨基酸的 R_f 值

氨基酸	丙氨酸	胱氨酸	亮氨酸
R_f			

六、注释

1. 在纸色谱实验操作过程中，滤纸应始终保持平整（不能折叠）和洁净（不能用手触摸，以免显色后指纹在滤纸上显现），取放滤纸条时要用镊子夹取滤纸边缘。显色剂应现配现用，喷洒显色剂要均匀、适量。

2. 在展开过程中不能随意打开盖子查看，以免展开剂挥发而改变 R_f 值。

七、思考题

在纸色谱中，影响 R_f 值的因素主要有哪些？

第 10 章

仪器分析简介

章节导入

化学分析和仪器分析是分析化学的两大支柱。化学分析是基础，仪器分析是发展方向。仪器分析是借助精密的分析仪器，根据物质的物理性质或物理化学性质来确定物质的化学组成、含量及结构的分析方法。近年来，随着电子技术、计算机技术、激光技术等科学技术的飞速发展，分析技术发生了巨大变化，许多新方法、新技术、新仪器不断涌现，经典的化学分析也正在不断仪器化。目前，仪器分析广泛应用于医药、食品、环境、化工等多个领域。前面章节中已经介绍了主要的化学分析方法，本章将对常见的仪器分析方法作简单介绍。

素质目标

通过了解仪器分析方法的分类和特点，认识到不断地创新与探索是整个民族发展的不竭动力，是科学进步的力量源泉，培养创新意识，树立技能宝贵、创造伟大的观念。

10.1 仪器分析的分类

根据测量原理和信号特点，仪器分析可分为光学分析技术、电化学分析技术、色谱分析技术等，如表 10-1 所示。

表 10-1 仪器分析方法分类

分类	特征性质	仪器方法
光学分析技术	辐射的发射	原子发射光谱法、原子荧光光谱法、X 荧光光谱法、分子荧光光谱法、电子能谱法等
	辐射的吸收	原子吸收光谱法、紫外-可见分光光度法、红外光谱法、X 射线吸收光谱法、核磁共振波谱法等

续表

分类	特征性质	仪器方法
电化学分析技术	电极电位 电　荷 电　流 电　导	电位法、计时电位法 库仑分析法 安培法、极谱法 电导法
色谱分析技术	两相之间 的分配	气相色谱法 高效液相色谱法 离子色谱法
其他仪器分析技术	质荷比 热性质 放射活性	质谱法 差热分析法、差示扫描量热法、热重量法 同位素稀释法

10.1.1 光学分析技术

光学分析技术是以电磁辐射为测量信号的分析方法。光学分析法是一种基于物质发射或吸收电磁辐射以及物质与电磁辐射相互作用来对待测样品进行分析的方法。它主要分为光谱法和非光谱法两大类。

(1) 光谱法

光谱法是利用物质的光谱特征进行定性、定量及结构分析的方法。光谱是物质内部发生能级跃迁时，记录由能级跃迁所产生的辐射能强度随波长的变化所得的图谱。

光谱法广泛应用于化学、生物、环境、材料等多个领域。例如，紫外-可见光谱分析常用于检测和定量分析溶液中的有机化合物；红外光谱分析则能提供分子结构的信息，常用于有机合成中的结构确认；荧光光谱分析在生物医学研究中应用广泛，如蛋白质折叠、核酸结构分析等。

(2) 非光谱法

非光谱法（或称一般光学分析法）通过检测被测物质的某种物理光学性质，从而进行定量、定性分析。这些方法不涉及物质内部能级的跃迁，仅通过测量电磁辐射的某些基本性质的变化来进行分析，如折射法、旋光法等。

光学分析技术凭借其非接触、快速、灵敏和特异性高等特点，在多个领域中展现出了强大的应用潜力。

10.1.2 电化学分析技术

电化学分析技术是利用待测组分在溶液中的电化学性质进行分析的。根据电化学参数的不同分为电位分析法、电导分析法、电解分析法、库仑分析法等。

电化学分析技术因其快速、灵敏、准确的特点，以及操作简单、仪器性价比高的优势，在多个领域得到了广泛应用。随着纳米技术、表面技术、超分子体系以及新材料合成的发展和应用，电化学分析将向微量分析、单细胞水平检测、实时动态分析、无损分析以及超高灵敏和超高选择方向迈进。

10.1.3 色谱分析技术

色谱分析技术是对混合组分进行分离分析的一种方法。它利用混合物中各组分在固定相和流动相中溶解、解析、吸附、脱附或其他亲和作用性能的微小差异相互分离，随后再对分离出的各组分进行定性定量分析。

色谱分析技术可用于检测水、空气和土壤中的有机污染物；也可用于检测食品中的农药残留、添加剂等成分；还可用于药物的纯度分析、质量控制、药物代谢产物的检测；以及蛋白质、核酸等生物大分子的分离和分析。

10.1.4 其他仪器分析法

其他仪器分析法指利用生物学、动力学、热学、声学、力学等其他性质进行测定的仪器分析方法和技术。近年来，随着世界科学技术和经济的迅速发展，以及科研、生产的需要，涌现出大批新型的、具有特殊用途的分析仪器和技术，如免疫分析、扩增检测以及仪器联用技术等。

10.2 吸光度测定技术

10.2.1 物质对光的选择性吸收

人的眼睛能够看到的光称为可见光，在可见光区内，不同波长的光具有不同的颜色，只有一种波长的光称为单色光，由不同波长的光组成的光称为复色光，白光就是复色光，由红、橙、黄、绿、青、蓝、紫等各种颜色的光按一定比例混合而成。

（1）溶液颜色的产生

当一束白光通过某透明溶液时，如果该溶液对可见光区各波长的光都不吸收，即入射光全部通过溶液，这时看到的溶液透明无色；当该溶液对可见光区各种波长的光全部吸收时，此时看到的溶液呈黑色；若某溶液选择性地吸收了可见光区某波长的光，则该溶液即呈现出被吸收光的互补色光的颜色。例如，当一束白光通过 $KMnO_4$ 溶液时，该溶液选择性地吸收了 500～560nm 的绿色光，而将其他的色光两两互补成白光而通过，只剩下紫红色光未被互补，所以 $KMnO_4$ 溶液呈现紫红色。可见物质的颜色是基于物质对光有选择性吸收的结果，而物质呈现的颜色则是被物质吸收光的互补色。溶液颜色与吸收光颜色的互补关系见表10-2。

表 10-2 溶液颜色与吸收光颜色的互补关系

溶液颜色	吸收光		溶液颜色	吸收光	
	颜色	波长/nm		颜色	波长/nm
黄绿色	紫色	400～450	紫色	黄绿色	560～580
黄色	蓝色	450～480	蓝色	黄色	580～610
橙色	绿蓝色	480～490	绿蓝色	橙色	610～650
红色	蓝绿色	490～500	蓝绿色	红色	650～780
红紫色	绿色	500～560			

以上是用溶液对有色光的选择性吸收来说明溶液的颜色。若要更精确地说明物质具有选择性吸收不同波长范围光的性质，则必须用光吸收曲线来描述。

(2) 物质的吸收曲线

吸收曲线是通过实验获得的，具体方法是：将不同波长的光依次通过某一固定浓度和厚度的有色溶液，分别测出它们对各种波长光的吸收程度（用吸光度 A 表示），以波长为横坐标，以吸光度为纵坐标作图，画出曲线，此曲线即称为该物质对光的吸收曲线（或吸收光谱），它描述了物质对不同波长光的吸收程度。图 10-1 所示的是四种不同浓度的 $KMnO_4$ 溶液的四条光吸收曲线。

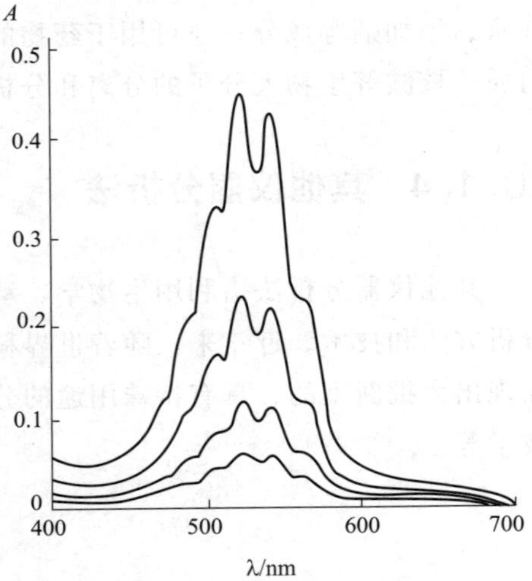

图 10-1 $KMnO_4$ 溶液的吸收曲线

① 高锰酸钾溶液对不同波长的光的吸收程度是不同的，对波长为 525nm 的绿色光吸收最多，在吸收曲线上有一高峰（称为吸收峰）。光吸收程度最大处的波长称为最大吸收波长（常以 λ_{max} 表示）。在进行光度测定时，通常都是选取在 λ_{max} 的波长处来测量，因为这时可得到最大的灵敏度。

② 不同浓度的高锰酸钾溶液，其吸收曲线的形状相似，最大吸收波长也一样。所不同的是吸收峰峰高随浓度的增加而增高。

③ 不同物质的吸收曲线，其形状和最大吸收波长都各不相同。因此，可利用吸收曲线来作为物质定性分析的依据。

10.2.2 朗伯-比尔定律

(1) 朗伯-比尔定律

如图 10-2 所示，当一束强度为 I_0 平行单色光通过液层厚度为 b 的有色溶液后，溶质吸收了光能，光的强度减弱为 I。光的吸收程度（A）与液层厚度（b）和溶液浓度（c）的乘积成正比，称为朗伯-比尔定律，即光吸收定律。其数学表达式为：

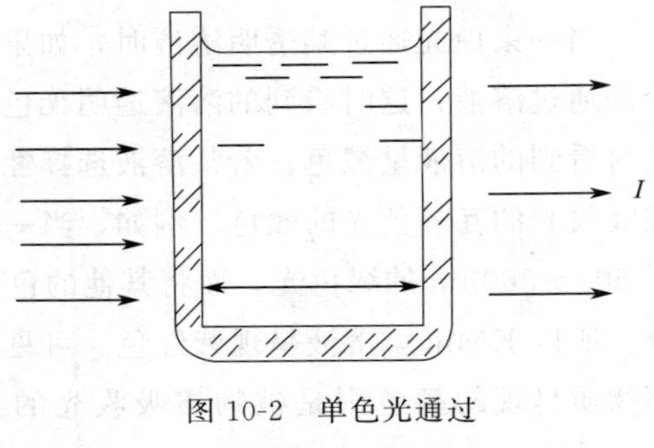

图 10-2 单色光通过盛溶液的吸收池

$$A=\lg\left(\frac{I_0}{I}\right)=kbc$$

上式中的 k 为吸光系数，k 与入射光的波长、物质的性质和溶液的温度等因素有关。当液层厚度一定时，吸光度与溶液浓度成正比，这是吸光度法进行定量分析的理论基础。

在吸光度的测量中，有时也用透光度 T 或百分透光度 $T\%$ 表示物质对光的吸收程度。透光度 T 与吸光度关系是：

$$A=\lg\frac{1}{T}$$

（2）吸光度测定

吸光度测定技术中的定量方法主要为两种，标准曲线法和比较法。

① 标准曲线法。该法是先配制一系列浓度不同的标准溶液，显色后，用相同规格的比色皿，在相同条件下测定各标准溶液的吸光度，以标准溶液浓度为横坐标，吸光度为纵坐标作图，得到一条经过原点的直线，称为标准曲线。然后取被测试液在相同条件下显色、测定，根据测定的吸光度在标准曲线上查到相应的浓度从而计算出被测物的含量。标准曲线法是吸光度测定技术中最常用的定量方法。

② 比较法。配制一个与被测溶液浓度接近的标准溶液（浓度用 c_s 表示），测出吸光度为 A_s；在相同条件下测出试样的吸光度为 A_x，则试样溶液浓度 c_x 可按下式计算得到：

$$c_x=\frac{A_x}{A_s}c_s$$

10.3　仪器分析的特点及发展趋势

10.3.1　仪器分析的特点

仪器分析一般具有以下几个特点。

① 操作简单、分析速度快　仪器分析方法基本可以实现自动化，从而大大提高了分析速度。

② 灵敏度高　仪器分析方法可以检测到极微量的物质，其检测限通常在 $\mu g \cdot L^{-1}$ 或更低水平。例如，气相色谱法的检出限可达 $10^{-12}\sim10^{-8}$，原子吸收光谱法的检出限可达 10^{-9}。

③ 试样用量少　仪器分析适用于微量和超微量分析，样品用量非常少，通常只需几微升甚至更少。

④ 选择性好　许多仪器分析法可以根据待测物质的特定性质进行选择性的检测，从而排除干扰物质的影响。

⑤ 应用范围广　仪器分析法适用于各种类型的样品，包括气体、液体和固体，适用于生物、化学、环境、食品、医药等多个领域。

除了上述优点外，仪器分析法也存在一定的局限性。仪器分析法的准确度一般不如化学分析法，化学分析法的相对误差一般小于 0.2%；仪器分析法的相对误差一般为 1%～5%，甚至达到 10%。仪器分析所用设备昂贵，难保养，对工作环境要求较高。

10.3.2 仪器分析的发展趋势

生产的发展和科学的进步，不仅对仪器分析在提高准确度、灵敏度和分析速度等方面提出更高的要求，而且还不断提出更多的新课题，促使其不断开拓新领域、新方法。

① 智能化 引入人工智能技术，可以实现样品的自动进样、数据处理和报告生成等功能，提高分析的准确性和效率。

② 微型化 仪器设备的微型化使得便携式设备成为可能，便于现场快速检测和分析。

③ 多种方法的联合使用 通过将不同的仪器分析方法结合起来，可以充分发挥各自的优势，实现更全面的分析和更准确的诊断，这已经成为解决复杂问题的有力手段。目前仪器联用技术已经成为仪器分析的研究热点。

④ 新型动态分析和无损分析 许多仪器分析法可以在不破坏样品的情况下进行，如红外光谱、核磁共振等，有利于样品的后续分析。

拓展资料扫一扫

更深度的“照相”技术——质谱成像技术

电子课件扫一扫

仪器分析简介

目标检测

一、选择题

1. 下列分析方法中，不属于电化学分析法的是（ ）。

A. 电导分析法 B. 极谱法 C. 色谱法 D. 伏安法

2. 仪器分析与化学分析比较，其灵敏度（ ）。

A. 比化学分析高 B. 比化学分析低 C. 相差不大 D. 不能判断

3. 化学分析与仪器分析比较，其准确度（ ）。

A. 比仪器分析高 B. 比仪器分析低 C. 相差不大 D. 不能判断

4. 下列分析方法中，属于光学分析法的是（ ）。

A. 分光光度法 B. 电位分析法 C. 极谱法 D. 气相色谱法

5. 下列分析方法中，属于仪器分析的是（ ）。

A. 酸碱滴定法 B. 沉淀滴定法 C. 配位滴定法 D. 分光光度法

6. 紫外-可见分光光度法的原理是（ ）。

A. 光的发射 B. 光的吸收 C. 光的散射 D. 光的折射

7. 相对于化学分析法来说，仪器分析的不足之处有（ ）。

A. 样品用量大 B. 准确度低 C. 灵敏度低 D. 选择性差

8. 下列方法中，不属于吸收光谱分析法的是（ ）。

A. 紫外-可见分光光度法 B. 红外分光光度法

C. 原子吸收分光光度法 D. 荧光分光光度法

二、简答题

1. 简述仪器分析法的分类。
2. 简述仪器分析法的特点。
3. 简述仪器分析法的发展趋势。

技能训练

邻二氮菲分光光度法测定微量铁

一、实训目的

1. 掌握邻二氮菲分光光度法测定微量铁的原理。
2. 了解分光光度计的基本构造以及分光光度计的正确使用方法。
3. 掌握标准曲线绘制和数据处理的方法。

二、实训原理

邻二氮菲亦称邻菲罗啉（简写作 Phen）。在 pH 为 2～9 的范围内，邻二氮菲与 Fe^{2+} 生成稳定的橙红色配合物 $[Fe(Phen)_3]^{2+}$，显色反应如下：

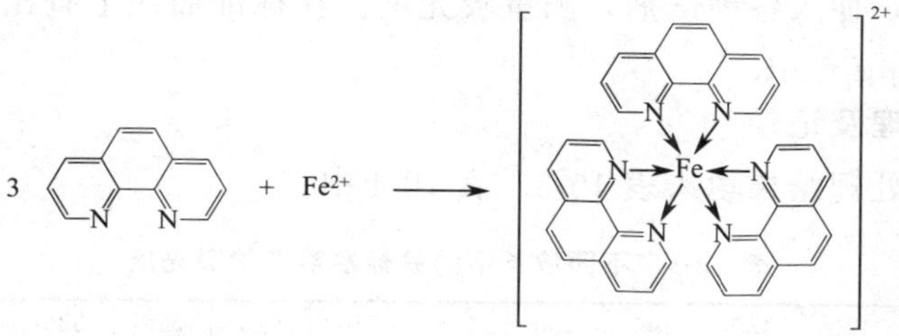

生成的橙红色配合物非常稳定。

当铁为 Fe^{3+}，可用盐酸羟胺（$NH_2OH \cdot HCl$）将其还原为 Fe^{2+}：

$$2Fe^{3+} + 2NH_2OH \cdot HCl \longrightarrow 2Fe^{2+} + N_2\uparrow + H_2O + 4H^+ + 2Cl^-$$

邻二氮菲分光光度法测定微量铁的选择性很高。5 倍含铁量的 Co^{2+}、Cu^{2+}，20 倍的 Cr^{3+}、Mn^{2+}、Mg^{2+}，40 倍的 Sn^{2+}、Zn^{2+} 都不干扰铁的测定。

三、仪器与试剂

仪器 分光光度计，移液管（10 mL），吸量管（5 mL，10 mL），容量瓶（50 mL）。

试剂 铁标准溶液（$100\mu g \cdot mL^{-1}$）[1]，盐酸羟胺（$100g \cdot L^{-1}$，用时配制），邻二氮菲水溶液（$1.5g \cdot L^{-1}$，用时配制），NaAc（$1mol \cdot L^{-1}$），HCl（$6mol \cdot L^{-1}$）。

---

[1] 准确称取 0.8634g $NH_4Fe(SO_4)_2 \cdot 12H_2O$ 置于烧杯中，加入 20mL $6mol \cdot L^{-1}$ HCl 和少量水，溶解后，定量转移至 1L 容量瓶中，加水稀释至刻度，摇匀。

四、实训步骤

1. 吸收曲线的制作和测量波长的选择

用吸量管分别吸取 0.00mL 和 1.00mL 铁标准溶液注入两支 50mL 容量瓶中，各加入 1mL 盐酸羟胺溶液，摇匀。再加入 2mL Phen 和 5mL NaAc，加水稀释至刻度，充分摇匀。放置 10min 后，用 1cm 比色皿，以试剂空白（即 0.00mL 铁标准溶液）为参比，在 440～560nm 之间，每隔 10nm 测一次吸光度，最大吸收波长附近（500～520nm），间隔 5nm 测量一次吸光度。以波长 λ 为横坐标、吸光度 A 为纵坐标绘制吸收曲线，得到最大吸收波长 λ_{max}。

2. 标准曲线的制作

用移液管移取 10.00mL 100μg·mL^{-1} 铁标准溶液于 100mL 容量瓶中，加入 2mL 6mol·L^{-1} HCl 溶液，用水稀释至刻度，摇匀。此溶液 Fe^{3+} 的浓度为 10μg·mL^{-1}。

用吸量管分别吸取 10μg·mL^{-1} 的铁标准溶液 0.00mL、2.00mL、4.00mL、6.00mL、8.00mL、10.00mL，分别置于 6 支 50mL 容量瓶中，依次加入 1mL 盐酸羟胺、2mL Phen、5mL NaAc，用蒸馏水稀释至刻度，摇匀；放置 10min，用 1cm 比色皿，以试剂空白（即 0.00mL 铁标准溶液）为参比溶液，在前述所得的最大吸收波长下，分别测量各溶液的吸光度。以铁含量为横坐标、吸光度 A 为纵坐标绘制标准曲线。

3. 试样中铁含量的测定

准确吸取适量试液（铁含量以在标准曲线范围内为宜）于 50mL 容量瓶中，按标准曲线的操作，加入各种试剂，测量吸光度。在标准曲线上查出或计算试液中铁的含量（单位为 μg·mL^{-1}）。

五、数据处理及记录

将数据及其处理结果填入表 10-3、表 10-4 中。

表 10-3 不同波长下的铁标准溶液的吸光度

λ/nm	460	470	480	490	500	505	510	515	520	530	540	550	560
A													

表 10-4 标准曲线的绘制

溶液	标准溶液				
铁标准溶液量/mL	2.00	4.00	6.00	8.00	10.00
铁标准溶液浓度/μg·mL^{-1}	0.4	0.8	1.2	1.6	2.0
测量波长 λ/nm					
吸光度/A					
线性方程					
线性相关吸收					
试样中铁含量/μg·mL^{-1}					

六、思考题

1. 邻二氮菲分光光度法测定微量铁时为什么要加入盐酸羟胺溶液？
2. 吸收曲线与标准曲线各有何实际意义？
3. 显色时，加入盐酸羟胺溶液和邻二氮菲溶液的顺序可否颠倒？为什么？

附录

附录 1　弱酸及其共轭碱在水中的解离常数（25℃，$I=0$）

弱酸	分子式	K_a	pK_a	共轭碱	
				pK_b	K_b
硼酸	H_3BO_3	5.8×10^{-10}	9.24	4.76	1.7×10^{-5}
碳酸	H_2CO_3	$4.2\times10^{-7}(K_{a_1})$	6.38	7.62	$2.4\times10^{-8}(K_{b_2})$
	(CO_2+H_2O)	$5.6\times10^{-11}(K_{a_2})$	10.25	3.75	$1.8\times10^{-4}(K_{b_1})$
氢氰酸	HCN	7.2×10^{-10}	9.14	4.86	1.4×10^{-5}
铬酸	H_2CrO_4	$1.8\times10^{-1}(K_{a_1})$	0.74	13.26	$5.6\times10^{-14}(K_{b_2})$
		$3.2\times10^{-7}(K_{a_2})$	6.50	7.50	$3.1\times10^{-8}(K_{b_1})$
氢氟酸	HF	7.2×10^{-4}	3.14	10.86	1.4×10^{-11}
磷酸	H_3PO_4	$7.6\times10^{-3}(K_{a_1})$	2.12	11.88	$1.3\times10^{-12}(K_{b_3})$
		$6.3\times10^{-8}(K_{a_2})$	7.20	6.80	$1.6\times10^{-7}(K_{b_2})$
		$4.4\times10^{-13}(K_{a_3})$	12.36	1.64	$2.3\times10^{-2}(K_{b_1})$
氢硫酸	H_2S	$5.7\times10^{-8}(K_{a_1})$	7.24	6.76	$1.7\times10^{-7}(K_{b_2})$
		$1.2\times10^{-13}(K_{a_2})$	12.92	1.08	$8.3\times10^{-2}(K_{b_1})$
硫酸	H_2SO_4	$1.0\times10^{-2}(K_{a_2})$	2.00	12.00	$1.0\times10^{-12}(K_{b_1})$
甲酸	HCOOH	1.8×10^{-4}	3.74	10.26	5.5×10^{-11}
乙酸	CH_3COOH	1.8×10^{-5}	4.74	9.26	5.5×10^{-10}
一氯乙酸	$CH_2ClCOOH$	1.4×10^{-3}	2.86	11.14	6.9×10^{-12}
二氯乙酸	$CHCl_2COOH$	5.0×10^{-2}	1.30	12.70	2.0×10^{-13}
苯甲酸	C_6H_5COOH	6.2×10^{-5}	4.21	9.79	1.6×10^{-10}
草酸	$H_2C_2O_4$	$5.9\times10^{-2}(K_{a_1})$	1.22	12.78	$1.7\times10^{-13}(K_{b_2})$
		$6.4\times10^{-5}(K_{a_2})$	4.19	9.81	$1.6\times10^{-10}(K_{b_1})$
邻苯二甲酸	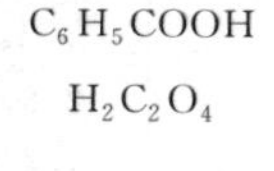	$1.1\times10^{-3}(K_{a_1})$	2.95	11.05	$9.1\times10^{-12}(K_{b_2})$
		$3.9\times10^{-6}(K_{a_2})$	5.41	8.59	$2.6\times10^{-9}(K_{b_1})$
六亚甲基四胺离子	$(CH_2)_6N_4H^+$	7.1×10^{-6}	5.15	8.85	1.4×10^{-9}

附录 2 部分氧化还原电对的标准电极电势 $\varphi^{\ominus}$

半反应	$\varphi^{\ominus}$/V	半反应	$\varphi^{\ominus}$/V
$AgBr+e^- \rightleftharpoons Ag+Br^-$	0.072	$Hg^{2+}+2e^- \rightleftharpoons Hg$	0.845
$AgCl+e^- \rightleftharpoons Ag+Cl^-$	0.224	$Hg_2^{2+}+2e^- \rightleftharpoons 2Hg$	0.793
$Ag(NH_3)_2^+ +e^- \rightleftharpoons Ag+2NH_3$	0.37	$IO_3^- +3H_2O+6e^- \rightleftharpoons I^- +6OH^-$	0.26
$Ag^+ +e^- \rightleftharpoons Ag$	0.7995	$I_3^- +2e^- \rightleftharpoons 3I^-$	0.54
Br_2(液)$+2e^- \rightleftharpoons 2Br^-$	1.087	I_2(固)$+2e^- \rightleftharpoons 2I^-$	0.53
$BrO_3^- +6H^+ +6e^- \rightleftharpoons Br^- +3H_2O$	1.44	$IO_3^- +6H^+ +6e^- \rightleftharpoons I^- +3H_2O$	1.085
$Cd^{2+}+2e^- \rightleftharpoons Cd$	−0.403	$Mg^{2+}+2e^- \rightleftharpoons Mg$	−2.37
$Ce^{4+}+e^- \rightleftharpoons Ce^{3+}$	1.61	$MnO_4^- +2H_2O+3e^- \rightleftharpoons MnO_2+4OH^-$	0.59
Cl_2(气)$+2e^- \rightleftharpoons 2Cl^-$	1.36	$MnO_2+4H^+ +2e^- \rightleftharpoons Mn^{2+}+2H_2O$	1.23
$CrO_4^{2-}+4H_2O+3e^- \rightleftharpoons Cr(OH)_3+5OH^-$	−0.13	$MnO_4^- +8H^+ +5e^- \rightleftharpoons Mn^{2+}+4H_2O$	1.507
$Cr_2O_7^{2-}+14H^+ +6e^- \rightleftharpoons 2Cr^{3+}+7H_2O$	1.33	$MnO_4^- +4H^+ +3e^- \rightleftharpoons MnO_2+2H_2O$	1.69
$Cu^{2+}+2e^- \rightleftharpoons Cu$	0.337	$Mn^{2+}+2e^- \rightleftharpoons Mn$	−1.182
$Cu^{2+}+e^- \rightleftharpoons Cu^+$	0.16	$O_2+2H^+ +2e^- \rightleftharpoons H_2O_2$	0.682
$Cu^{2+}+Cl^- +e^- \rightleftharpoons CuCl$	0.57	$S+2e^- \rightleftharpoons S^{2-}$	−0.48
$Cu^{2+}+I^- +e^- \rightleftharpoons CuI$	0.87	$S_4O_6^{2-}+2e^- \rightleftharpoons 2S_2O_3^{2-}$	0.09
$Fe(CN)_6^{3-}+e^- \rightleftharpoons Fe(CN)_6^{4-}$	0.36	$Sn^{4+}+2e^- \rightleftharpoons Sn^{2+}$	0.15
$Fe^{3+}+e^- \rightleftharpoons Fe^{2+}$	0.771	$Sn^{2+}+2e^- \rightleftharpoons Sn$	−0.136
$Fe^{2+}+2e^- \rightleftharpoons Fe$	−0.44	$Ti^{4+}+e^- \rightleftharpoons Ti^{3+}$	0.092
$H_2O_2+2H^+ +2e^- \rightleftharpoons 2H_2O$	1.77	$Ti^{3+}+e^- \rightleftharpoons Ti^{2+}$	−0.37
$2HgCl_2+2e^- \rightleftharpoons Hg_2Cl_2+2Cl^-$	0.63	$Zn^{2+}+2e^- \rightleftharpoons Zn$	−0.763
$Hg_2Cl_2+2e^- \rightleftharpoons 2Hg+2Cl^-$	0.268		

附录 3 难溶化合物的溶度积常数（18~25℃， *I*= 0）

难溶化合物	K_{sp}	pK_{sp}	难溶化合物	K_{sp}	pK_{sp}
Ag_3AsO_4	1.0×10^{-22}	22.0	$Fe(OH)_3$	4.0×10^{-38}	37.4
$AgBr$	5.0×10^{-13}	12.3	$FePO_4$	1.3×10^{-22}	21.89
$AgCl$	1.8×10^{-10}	9.75	Hg_2CO_3	8.9×10^{-17}	16.05
Ag_2CrO_4	2.0×10^{-12}	11.70	Hg_2Cl_2	1.3×10^{-18}	17.88
$AgCN$	1.2×10^{-16}	15.92	$Hg_2(OH)_2$	2.0×10^{-24}	23.7
AgI	9.3×10^{-17}	16.03	Hg_2SO_4	7.4×10^{-7}	6.13
$AgSCN$	1.0×10^{-12}	12.0	$MgNH_4PO_4$	2.0×10^{-13}	12.7
$Al(OH)_3$ 无定形	1.3×10^{-33}	32.9	$MgCO_3$	1.0×10^{-5}	5.00
$BaCO_3$	5.1×10^{-9}	8.29	MgF_2	6.4×10^{-9}	8.19
$BaCrO_4$	1.2×10^{-10}	9.93	$Mg(OH)_2$	1.8×10^{-11}	10.74
BaF_2	1.0×10^{-6}	6.0	$MnCO_3$	1.8×10^{-11}	10.74
$BaC_2O_4\cdot H_2O$	2.3×10^{-8}	7.64	$Mn(OH)_2$	1.9×10^{-13}	12.72
$BaSO_4$	1.1×10^{-10}	9.96	MnS 无定形	2.0×10^{-10}	9.7
$Bi(OH)_3$	4.0×10^{-31}	30.4	MnS 晶形	2.0×10^{-13}	12.7
CaF_2	2.7×10^{-11}	10.57	$PbCO_3$	7.4×10^{-14}	13.13
$CaC_2O_4\cdot H_2O$	2.0×10^{-9}	8.70	$PbCl_2$	1.6×10^{-5}	4.79
$Ca_3(PO_4)_2$	2.0×10^{-29}	28.70	$PbClF$	2.4×10^{-9}	8.62
$CaSO_4$	9.1×10^{-6}	5.04	$PbCrO_4$	2.8×10^{-13}	12.55
$CdCO_3$	5.2×10^{-12}	11.28	$Pb(OH)_2$	1.2×10^{-15}	14.93
CdS	7.1×10^{-28}	27.15	$PbSO_4$	1.6×10^{-8}	7.79
$Co(OH)_3$	2.0×10^{-44}	43.7	Sb_2S_3	2.0×10^{-93}	92.8
$Fe(OH)_2$	8.0×10^{-16}	15.1	ZnS	1.2×10^{-23}	22.92
FeS	6.0×10^{-18}	17.2			

附录4 元素的原子量表

元素		原子量	元素		原子量
符号	名称		符号	名称	
Ag	银	107.868	Na	钠	22.98977
Al	铝	26.98154	Nb	铌	92.9064
As	砷	74.9216	Nd	钕	144.24
Au	金	196.9665	Ni	镍	58.69
B	硼	10.81	O	氧	15.9994
Ba	钡	137.33	Os	锇	190.2
Be	铍	9.01218	P	磷	30.97376
Bi	铋	208.9804	Pb	铅	207.2
Br	溴	79.904	Pd	钯	106.42
C	碳	12.011	Pr	镨	140.9077
Ca	钙	40.8	Pt	铂	195.08
Cd	镉	112.41	Ra	镭	226.0254
Ce	铈	140.12	Rb	铷	85.4678
Cl	氯	35.453	Re	铼	186.207
Co	钴	58.9332	Rh	铑	102.9055
Cr	铬	51.996	Ru	钌	101.07
Cs	铯	132.9054	S	硫	32.06
Cu	铜	63.546	Sb	锑	121.75
F	氟	18.998403	Sc	钪	44.9559
Fe	铁	55.847	Se	硒	78.96
Ga	镓	69.72	Si	硅	28.0855
Ge	锗	72.59	Sn	锡	118.69
H	氢	1.0079	Sr	锶	87.62
He	氦	4.00260	Ta	钽	180.9479
Hf	铪	178.49	Te	碲	127.60
Hg	汞	200.59	Th	钍	232.0381
I	碘	126.9045	Ti	钛	47.88
In	铟	114.82	Tl	铊	204.383
K	钾	39.0983	U	铀	238.0289
La	镧	138.9055	V	钒	50.9415
Li	锂	6.941	W	钨	183.85
Mg	镁	24.305	Y	钇	88.9059
Mn	锰	54.9380	Zn	锌	65.38
Mo	钼	95.94	Zr	锆	91.22
N	氮	14.0067			

附录 5 常见化合物的分子量表

化学式	分子量	化学式	分子量
Ag_3AsO_3	446.52	$CdSO_4$	208.47
Ag_3AsO_4	462.52	$CoCl_2 \cdot 6H_2O$	237.93
AgBr	187.77	CuSCN	121.62
AgSCN	165.95	$CuHg(SCN)_4$	496.45
AgCl	143.32	CuI	190.45
Ag_2CrO_4	331.73	$Cu(NO_3)_2 \cdot 3H_2O$	241.60
AgI	234.77	CuO	79.55
$AgNO_3$	169.87	$CuSO_4 \cdot 5H_2O$	249.68
$Al(C_9H_6ON)_3$(8-羟基喹啉铝)	459.44	$FeCl_2 \cdot 4H_2O$	198.81
$AlK(SO_4)_2 \cdot 12H_2O$	474.38	$FeCl_3 \cdot 6H_2O$	270.30
Al_2O_3	101.96	$Fe(NO_3)_3 \cdot 9H_2O$	404.00
As_2O_3	197.84	FeO	71.85
As_2O_5	229.84	Fe_2O_3	159.69
$BaCO_3$	197.34	Fe_3O_4	231.54
$BaCl_2$	208.24	$FeSO_4 \cdot 7H_2O$	278.01
$BaCl_2 \cdot 2H_2O$	244.27	HCOOH	46.03
$BaCrO_4$	253.32	CH_3COOH	60.05
$BaSO_4$	233.39	H_2CO_3	62.03
BaS	169.39	$H_2C_2O_4$(草酸)	90.04
$Bi(NO_3)_3 \cdot 5H_2O$	485.07	$H_2C_2O_4 \cdot 2H_2O$	126.07
Bi_2O_3	465.96	$H_2C_4H_4O_4$(琥珀酸，丁二酸)	118.090
BiOCl	260.43	$H_2C_4H_4O_6$(酒石酸)	150.088
CH_2O(甲醛)	30.03	$H_3C_6H_5O_7 \cdot H_2O$(柠檬酸)	210.14
$C_{14}H_{14}N_3O_3SNa$(甲基橙)	327.33	HCl	36.46
$C_6H_5NO_3$(硝基酚)	139.11	HNO_2	47.01
$C_4H_8N_2O_2$(丁二酮肟)	116.12	HNO_3	63.01
$(CH_2)_6N_4$(六亚甲基四胺)	140.19	H_2O_2	34.01
$C_7H_6O_6S$(磺基水杨酸)	218.18	H_3PO_4	98.00
$C_{12}H_6N_2$(邻菲罗啉)	180.21	H_2S	34.08
$C_{12}H_8N_2 \cdot H_2O$	198.21	H_2SO_3	82.07
$C_2H_5NO_2$(氨基乙酸，甘氨酸)	75.07	H_2SO_4	98.07
$C_6H_{12}N_2O_4S_2$(L-胱氨酸)	240.30	$HClO_4$	100.46
$CaCO_3$	100.09	$HgCl_2$	271.50
$CaC_2O_4 \cdot H_2O$	146.11	Hg_2Cl_2	472.09
$CaCl_2$	110.99	HgO	216.59
CaF_2	78.08	HgS	232.65
CaO	56.08	$HgSO_4$	296.65
$CaSO_4$	136.14	$KAl(SO_4)_2 \cdot 12H_2O$	474.38
$CaSO_4 \cdot 2H_2O$	172.17	KBr	119.00
$CdCO_3$	172.42	$KBrO_3$	167.00
$Cd(NO_3)_2 \cdot 4H_2O$	308.48	KCN	65.116
CdO	128.41	KSCN	97.18

目标检测参考答案

第1章　溶液与胶体

一、选择题

D　D　D　D　D

二、简单题

1. 答：三角洲的形成过程体现了胶体的性质：当河水和海水混合时，由于它们所含的胶体微粒所带电荷的性质不同，由于静电作用，异性电荷相互吸引，导致胶体的颗粒变大，最终沉淀了出来，日积月累地堆积，就形成了三角洲。

2. 答：由于天然水中含有带负电荷的悬浮物（黏土等），使天然水比较浑浊，而明矾的水解产物 $Al(OH)_3$ 胶粒却带正电荷，当将明矾加入天然水中时，两种电性相反的胶体相互吸引而聚沉，从而达到净水的效果。

3. 答：由于可溶性重金属离子（强电解质）可使胶体聚沉，人体组织中的蛋白质作为一种胶体，遇到可溶性重金属盐会凝结而变性，误服重金属盐会使人中毒。如果立即服用大量鲜牛奶这类胶体溶液，可促使重金属与牛奶中的蛋白质发生聚沉作用，从而减轻重金属离子对机体的危害。

4. 答：因为含有血浆蛋白的污水具有胶体溶液的性质，加入高分子絮凝剂会对胶体溶液起到敏化作用，促进胶体的凝聚，从而净化了污水。

三、计算题

1. 解：

(1) $w_{NaCl}=\dfrac{m_{NaCl}}{m_{总}}=\dfrac{3.173g}{12.003g}=0.2644$

(2) $b_{NaCl}=\dfrac{n_{NaCl}}{m_{总}-m_{NaCl}}=\dfrac{m_{NaCl}/M_{NaCl}}{m_{总}-m_{NaCl}}=\dfrac{3.173/58.443}{(12.003-3.173)\ /1000}=6.149(mol\cdot kg^{-1})$

(3) $c_{NaCl}=\dfrac{n_{NaCl}}{V}=\dfrac{m_{NaCl}/M_{NaCl}}{V}=\dfrac{3.173/58.443}{10.00/1000}=5.429(mol\cdot L^{-1})$

(4) $x_{NaCl}=\dfrac{n_{NaCl}}{n_{NaCl}+n_{H_2O}}=\dfrac{m_{NaCl}/M_{NaCl}}{m_{NaCl}/M_{NaCl}+m_{H_2O}/M_{H_2O}}$

$=\dfrac{3.173/58.443}{3.173/58.443+8.830/18.015}=0.09972$

$$x_{H_2O}=\frac{n_{H_2O}}{n_{NaCl}+n_{H_2O}}=\frac{8.830/18.015}{3.173/58.443+8.830/18.015}=\frac{0.4901}{0.05429+0.4901}=0.9003$$

2. 解：由于都是水溶液，所以溶剂的沸点升高常数 K_b 相同，又知，$\Delta t_{尿素}=\Delta t_{未知}$，由稀溶液的依数性公式 $\Delta t_b=K_b b_B$，可得两种溶液的质量摩尔浓度相等：

$$b_{(NH_2)_2CO}=b_B$$

设未知物的摩尔质量为 M_B，代入上式得：

$$\frac{1.50g/60.06g\cdot mol^{-1}}{(200/1000)kg}=\frac{42.8g/M_B}{(1000/1000)kg}$$

解之得：$M_B=342.7g\cdot mol^{-1}$

3. 解：设未知物的摩尔质量为 M_B，根据溶液的凝固点降低公式：$\Delta t_f=K_f b_B$，将数据代入得：

$$1.30℃=6.8℃\cdot kg\cdot mol^{-1}\times\frac{1.00g/M_B}{(20.0/1000)kg}$$

解之得：$M_B=261.5g\cdot mol^{-1}$

由于单个硫元素的摩尔质量为 $M_S=32.065g\cdot mol^{-1}$，则 $M_B/M_S=261.5/32.065=8.155$，即约 8 个 S 原子形成一个硫分子。所以该单质硫的分子式为 S_8。

4. 解：利用沸点升高和凝固点降低都能够测量未知物的摩尔质量，一般选取相对较大的数据来计算较准确，这里我们选取凝固点降低来计算。设未知物的摩尔质量为 M_B，由公式 $\Delta t_f=K_f b_B$ 知：

$$0.220K=1.86K\cdot kg\cdot mol^{-1}\times\frac{19g/M_B}{(100/1000)kg}$$

解之得：$M_B=1606.4g\cdot mol^{-1}$

第 2 章 化学实验基础知识

一、选择题

B D C C C

二、简答题

1. 用少量丙酮或乙醇荡洗几次，最后用电吹风依次用冷—热—冷吹干即可。

2. “AR”代表分析纯，“CP”代表化学纯。

3. 少量多次。

4. 用浓硫酸和 $K_2Cr_2O_7$ 配制而成。虽然铬酸洗液去污效果良好，但由于 Cr^{6+} 的毒性原因，尽可能少使用。

第 3 章 定量分析基础

一、选择题

A C B B C D C D C D

二、简答题

1. 答：

(1) 反应要按一定的化学反应式进行，即反应应具有确定的化学计量关系，不发生副反应；

(2) 反应必须定量进行，通常要求反应完全程度≥99.9%；

(3) 反应速率要快，速率较慢的反应可以通过加热、增加反应物浓度、加入催化剂等措施来加快；

(4) 必须有适当、简便的方法来确定终点，如指示剂法和仪器法等。

2. 答：标定氢氧化钠的结果偏高，标定盐酸的结果偏低；测定有机酸的结果偏高，测定有机碱的结果偏低。

3. 答：结果偏高，含有微量其他的钠盐，使得Cl的有效含量降低。

4. 答：邻苯二甲酸氢钾，无水碳酸钠。

三、计算题

1. 解：(1) 设取其浓溶液 V_1(mL)

$$cV=\frac{m_{NH_3}}{M_{NH_3}} \qquad m_{NH_3}=\rho_1 V_1 NH_3\%$$

$$V_1=\frac{cVM_{NH_3}}{\rho_1\times 29\%}=\frac{2.0\times 0.5\times 17.03}{0.89\times 29\%}=66(mL)$$

(2) 设取其浓溶液 V_2(mL)

$$V_2=\frac{cVM_{HAc}}{\rho_2\times 100\%}=\frac{2.0\times 0.5\times 60}{1.05\times 100\%}=57(mL)$$

$$cV=\frac{m_{NH_3}}{M_{NH_3}}$$

(3) 设取其浓溶液 V_3(mL)

$$V_3=\frac{cVM_{H_2SO_4}}{\rho_3\times 96\%}=\frac{2.0\times 0.5\times 98.03}{1.84\times 96\%}=56(mL)$$

2. 解：(1) 设需称取 $KMnO_4$ m(g)

$$\frac{m}{M_{KMnO_4}}=cV$$

$$m=cVM_{KMnO_4}=0.020\times 0.5\times 158.03=1.6(g)$$

用标定法进行配制。

(2) 设加入 V_2(mL) NaOH 溶液

$$c=\frac{c_1V_1+c_2V_2}{V_1+V_2}$$

$$\frac{500.0\times 0.08000+0.5000V_2}{500.0+V_2}=0.2000$$

$$V_2=200.0mL$$

3. 解：已知 $M_{CaO}=56.08g\cdot mol^{-1}$，HCl 与 CaO 的反应为：

$$CaO + 2H^{+} \longrightarrow Ca^{2+} + H_2O$$

稀释后 HCl 标准溶液的浓度为：

$$c_{HCl} = \frac{10^3 \times T_{HCl/CaO}}{M_{CaO}} \times 2 = \frac{1.000 \times 10^3 \times 0.005000 \times 2}{56.08} = 0.1783(mol \cdot L^{-1})$$

设稀释时加入纯水为 V，依题意：

$1.000 \times 0.2000 = 0.1783 \times 10^{-3} V$

$\therefore V = 121.7mL$

4. 解：设应称取 x(g)

$$Na_2CO_3 + 2HCl \longrightarrow 2NaCl + CO_2 + H_2O$$

当 $V_1 = V = 20mL$ 时

$x = 0.5 \times 0.10 \times 20 \times 10^{-3} \times 106.0 = 0.11(g)$

当 $V_2 = V = 25mL$ 时

$x = 0.5 \times 0.10 \times 25 \times 10^{-3} \times 106.0 = 0.13(g)$

此时称量误差不能小于 0.1%。

第 4 章　无机及分析化学实验的基本操作技术

一、选择题

B　D　B　B　A　D　B　A　C　C

二、解答题

1. 答：将酸式滴定管的旋塞稍稍转动或碱式滴定管的乳胶管稍微松动，使半滴溶液悬于管口，将锥形瓶内壁与管口接触，使液滴流出，并用洗瓶以蒸馏水冲下。

2. 答：为了避免装入后的标准溶液被稀释而使得溶液浓度变小，使移液管内残留液体的浓度与试剂一致，减小误差；不需要，锥形瓶中有水也不会影响被测物质量的变化；不需要，会使待测液体积比计算的值偏大，使滴定液体积偏大，从而使测出浓度偏大，造成误差。

3. 答：滴定管测量液体体积的原理是“差值原理”，测量方法是“差值法”，若不预先排出滴定管尖嘴内的空气，在放出液体的过程中这些空气必然会减少或者全部排出，其空间被溶液填充，这样必然会导致测量液体体积的误差。

三、计算与应用题

1. 解：$c = \frac{n_B}{V} = \frac{m_B}{M_B V} = \frac{10 \times 10^{-3}}{58.5 \times 100 \times 10^{-3}} = 1.7 \times 10^{-3}(mol \cdot L)$

$$w = \frac{m_{溶质}}{m_{溶液}} = \frac{10 \times 10^{-3}}{100 \times 1 + 10 \times 10^{-3}} \times 100\% = 0.010\%$$

$$\rho = \frac{m}{V} = \frac{10 \times 10^{-3}}{100 \times 10^{-3}} = 0.10(g \cdot L^{-1})$$

2. 解：设应量取的盐酸的体积为 V_1

$\rho V_1 36\% = c V_2 M_{HCl}$

$$V_1=\frac{cV_2M_{HCl}}{\rho\times37\%}=\frac{0.1\times0.5\times36.5}{1.18\times37\%}=4.2(mL)$$

3. 解：设应加入 0.5000mol·L^{-1} 的 H_2SO_4 溶液 V_1，$c_1=0.5000mol\cdot L^{-1}$，$V_2=480.0mL$，$c_2=0.0982mol\cdot L^{-1}$，$c_3=0.1000mol\cdot L^{-1}$

$$V_1c_1+V_2c_2=(V_1+V_2)c_3$$

$$V_1=\frac{V_2c_3-V_2c_2}{c_1-c_3}=\frac{0.4800\times0.1000-0.4800\times0.0982}{0.5000-0.0982}=0.00215(L)=2.15(mL)$$

4. 在 200mL 稀盐酸里溶有 0.73g HCl，计算溶液中溶质的物质的量浓度。

$$c=\frac{n_B}{V}=\frac{\frac{m_B}{M_B}}{V}=\frac{\frac{0.73}{36.5}}{0.2}=0.1(mol\cdot L^{-1})$$

5. 解：设原溶液的质量为 x

$$0.22x=0.14(x+100g)$$

$$x=175(g)$$

$$n_{NaNO_3}=\frac{m_B}{M_B}=\frac{0.22\times175}{85}=0.453(mol)$$

$$c=\frac{n_B}{V}=\frac{0.453}{0.15}=3.0(mol\cdot L^{-1})$$

6. 解：$c=\frac{n_B}{V}=\frac{m_B}{M_BV}=\frac{1000\times0.9\times29.8\%}{17\times1}=15.8(mol\cdot L^{-1})$

① $n_{NH_3}=\frac{V}{22.4}=2.5(mol)$

$$m_{NH_3}=2.5\times17=425(g)$$

$$w=\frac{m_{溶质}}{m_{溶液}}=\frac{425}{425+1000}\times100\%=29.8\%$$

② $c=\frac{n_B}{V}=\frac{m_B}{M_BV}=\frac{1000\times0.9\times29.8\%}{17\times1}=15.8(mol\cdot L^{-1})$

7. 解：$c=\frac{n_B}{V}=\frac{m_B}{M_BV}=\frac{1000\times1.4\times65\%}{63\times1}=14(mol\cdot L^{-1})$

$$V_1c_1=V_2c_2$$

$$V_1=\frac{V_2c_2}{c_1}=\frac{3\times100}{14}=21(mL)$$

第 5 章 酸碱滴定技术

一、选择题

A B B A C C A B A B

二、简答题

1. 答：邻苯二甲酸氢钾，摩尔质量大，可以减小称量误差。

2. 答：指示剂也是有机弱酸或弱碱，如果量大也会消耗滴定剂。

3. 答：测定的结果不同，NaOH 转变为 Na_2CO_3，消耗 HCl 的体积 V 不一样。

三、计算题

1. 解：化学计量点时 pH：

$$[OH^-]=\sqrt{c\times\frac{K_w}{K_a}}=\sqrt{0.05\times\frac{1.0\times10^{-14}}{1.7\times10^{-5}}}=5.4\times10^{-6}(mol\cdot L^{-1})$$

pOH=5.27，pH=8.73

2. 解：① 略。

② HA 的 K_a 值计算：

$$\frac{0.1000\times20.70}{20.70+25.00}=0.046(mol\cdot L^{-1})$$

$K_a=1.26\times10^{-5}$

③ 略

3. 解：① $0.1mol\cdot L^{-1}$ HCl：强酸，pH=－lg0.10=1.00

稀释后：pH=－lg0.01=2.00

② $0.1mol\cdot L^{-1}$ NaOH：强碱，pOH=－lg0.10=1.00，pH=13.00

稀释后：pOH=－lg0.01=2.00，pH=12.00

③ $0.1mol\cdot L^{-1}$ HAc：弱酸，$[H^+]=\sqrt{cK_a}=\sqrt{0.10\times1.7\times10^{-5}}=1.3\times10^{-3}(mol\cdot L^{-1})$

pH=2.88

稀释后：$[H^+]=\sqrt{cK_a}=\sqrt{0.010\times1.7\times10^{-5}}=4.1\times10^{-4}(mol\cdot L^{-1})$

pH=3.38

④ $0.1mol\cdot L^{-1}$ $NH_3\cdot H_2O$＋$0.1mol\cdot L^{-1}$ NH_4Cl：缓冲体系，$pH=pK_a+\lg\frac{c_{NH_3}}{c_{NH_4^+}}=9.25+\lg\frac{0.1}{0.1}=9.25$

稀释后：$pH=pK_a+\lg\frac{c_{NH_3}}{c_{NH_4^+}}=9.25+\lg\frac{0.01}{0.01}=9.25$

4. 解：

$$w_{CaCO_3}=\frac{(20.00-5.60\times0.975)\times0.1175\times100.09}{2\times0.2815\times1000}\times100\%=30.37\%$$

$$w_{CO_2}=\frac{(20.00-5.60\times0.975)\times0.1175\times44}{2\times0.2815\times1000}\times100\%=13.35\%$$

第6章 氧化还原滴定技术

一、选择题

D C C D A B A B B A

二、简答题

1. 常用的氧化还原滴定法有 $KMnO_4$ 法、$K_2Cr_2O_7$、碘量法等。常用的指示剂有自身指示剂（如高锰酸钾）、专属指示剂（如淀粉）、氧化还原指示剂（如二苯胺磺酸钠）。

2. 市售的 $KMnO_4$ 试剂常含有少量 MnO_2 和其他杂质，如硫酸盐、氯化物及硝酸盐等；另外，蒸馏水中常含有少量的有机物质，能使 $KMnO_4$ 还原，因此，$KMnO_4$ 的浓度容易改变，不能用直接法配制准确浓度的高锰酸钾。配制时应注意：配制的高锰酸钾溶液要比需要的浓度稍高一点；应将配好的溶液煮沸并保持微沸 1h，放置一两天；用微孔玻璃漏斗过滤；保存在棕色试剂瓶中。

3. 碘量法中的主要误差来源有二：一是 I_2 的挥发；二是 I^- 被空气中的 O_2 氧化。配制 I_2 标准溶液时，应用间接法，称取近似于理论量的碘，加入过量 KI，加少量的水研磨溶解后，稀释至所需体积（加 KI 的目的是①增加 I_2 的溶解性；②使 I_2 转化成 I_3^-），贮存于棕色瓶内，于暗处保存。标定 I_2 的浓度时，可用已知准确浓度的 $Na_2S_2O_3$ 标准溶液，也可用 As_2O_3 作基准物。

三、计算题

1. 解：滴定反应为 $5H_2O_2+2MnO_4^-+6H^+ \xlongequal{} 2Mn^{2+}+5O_2+8H_2O$

$KMnO_4$ 与 H_2O_2 之间反应的计量关系为 $n_{H_2O_2}=\frac{5}{2}n_{MnO_4^-}$，故：

$$w_{H_2O_2}=\frac{\frac{5}{2}(cV)_{KMnO_4}M_{H_2O_2}}{m_s}$$

$$=\frac{\frac{5}{2}\times 0.02400\times 36.82\times 10^{-3}\times 34.02}{10.00\times 1.010}$$

$$=0.007441$$

2. 解：有关反应为：

$$MnO_2+C_2O_4^{2-}+4H^+ \xlongequal{} Mn^{2+}+2CO_2+2H_2O$$

$$5C_2O_4^{2-}+2MnO_4^-+16H^+ \xlongequal{} 2Mn^{2+}+10CO_2+8H_2O$$

根据已知条件，该法为返滴定法。

$Na_2C_2O_4$ 的总物质的量为 $\frac{m_{Na_2C_2O_4}}{M_{Na_2C_2O_4}}=\frac{0.4488}{M_{Na_2C_2O_4}}$

与 $KMnO_4$ 标准溶液反应的 $Na_2C_2O_4$ 物质的量为 $\frac{5}{2}(cV)_{KMnO_4}$

故：$$w_{MnO_2}=\frac{\left[\frac{0.4488}{M_{Na_2C_2O_4}}-\frac{5}{2}(cV)_{KMnO_4}\right]\times M_{MnO_2}}{m_s}$$

$$=\frac{\left(\frac{0.4488}{134.0}-\frac{5}{2}\times 0.01012\times 30.20\times 10^{-3}\right)\times 86.94}{0.4012}$$

$$=0.5602$$

3．解：题意中的两个反应为

$$6Fe^{2+}+Cr_2O_7^{2-}+14H^+ = 6Fe^{3+}+2Cr^{3+}+7H_2O$$

$$5Fe^{2+}+MnO_4^-+8H^+ = 5Fe^{3+}+Mn^{2+}+4H_2O$$

由反应中的计量关系和滴定条件可知：

$$n_{Cr}=2n_{Cr_2O_7^{2-}}=\frac{2}{6}(n_{Fe^{2+}}-5n_{MnO_4^-})$$

$$w_{Cr}=\frac{\frac{1}{3}(n_{Fe^{2+}}-5n_{MnO_4^-})M_{Cr}}{m_s}$$

$$=\frac{\frac{1}{3}(25.00\times0.1000\times10^{-3}-5\times0.01800\times7.00\times10^{-3})\times52.00}{1.000}$$

$$=0.03241$$

4．解：已知两个反应为：

$$IO_3^-+5I^-+6H^+ = 3I_2+3H_2O$$

$$I_2+2S_2O_3^{2-} = S_4O_6^{2-}+2I^-$$

基准物质与被测物物质的量之间的关系为：

$$n_{IO_3^-}=\frac{1}{3}n_{I_2}=\frac{1}{6}n_{S_2O_3^{2-}}$$

根据题意 $\frac{m_{KIO_3}}{M_{KIO_3}}=\frac{1}{6}c_{Na_2S_2O_3}V_{Na_2S_2O_3}$

$$c_{Na_2S_2O_3}=6\times\frac{m_{KIO_3}}{M_{KIO_3}}\times\frac{1}{V_{Na_2S_2O_3}}$$

$$=6\times\frac{0.1500}{214.0}\times\frac{1}{24.00\times10^{-3}}$$

$$=0.1752(mol\cdot L^{-1})$$

5．解：

$$2Fe^{3+}+2I^- = 2Fe^{2+}+I_2$$

$$I_2+2S_2O_3^{2-} = S_4O_6^{2-}+2I^-$$

$$n_{Fe^{3+}}=2n_{I_2}=n_{S_2O_3^{2-}}$$

$$w_{FeCl_3\cdot6H_2O}=\frac{(cV)_{Na_2S_2O_3}M_{FeCl_3\cdot6H_2O}}{m_s}$$

$$=\frac{0.1000\times18.17\times10^{-3}\times270.3}{0.5000}=0.9823$$

所以该试剂属于三级品。

6．解：反应式为：

$$Cr_2O_7^{2-}+6Fe^{2+}+14H^+ = 2Cr^{3+}+6Fe^{3+}+7H_2O$$

$$w_{FeO}=\frac{6\times(cV)_{K_2Cr_2O_7}M_{FeO}}{m_s}$$

$$=\frac{6\times0.03533\times25.00\times10^{-3}\times71.84}{1.000}=0.3807$$

$$m_{Fe_2O_3}=\frac{6}{2}\times(cV)_{K_2Cr_2O_7}M_{Fe_2O_3}=3\times0.03533\times25.00\times10^{-3}\times159.7=0.4232(g)$$

$$w_{Al_2O_3}=\frac{0.5000-0.4232}{1.000}=0.0768$$

四、设计题

$$Ba^{2+}\text{试液}\xrightarrow[\text{中性、弱酸性}]{Cr_2O_7^{2-}}BaCrO_4\downarrow\xrightarrow[\text{盐酸溶解}]{\text{过滤、洗涤}}Ba^{2+}+Cr_2O_7^{2-}\xrightarrow[\text{暗处放置 5min}]{\text{过量 KI}}I_2\xrightarrow[\text{淀粉指示剂}]{Na_2S_2O_3\text{ 标液滴定}}$$

$n_{Ba^{2+}}:n_{S_2O_3^{2-}}=1:3$

第 7 章　配位滴定技术

一、选择题

B　A　B　A　D　D　A　C　C　B

二、命名下列配合物和配离子，并指出中心离子的配位数和配体的配位原子

1. 二氯化六氨合钴（Ⅱ）　　2. 二氯化二氯・五氨合钴（Ⅲ）
3. 氯化二氨合银（Ⅰ）　　4. 二氯・二氨合铂（Ⅱ）
5. 四羰基合镍　　6. 四氰合镍（Ⅱ）酸钾

三、根据下列配合物的名称写出对应的化学式

1. $[CoCl_2(H_4O)_4]Cl$　　2. $[Cu(NH_3)_4]SO_4$
3. $[Cr(NH_3)_6]Cl_3$　　4. $[PtCl_2(OH)_2(NH_3)_2]$
5. $K_2[Pt(Cl_6)]$　　6. $[Zn(NH_3)_4]Cl_2$

四、计算题

1. 解：查表 7-3　$\lg K_{ZnY}=16.50$

(1) pH=2.0 时，查表 7-4　$\lg\alpha_{Y(H)}=13.51$

$\lg K'_{ZnY}=\lg K_{ZnY}-\lg\alpha_{Y(H)}=16.50-13.51=2.99$

(2) pH=5.0 时，查表 7-4　$\lg\alpha_{Y(H)}=6.45$

$\lg K'_{ZnY}=\lg K_{ZnY}-\lg\alpha_{Y(H)}=16.50-6.45=10.05$

2. 解：水的硬度 $\rho=\frac{c_{EDTA}V_{EDTA}M_{CaCO_3}\times1000}{V_{水样}}(mg\cdot L^{-1})$

$$=\frac{0.01000\times18.36\times100.1\times1000}{100}=183.8(mg\cdot L^{-1})$$

3. 解：$w_{CaO}=\frac{0.02043\times17.50\times56.08}{0.4086\times\frac{1}{10}\times1000}\times100\%=49.07\%$

五、设计题

解：方法一

1. 用 HAc-NaAc 缓冲溶液调节溶液 pH＝5～6，以二甲酚橙作指示剂，加三乙醇胺溶液，用 EDTA 滴定 Zn^{2+}（Mg^{2+} 不能被滴定），终点由紫红色→亮黄色。测定出 Zn^{2+} 含量。 ⟶ 2. 滴定 Zn^{2+} 后加 NaOH 溶液，$NH_3 \cdot H_2O$-NH_4Cl 缓冲溶液使 pH＝10，铬黑 T 指示剂，用 EDTA 滴定 Mg^{2+}，终点由红色→蓝色。测定出 Mg^{2+} 含量。

方法二

加 NaOH 溶液，$NH_3 \cdot H_2O$-NH_4Cl 缓冲溶液使 pH＝10，加三乙醇胺溶液，用 KCN 掩蔽 Zn^{2+}，以铬黑 T 作指示剂，用 EDTA 滴定 Mg^{2+}。在滴定 Mg^{2+} 后的溶液中加入甲醛或三氯乙醛解蔽 Zn^{2+}，然后再用 EDTA 滴定解蔽出的 Zn^{2+}。

第 8 章　沉淀滴定技术

一、选择题

C　B　D　C　B　A　C　C

二、简答题

1. 银量法根据所用指示剂的不同分为使用铬酸钾指示剂的摩尔法，铬酸钾与银离子生成砖红色沉淀；佛尔哈德法使用铁铵矾指示剂，三价铁与 SCN^- 生成血红色配合物；法扬司法使用吸附指示剂，吸附指示剂被吸附和不被吸附颜色不同。酸碱滴定法中所用的指示剂本身就是有机弱酸或有机弱碱，其共轭酸碱对的结构不同而颜色不同。当在滴定过程中，溶液的 pH 改变时，指示剂的结构发生改变而引起溶液颜色的改变，从而指示滴定的终点。

2. 单独考虑同离子效应，从理论上说，沉淀剂加入越多，被沉淀离子就越完全。但还存在另外两个效应：盐效应和配位效应。这两种效应都会促进沉淀溶解，尤其是配位效应，甚至会使沉淀完全溶解！所以沉淀剂的量并不是加得越多越好，而是适当过量就可以了。如要沉淀溶液中的 Ag^+，使用 I^-：$Ag^+ + I^- \rightleftharpoons AgI$，适当过量的 I^- 会降低 AgI 的溶解度，使 Ag^+ 沉淀更完全；过多的 I^- 会形成配合物：$AgI + I^- \rightleftharpoons [AgI_2]^-$，又促使沉淀溶解，甚至使沉淀完全溶解！盐效应的影响相对较小，但它是使沉淀溶解度增大的。

3. 浓度、温度、同离子效应等。

三、计算题

1. 解：$KIO_x \longrightarrow I^- \longrightarrow AgNO_3$，$\dfrac{m_{KIO_x}}{M_{KIO_x}} \times 1000 = (cV)_{AgNO_3}$

$\dfrac{0.4988}{M_{KIO_x}} \times 1000 = 0.1125 \times 20.72$，$M_{KIO_x} = 213.985$，$x=3$

2. 解：$$w_{As_2O_3} = \frac{c_{NH_4SCN} V_{NH_4SCN} M_{\frac{1}{6}As_2O_3}}{m_s \times 10^3} \times 100\%$$

$$= \frac{0.1180 \times 33.85 \times 197.8}{0.2000 \times 10^3 \times 6} \times 100\% = 65.84\%$$

3. 解：$c_{AgNO_3}=\frac{1000m_{NaCl}}{M_{NaCl}\Delta V_{AgNO_3}}$

$$=\frac{0.1182\times 1000}{58.49\left(30.00-3.20\times\frac{20.00}{21.50}\right)}=0.07478(mol\cdot L^{-1})$$

$$c_{NH_4SCN}=\frac{c_{AgNO_3}V_{AgNO_3}}{V_{NH_4SCN}}=\frac{0.07478\times 20.00}{21.50}=0.06956\ (mol\cdot L^{-1})$$

第9章　常用的化学分离方法

一、选择题

C　D　A　C　B　B

二、简答题

略

三、计算题

1. 解：(1) 用100mL萃取液一次萃取。

$$m_1=m_0\frac{V_水}{DV_有+V_水}=0.018\times\frac{100}{420\times 100+100}=4.28\times 10^{-5}(g)$$

(2) 用100mL萃取液分两次萃取，每次50mL。

$$m_2=m_0\left(\frac{V_水}{DV_有+V_水}\right)^2=0.018\left(\frac{100}{420\times 50+100}\right)^2=4.04\times 10^{-7}(g)$$

2. 解：$E=\frac{D}{D+\frac{V_水}{V_有}}\times 100\%=\frac{17}{17+\frac{50}{V_有}}\times 100\%=95\%$

$V_有=55.9mL$

3. 解：用10.0mL萃取液一次萃取：

$$m_1=m_0\frac{V_水}{DV_有+V_水}=20.0\times\frac{20.0}{43\times 10.0+20.0}=0.889(mg)$$

$$E=\frac{20.0-0.889}{20.0}\times 100\%=95.6\%$$

每次用5.0mL萃取液连续萃取两次：

$$m_2=m_0\left(\frac{V_水}{DV_有+V_水}\right)^2=20.0\times\left(\frac{20.0}{43\times 5.0+20.0}\right)^2=0.145(mg)$$

$$E=\frac{20.0-0.145}{20.0}\times 100\%=99.3\%$$

4. 解：查表得$NH_3\cdot H_2O$的$pK_b=4.74$，NH_4^+的$pK_a=14-pK_b=9.26$，$K_a=10^{-9.26}$

$$[H^+]=K_a\cdot\frac{c_a}{c_b}=10^{-9.26}\times\frac{1.0}{0.1}=10^{-8.26}$$

$pH=8.26$

从表 9-1 可知，pH＝3.5 时 Fe^{3+} 已沉淀完全，而 pH＝9.6 时 Mg^{2+} 才开始沉淀。所以在 pH＝8.26 时能使 Fe^{3+} 、Mg^{2+} 分离完全。

第 10 章 仪器分析简介

一、选择题

C A A A D B B D

二、简答题

1. 主要包括电化学分析法、光学分析法、色谱分析法、放射化学分析法等。
2. 灵敏度高、分析速度快、选择性好、样品用量少、自动化程度高。
3. 自动化和智能化、微型化和便携化、仪器联用。

参 考 文 献

[1] 武汉大学．分析化学．6 版．北京：高等教育出版社，2016.

[2] 李春民．无机及分析化学．2 版．北京：中国林业出版社，2017.

[3] 王运，胡先文．无机及分析化学．3 版．北京：科学出版社，2019.

[4] 南京大学无机及分析化学编写组．无机及分析化学．5 版．北京：高等教育出版社，2015.

[5] 伍伟杰，王志江．药用无机化学．2 版．北京：中国医药科技出版社，2013.

[6] 高职高专化学教材编写组．无机化学．3 版．北京：高等教育出版社，2008.

[7] 呼世斌，翟彤宇．无机及分析化学．3 版．北京：高等教育出版社，2010.

[8] 刘耕，周磊．无机及分析化学．北京：化学工业出版社，2015.

[9] 吴华，董宪武．基础化学．2 版．北京：化学工业出版社，2016.

[10] 蔡自由，黄月君．分析化学．2 版．北京：中国医药科技出版社，2013.

[11] 辛述元，王萍．无机及分析化学实验．3 版．北京：化学工业出版社，2016.

[12] 王永丽，李忠军，伍伟杰．无机及分析化学．3 版．北京：化学工业出版社，2020.

[13] 崔学桂，张晓丽，胡青萍．基础化学实验（Ⅰ）——无机及分析化学实验．2 版．北京：化学工业出版社，2007.

元素周期表

IUPAC 2013

氧化态(单质的氧化态为0，未列入；常见的为红色)

以 $^{12}C=12$ 为基准的原子量(注✦的是半衰期最长同位素的原子量)

图例	
+2 +3 +4 +5 +6	氧化态
95	原子序数
Am	元素符号(红色的为放射性元素)
镅▲	元素名称(注▲的为人造元素)
$5f^{7}7s^{2}$	价层电子构型
243.06138(2)✦	原子量

s区元素　p区元素　d区元素　ds区元素　f区元素　稀有气体

周期＼族	1 ⅠA	2 ⅡA	3 ⅢB	4 ⅣB	5 ⅤB	6 ⅥB	7 ⅦB	8 ⅧB(Ⅷ)	9 ⅧB(Ⅷ)
1	1 H 氢 $1s^{1}$ 1.008 (−1, +1)								
2	3 Li 锂 $2s^{1}$ 6.94 (+1)	4 Be 铍 $2s^{2}$ 9.0121831(5) (+2)							
3	11 Na 钠 $3s^{1}$ 22.98976928(2) (−1, +1)	12 Mg 镁 $3s^{2}$ 24.305 (+2)							
4	19 K 钾 $4s^{1}$ 39.0983(1) (−1, +1)	20 Ca 钙 $4s^{2}$ 40.078(4) (+2)	21 Sc 钪 $3d^{1}4s^{2}$ 44.955908(5) (+3)	22 Ti 钛 $3d^{2}4s^{2}$ 47.867(1) (−1, 0, +2, +3, +4)	23 V 钒 $3d^{3}4s^{2}$ 50.9415(1) (0, ±1, +2, +3, +4, +5)	24 Cr 铬 $3d^{5}4s^{1}$ 51.9961(6) (−3, 0, ±1, ±2, +3, +4, +5, +6)	25 Mn 锰 $3d^{5}4s^{2}$ 54.938044(3) (−2, 0, ±1, +2, ±3, +4, +5, +6, +7)	26 Fe 铁 $3d^{6}4s^{2}$ 55.845(2) (−2, 0, ±1, +2, +3, +4, +5, +6)	27 Co 钴 $3d^{7}4s^{2}$ 58.933194(4) (0, ±1, +2, +3, +4, +5)
5	37 Rb 铷 $5s^{1}$ 85.4678(3) (−1, +1)	38 Sr 锶 $5s^{2}$ 87.62(1) (+2)	39 Y 钇 $4d^{1}5s^{2}$ 88.90584(2) (+3)	40 Zr 锆 $4d^{2}5s^{2}$ 91.224(2) (+1, +2, +3, +4)	41 Nb 铌 $4d^{4}5s^{1}$ 92.90637(2) (0, ±1, +2, +3, +4, +5)	42 Mo 钼 $4d^{5}5s^{1}$ 95.95(1) (0, ±1, ±2, +3, +4, +5, +6)	43 Tc 锝▲ $4d^{5}5s^{2}$ 97.90721(3)✦ (0, ±1, +2, +3, +4, +5, +6, +7)	44 Ru 钌 $4d^{7}5s^{1}$ 101.07(2) (0, +1, ±2, +3, +4, +5, +6, +7, +8)	45 Rh 铑 $4d^{8}5s^{1}$ 102.90550(2) (0, ±1, +2, +3, +4, +5, +6)
6	55 Cs 铯 $6s^{1}$ 132.90545196(6) (−1, +1)	56 Ba 钡 $6s^{2}$ 137.327(7) (+2)	57~71 La~Lu 镧系	72 Hf 铪 $5d^{2}6s^{2}$ 178.49(2) (+1, +2, +3, +4)	73 Ta 钽 $5d^{3}6s^{2}$ 180.94788(2) (0, ±1, +2, +3, +4, +5)	74 W 钨 $5d^{4}6s^{2}$ 183.84(1) (0, ±1, ±2, +3, +4, +5, +6)	75 Re 铼 $5d^{5}6s^{2}$ 186.207(1) (0, ±1, +2, +3, +4, +5, +6, +7)	76 Os 锇 $5d^{6}6s^{2}$ 190.23(3) (0, +1, +2, +3, +4, +5, +6, +7, +8)	77 Ir 铱 $5d^{7}6s^{2}$ 192.217(3) (0, ±1, +2, +3, +4, +5, +6)
7	87 Fr 钫▲ $7s^{1}$ 223.01974(2)✦ (+1)	88 Ra 镭 $7s^{2}$ 226.02541(2)✦ (+2)	89~103 Ac~Lr 锕系	104 Rf 𬬻▲ $6d^{2}7s^{2}$ 267.122(4)✦	105 Db 𬭊▲ $6d^{3}7s^{2}$ 270.131(4)✦	106 Sg 𬭳▲ $6d^{4}7s^{2}$ 269.129(3)✦	107 Bh 𬭛▲ $6d^{5}7s^{2}$ 270.133(2)✦	108 Hs 𬭶▲ $6d^{6}7s^{2}$ 270.134(2)✦	109 Mt 鿏▲ $6d^{7}7s^{2}$ 278.156(5)✦

周期＼族	10 ⅧB(Ⅷ)	11 ⅠB	12 ⅡB	13 ⅢA	14 ⅣA	15 ⅤA	16 ⅥA	17 ⅦA	18 ⅧA(0)	电子层
1									2 He 氦 $1s^{2}$ 4.002602(2)	K
2				5 B 硼 $2s^{2}2p^{1}$ 10.81 (+3)	6 C 碳 $2s^{2}2p^{2}$ 12.011 (−4, +2, +4)	7 N 氮 $2s^{2}2p^{3}$ 14.007 (−3, −2, −1, +1, +2, +3, +4, +5)	8 O 氧 $2s^{2}2p^{4}$ 15.999 (−2, −1)	9 F 氟 $2s^{2}2p^{5}$ 18.998403163(6) (−1)	10 Ne 氖 $2s^{2}2p^{6}$ 20.1797(6)	L K
3				13 Al 铝 $3s^{2}3p^{1}$ 26.9815385(7) (+3)	14 Si 硅 $3s^{2}3p^{2}$ 28.085 (−4, +2, +4)	15 P 磷 $3s^{2}3p^{3}$ 30.973761998(5) (−3, −2, +1, +3, +5)	16 S 硫 $3s^{2}3p^{4}$ 32.06 (−2, +2, +4, +6)	17 Cl 氯 $3s^{2}3p^{5}$ 35.45 (−1, +1, +3, +5, +7)	18 Ar 氩 $3s^{2}3p^{6}$ 39.948(1)	M L K
4	28 Ni 镍 $3d^{8}4s^{2}$ 58.6934(4) (0, ±1, +2, +3, +4)	29 Cu 铜 $3d^{10}4s^{1}$ 63.546(3) (+1, +2, +3, +4)	30 Zn 锌 $3d^{10}4s^{2}$ 65.38(2) (+1, +2)	31 Ga 镓 $4s^{2}4p^{1}$ 69.723(1) (+1, +3)	32 Ge 锗 $4s^{2}4p^{2}$ 72.630(8) (+2, +4)	33 As 砷 $4s^{2}4p^{3}$ 74.921595(6) (−3, +3, +5)	34 Se 硒 $4s^{2}4p^{4}$ 78.971(8) (−2, +2, +4, +6)	35 Br 溴 $4s^{2}4p^{5}$ 79.904 (−1, +1, +3, +5, +7)	36 Kr 氪 $4s^{2}4p^{6}$ 83.798(2) (+2, +4)	N M L K
5	46 Pd 钯 $4d^{10}$ 106.42(1) (0, +1, +2, +3, +4)	47 Ag 银 $4d^{10}5s^{1}$ 107.8682(2) (+1, +2, +3)	48 Cd 镉 $4d^{10}5s^{2}$ 112.414(4) (+1, +2)	49 In 铟 $5s^{2}5p^{1}$ 114.818(1) (+1, +3)	50 Sn 锡 $5s^{2}5p^{2}$ 118.710(7) (+2, +4)	51 Sb 锑 $5s^{2}5p^{3}$ 121.760(1) (−3, +3, +5)	52 Te 碲 $5s^{2}5p^{4}$ 127.60(3) (−2, +2, +4, +6)	53 I 碘 $5s^{2}5p^{5}$ 126.90447(3) (−1, +1, +3, +5, +7)	54 Xe 氙 $5s^{2}5p^{6}$ 131.293(6) (+2, +4, +6, +8)	O N M L K
6	78 Pt 铂 $5d^{9}6s^{1}$ 195.084(9) (0, +2, +3, +4, +5, +6)	79 Au 金 $5d^{10}6s^{1}$ 196.966569(5) (+1, +2, +3, +5)	80 Hg 汞 $5d^{10}6s^{2}$ 200.592(3) (+1, +2, +3)	81 Tl 铊 $6s^{2}6p^{1}$ 204.38 (+1, +3)	82 Pb 铅 $6s^{2}6p^{2}$ 207.2(1) (+2, +4)	83 Bi 铋 $6s^{2}6p^{3}$ 208.98040(1) (−3, +3, +5)	84 Po 钋 $6s^{2}6p^{4}$ 208.98243(2)✦ (−2, +2, +3, +4, +6)	85 At 砹 $6s^{2}6p^{5}$ 209.98715(5)✦ (±1, +5, +7)	86 Rn 氡 $6s^{2}6p^{6}$ 222.01758(2)✦ (+2)	P O N M L K
7	110 Ds 𫟼▲ 281.165(4)✦	111 Rg 𬬭▲ 281.166(6)✦	112 Cn 鿔▲ 285.177(4)✦	113 Nh 鿭▲ 286.182(5)✦	114 Fl 𫓧▲ 289.190(4)✦	115 Mc 镆▲ 289.194(6)✦	116 Lv 𫟷▲ 293.204(4)✦	117 Ts 鿬▲ 293.208(6)✦	118 Og 鿫▲ 294.214(5)✦	Q P O N M L K

★ 镧系	57 La★ 镧 $5d^{1}6s^{2}$ 138.90547(7) (+3)	58 Ce 铈 $4f^{1}5d^{1}6s^{2}$ 140.116(1) (+2, +3, +4)	59 Pr 镨 $4f^{3}6s^{2}$ 140.90766(2) (+3, +4)	60 Nd 钕 $4f^{4}6s^{2}$ 144.242(3) (+2, +3, +4)	61 Pm 钷▲ $4f^{5}6s^{2}$ 144.91276(2)✦ (+3)	62 Sm 钐 $4f^{6}6s^{2}$ 150.36(2) (+2, +3)	63 Eu 铕 $4f^{7}6s^{2}$ 151.964(1) (+2, +3)	64 Gd 钆 $4f^{7}5d^{1}6s^{2}$ 157.25(3) (+3)
★ 锕系	89 Ac★ 锕 $6d^{1}7s^{2}$ 227.02775(2)✦ (+3)	90 Th 钍 $6d^{2}7s^{2}$ 232.0377(4) (+3, +4)	91 Pa 镤 $5f^{2}6d^{1}7s^{2}$ 231.03588(2) (+3, +4, +5)	92 U 铀 $5f^{3}6d^{1}7s^{2}$ 238.02891(3) (+2, +3, +4, +5, +6)	93 Np 镎 $5f^{4}6d^{1}7s^{2}$ 237.04817(2)✦ (+3, +4, +5, +6, +7)	94 Pu 钚 $5f^{6}7s^{2}$ 244.06421(4)✦ (+3, +4, +5, +6, +7)	95 Am 镅▲ $5f^{7}7s^{2}$ 243.06138(2)✦ (+2, +3, +4, +5, +6)	96 Cm 锔▲ $5f^{7}6d^{1}7s^{2}$ 247.07035(3)✦ (+3, +4)

65 Tb 铽 $4f^{9}6s^{2}$ 158.92535(2) (+3, +4)	66 Dy 镝 $4f^{10}6s^{2}$ 162.500(1) (+3, +4)	67 Ho 钬 $4f^{11}6s^{2}$ 164.93033(2) (+3)	68 Er 铒 $4f^{12}6s^{2}$ 167.259(3) (+3)	69 Tm 铥 $4f^{13}6s^{2}$ 168.93422(2) (+2, +3)	70 Yb 镱 $4f^{14}6s^{2}$ 173.045(10) (+2, +3)	71 Lu 镥 $4f^{14}5d^{1}6s^{2}$ 174.9668(1) (+3)
97 Bk 锫▲ $5f^{9}7s^{2}$ 247.07031(4)✦ (+3, +4)	98 Cf 锎▲ $5f^{10}7s^{2}$ 251.07959(3)✦ (+2, +3, +4)	99 Es 锿▲ $5f^{11}7s^{2}$ 252.0830(3)✦ (+2, +3)	100 Fm 镄▲ $5f^{12}7s^{2}$ 257.09511(5)✦ (+2, +3)	101 Md 钔▲ $5f^{13}7s^{2}$ 258.09843(3)✦ (+2, +3)	102 No 锘▲ $5f^{14}7s^{2}$ 259.1010(7)✦ (+2, +3)	103 Lr 铹▲ $5f^{14}6d^{1}7s^{2}$ 262.110(2)✦ (+3)